空调器维修
一本通

李志锋　主编

机械工业出版社

本书作者曾在多个大型品牌空调器售后服务部门工作，拥有18年的空调器维修经验，熟悉各品牌空调器的维修方法。本书是作者18年维修实践经验的结晶，内含大量维修实物图片，涵盖了空调器维修所需要掌握的各方面基础知识和维修技巧，主要内容包括空调器基础知识、空调器制冷系统基础知识、空调器制冷系统故障维修、空调器漏水和噪声故障、定频空调器电控系统主要元器件、挂式空调器电控系统工作原理、柜式空调器电控系统基础知识、安装和代换挂式空调器主板、安装和代换柜式空调器主板、定频空调器常见故障、变频空调器基础知识、变频空调器电控系统主要元器件、更换美的空调器主板和通用电控盒、直流变频空调器室内机单元电路、直流变频空调器室外机单元电路及变频空调器常见故障。另外，本书附赠有空调器维修视频和空调器故障代码速查表（可通过"机械工业出版社E视界"微信公众号获取）。

本书适合初学、自学空调器维修人员阅读，也适合空调器维修售后服务人员、技能提高人员阅读，还可以作为职业院校、培训学校制冷维修相关专业学生的参考书。

图书在版编目（CIP）数据

空调器维修一本通 / 李志锋主编 . —北京：机械工业出版社，2020.4（2024.4 重印）
ISBN 978-7-111-64955-7

Ⅰ . ①空… Ⅱ . ①李… Ⅲ . ①空气调节器—维修 Ⅳ . ① TM925.120.7

中国版本图书馆 CIP 数据核字（2020）第 040382 号

机械工业出版社（北京市百万庄大街 22 号　邮政编码 100037）
策划编辑：刘星宁　责任编辑：刘星宁　闫洪庆
责任校对：樊钟英　封面设计：马精明
责任印制：邓　博
北京盛通数码印刷有限公司印刷
2024 年 4 月第 1 版第 4 次印刷
184mm×260mm · 25 印张 · 605 千字
标准书号：ISBN 978-7-111-64955-7
定价：99.00 元

电话服务　　　　　　　　网络服务
客服电话：010-88361066　机工官网：www.cmpbook.com
　　　　　010-88379833　机工官博：weibo.com/cmp1952
　　　　　010-68326294　金 书 网：www.golden-book.com
封底无防伪标均为盗版　机工教育服务网：www.cmpedu.com

最近几年，随着全球气候变暖和人民生活水平的提高，空调器已经进入千家万户。空调器保有量在不断增加，很多家庭都拥有多款空调器，不仅是挂式空调器，就连价格较高的柜式空调器也成为很多家庭的标配。需求的增加刺激了空调器行业的快速发展，各种新机型、新技术不断涌现，这也同样对维修人员提出了更高的要求，需要维修人员对各种类型、各种品牌空调器维修知识和维修技巧都要有所涉猎，对于新出现的技术要有所掌握，才能轻松自如地解决实际维修过程中遇到的问题。对于新手而言则更是如此。而本书正是这样一本包含了空调器维修各方面知识的宝典，不管是新手，还是熟手，都能从中获益。

本书作者曾在多个大型品牌空调器售后服务部门工作，拥有 18 年的空调器维修经验，熟悉各品牌空调器的维修方法。本书是作者 18 年维修实践经验的结晶，内含大量维修实物图片，涵盖了空调器维修所需要掌握的各方面基础知识和维修技巧，主要内容包括空调器基础知识、空调器制冷系统基础知识、空调器制冷系统故障维修、空调器漏水和噪声故障、定频空调器电控系统主要元器件、挂式空调器电控系统工作原理、柜式空调器电控系统基础知识、安装和代换挂式空调器主板、安装和代换柜式空调器主板、定频空调器常见故障、变频空调器基础知识、变频空调器电控系统主要元器件、更换美的空调器主板和通用电控盒、直流变频空调器室内机单元电路、直流变频空调器室外机单元电路及变频空调器常见故障。另外，本书附赠有空调器维修视频和空调器故障代码速查表（可通过"机械工业出版社 E 视界"微信公众号获取）。

需要注意的是，为了与电路板上实际元器件文字符号保持一致，书中部分元器件文字符号未按国家标准修改。本书测量电子元器件时，如未特别说明，均使用数字万用表测量。

本书由李志锋主编，参与本书编写并为本书编写提供帮助的人员有周涛、李嘉妍、李明相、班艳、刘提、刘均、金闯、金华勇、金坡、李文超、金科技、高立平、辛朝会、王松、陈文成、王志奎等。值此成书之际，对他们所做的辛勤工作表示衷心的感谢。

由于作者能力水平所限加之编写时间仓促，书中错漏之处难免，希望广大读者提出宝贵意见。

作　者

目　录 CONTENTS

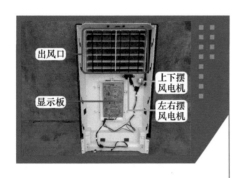

出风口
上下摆风电机
显示板
左右摆风电机

实物外形

系统运行压力上升至0.45MPa

第十三章　更换美的空调器主板和通用电控盒 // 286

第十四章　直流变频空调器室内机单元电路 // 313

第十五章　直流变频空调器室外机单元电路 // 338

第一章

Chapter **1**

空调器结构和制冷系统原理

对密闭空间、房间或区域里空气的温度、湿度、洁净度及空气流动速度（简称"空气四度"）等参数进行调节和处理，以满足一定要求的设备，称为房间空气调节器，简称为空调器。

第一节　空调器型号命名方法和匹数含义

一、型号命名方法

执行国家标准 GB/T 7725—2004，基本格式见图 1-1。之后又增加 GB 12021.3—2010 标准，主要内容是增加"中国能效标识"图标。

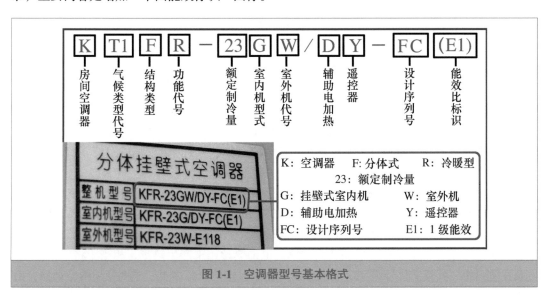

图 1-1　空调器型号基本格式

1. 房间空调器代号

"空调器"汉语拼音为"kong tiao qi"，因此选用第 1 个字母"k"表示，并且在实际使用时用大写字母"K"表示。

2. 气候类型

表示空调器所工作的环境，分 T1、T2、T3 三种工况，具体内容见表 1-1。由于在我国使用的空调器工作环境均为 T1 类型，因此在空调器标号中省略不再标注。

表 1-1　气候类型工况

空调器类型	T1（温带气候）	T2（低温气候）	T3（高温气候）
单冷型	18~43℃	10~35℃	21~52℃
冷暖型	-7~43℃	-7~35℃	-7~52℃

3. 结构类型

家用空调器按结构类型可分为整体式和分体式两种。

整体式即窗式空调器，实物外形见图 1-2，英文代号为"C"，多在早期使用；由于运行时整机噪声太大，目前已淘汰不再使用。

分体式英文代号为"F"，由室内机和室外机组成，也是目前最常见的结构形式，实物外形见图 1-5 和图 1-6。

图 1-2　窗式空调器

4. 功能代号

见图 1-3，表示空调器所具有的功能，分为单冷型、冷暖型（热泵）、电热型。

单冷型只能制冷不能制热，所以只能在夏天使用，多见于南方使用的空调器，其英文代号省略不再标注。

冷暖型既可制冷又可制热，所以夏天和冬天均可使用，多见于北方使用的空调器，制热按工作原理可分为热泵式和电加热式，其中热泵式在室外机的制冷系统中加装四通阀等部件，通过吸收室外的空气热量进行制热，也是目前最常见的形式，英文代号为"R"；电热型不改变制冷系统，只是在室内机加装大功率的电加热丝用来产生热量，相当于将"电暖气"安装在室内机，其英文代号为"D"（整机型号为 KFD 开头），多见于早期使用的空调器，由于制热时耗电量太大，目前已淘汰不再使用。

5. 额定制冷量

见图 1-4，用阿拉伯数字表示，单位为 100W，即标注数字再乘以 100，得出的数字为空调器的额定制冷量，我们常说的"匹"也是由额定制冷量换算得出的。

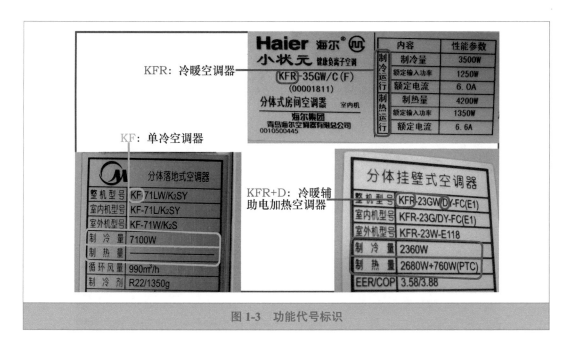

图1-3　功能代号标识

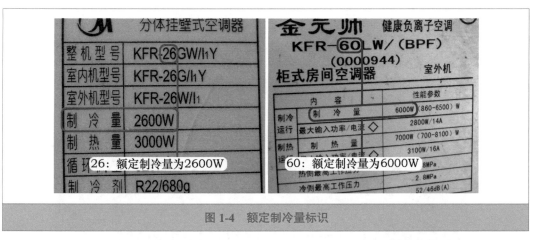

图1-4　额定制冷量标识

➡ 说明：由于制冷模式和制热模式的标准工况不同，因此同一空调器的额定制冷量和额定制热量也不相同，空调器的工作能力以制冷模式为准。

6. 室内机结构形式

D：吊顶式；G：挂壁式（即挂机）；L：落地式（即柜机）；K：嵌入式；T：台式。家用空调器常见形式为挂机和柜机，分别见图1-5和图1-6。

7. 室外机代号

为大写英文"W"。

8. 斜杠"/"后面标号表示设计序列号或特殊功能代号

见图1-7，允许用汉语拼音或阿拉伯数字表示。常见有 Y：遥控器；BP：变频；ZBP：直流变频；S：三相电源；D（d）：辅助电加热；F：负离子。

➡ 说明：同一英文字母在不同空调器厂家表示的含义是不一样的，例如"F"，在海尔空调器中表示为负离子，在海信空调器中则表示为使用 R410A 无氟制冷剂。

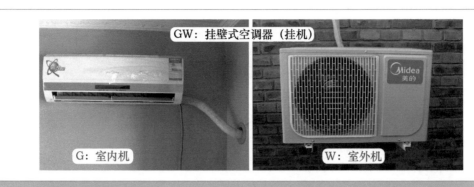

图 1-5　挂壁式空调器

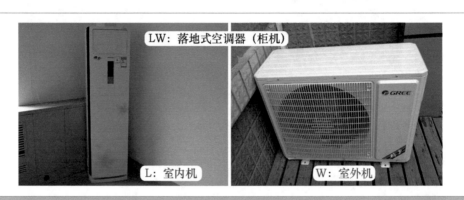

图 1-6　落地式空调器

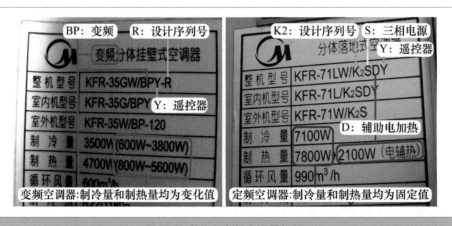

图 1-7　变频和定频空调器标识

9. 能效比标识

见图 1-8，能效比即 EER（额定制冷量 / 额定输入功率）和 COP（额定制热量 / 额定输入功率）。例如海尔 KFR-32GW/Z2 定频空调器，额定制冷量为 3200W，额定输入功率为 1180W，EER = 3200 ÷ 1180 ≈ 2.71；格力 KFR-23GW/（23570）Aa-3 定频空调器，额定制冷量为 2350W，额定输入功率为 716W，EER = 2350 ÷ 716 ≈ 3.28。

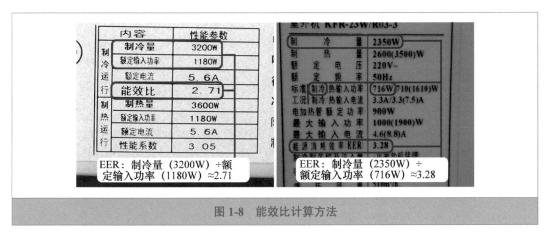

图 1-8　能效比计算方法

见图 1-9，能效比标识分为旧能效标准（GB 12021.3—2004）和新能效标准（GB 12021.3—2010）。

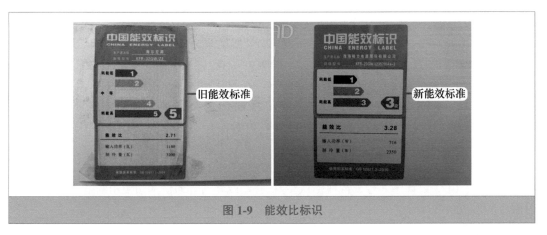

图 1-9　能效比标识

旧能效标准于 2005 年 3 月 1 日开始实施，分体式共分为 5 个等级，5 级最费电，1 级最省电，详见表 1-2。

表 1-2　旧能效标准

能效标准	1 级	2 级	3 级	4 级	5 级
制冷量≤4500W	3.4 及以上	3.39～3.2	3.19～3.0	2.99～2.8	2.79～2.6
4500W＜制冷量≤7100W	3.3 及以上	3.29～3.1	3.09～2.9	2.89～2.7	2.69～2.5
7100W＜制冷量≤14000W	3.2 及以上	3.19～3.0	2.99～2.8	2.79～2.6	2.59～2.4

海尔 KFR-32GW/Z2 空调器能效比为 2.71，根据表 1-2 可知此空调器为 5 级能效，也就是最耗电的一类；格力 KFR-23GW/（23570）Aa-3 空调器能效比为 3.28，按旧能效标准为 2 级能效。

新能效标准于 2010 年 6 月 1 日正式实施，旧能效标准也随之终止。新能效标准共分 3 级，相对于旧标准，级别提高了能效比，旧标准 1 级为新标准的 2 级，旧标准 2 级为新标准的 3 级，见表 1-3。

表 1-3　新能效标准

能效标准	1 级	2 级	3 级
制冷量 ≤ 4500W	3.6 及以上	3.59～3.4	3.39～3.2
4500W ＜制冷量≤ 7100W	3.5 及以上	3.49～3.3	3.29～3.1
7100W ＜制冷量≤ 14000W	3.4 及以上	3.39～3.2	3.19～3.0

海尔 KFR-32GW/Z2 空调器能效比为 2.71，根据新能效标准 3 级最低为 3.2，所以此空调器已不能上市销售；格力 KFR-23GW/（23570）Aa-3 空调器能效比为 3.28，按新能效标准为 3 级能效。

10. 空调器型号举例说明

例 1：海信 KF-23GW/58：表示为 T1 气候类型、分体（F）挂壁式（GW 即挂机）、单冷（KF 后面不带 R）定频空调器，58 为设计序列号，每小时制冷量为 2300W。

例 2：美的 KFR-23GW/DY-FC（E1）：表示为 T1 气候类型、带遥控器（Y）和辅助电加热功能（D）、分体（F）挂壁式（GW）、冷暖（R）定频空调器，FC 为设计序列号，每小时制冷量为 2300W，1 级能效（E1）。

例 3：美的 KFR-71LW/K2SDY：表示为 T1 气候类型、带遥控器（Y）和辅助电加热功能（D）、分体（F）落地式（LW 即柜机）、冷暖（R）定频空调器，使用三相（S）电源供电，K2 为设计序列号，每小时制冷量为 7100W。

例 4：科龙 KFR-26GW/VGFDBP-3：表示为 T1 气候类型、分体（F）挂壁式（GW）、冷暖（R）变频（BP）空调器、带有辅助电加热功能（D）、制冷系统使用 R410A 无氟（F）制冷剂、VG 为设计序列号、每小时制冷量为 2600W，3 级能效。

例 5：海信 KT3FR-70GW/01T：表示为 T3 气候类型、分体（F）挂壁式（GW）、冷暖（R）定频空调器、01 为设计序列号、特种（T、专供移动或联通等通信基站使用的空调器）、每小时制冷量为 7000W。

二、　匹（P）数的含义及对应关系

1. 空调器匹数的含义

空调器匹数是一种不规范的民间叫法。这里的匹（P）数代表的是耗电量，因早期生产的空调器种类相对较少，技术也基本相似，因此使用耗电量代表制冷能力，1 匹（P）约等于 735W。现在，国家标准不再使用"匹（P）"作为单位，而是使用每小时制冷量作为空调器能力标准。

2. 制冷量与匹（P）的对应关系

制冷量为 2400W 约等于正一匹，以此类推，制冷量 4800W 等于正二匹，对应关系见表 1-4。

挂式空调器制冷量常见有 1P 和 1.5P 共 2 种，见图 1-10，1P 制冷量为 2400W（或 2300W、2500W、2600W），1.5P 制冷量为 3500W（或 3200W、3300W、3600W）。挂式空调器的制冷量还有 2P（5000W）和 3P（7200W），但比较小。

柜式空调器制冷量常见有 2P、2.5P、3P、5P 共 4 种，见图 1-11 和图 1-12，2P 制冷量为 5000W（或 4800W 或 5100W），2.5P 制冷量为 6000W（或 6100W），3P 制冷量为 7200W（或 7000W 或 7100W），5P 制冷量为 12000W。

示例：KFR-60LW/（BPF）空调器，数字 60×100=6000，空调器每小时额定制冷量为 6000W，换算为 2.5P 空调器，斜杠"/"后面 BP 含义为变频。

表 1-4　制冷量与匹（P）的对应关系

制冷量	俗称
2300W 以下	小 1P 空调器
2400W 或 2500W	正 1P 空调器
2600W 至 2800W	大 1P 空调器
3200W	小 1.5P 空调器
3500W 或 3600W	正 1.5P 空调器
4500W 或 4600W	小 2P 空调器
4800W 或 5000W	正 2P 空调器
5100W 或 5200W	大 2P 空调器
6000W 或 6100W	2.5P 空调器
7000W、7100W 或 7200W	正 3P 空调器
12000W	正 5P 空调器

注：1P～1.5P 空调器常见形式为挂机，2P～5P 空调器常见形式为柜机。

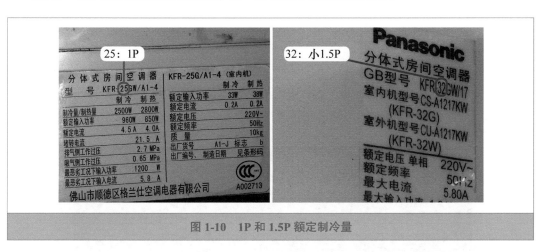

图 1-10　1P 和 1.5P 额定制冷量

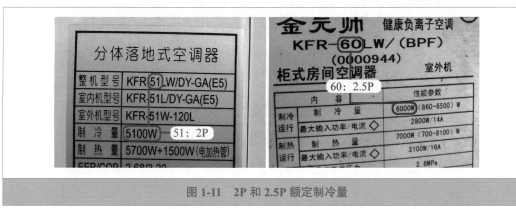

图 1-11　2P 和 2.5P 额定制冷量

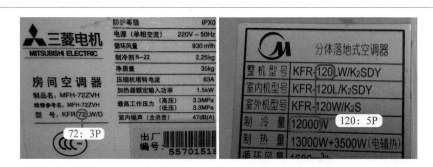

图 1-12　3P 和 5P 额定制冷量

第二节　挂式空调器构造

一、外部构造

空调器整机从结构上看包括室内机、室外机、连接管道、遥控器四部分。室内机包括蒸发器、室内风扇（贯流风扇）、室内风机、电控部分等，室外机包括压缩机、冷凝器、毛细管、室外风扇、室外风机、电气元件等。

1. 室内机外部结构

挂式空调器室内机外部结构见图 1-13 和图 1-14。

① 进风口：房间的空气由进风格栅吸入，并通过过滤网除尘。说明：早期空调器进风口通常由进风格栅（或称为前面板）进入室内机，而目前空调器进风格栅通常设计为镜面或平板样式，因此进风口部位设计在室内机顶部。

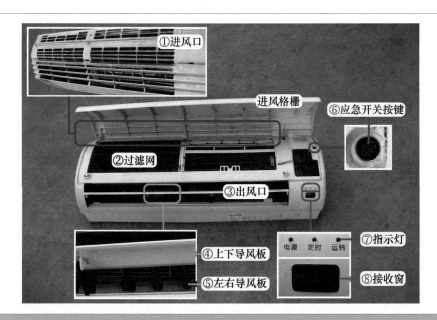

图 1-13　室内机正面外部结构

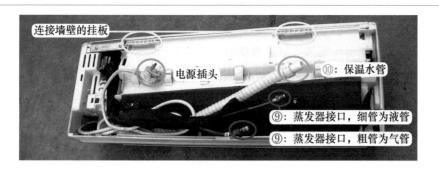

图 1-14 室内机背面外部结构

② 过滤网：过滤房间中的灰尘。

③ 出风口：降温或加热的空气经上下导风板和左右导风板调节方位后吹向房间。

④ 上下导风板（上下风门叶片）：调节出风口上下气流方向（一般为自动调节）。

⑤ 左右导风板（左右风门叶片）：调节出风口左右气流方向（一般为手动调节）。

⑥ 应急开关按键：无遥控器时使用应急开关可以开启或关闭空调器的按键。

⑦ 指示灯：显示空调器工作状态的窗口。

⑧ 接收窗：接收遥控器发射的红外线信号。

⑨ 蒸发器接口：与来自室外机的管道连接（粗管为气管，细管为液管）。

⑩ 保温水管：一端连接接水盘，另一端通过加长水管将制冷时蒸发器产生的冷凝水排至室外。

2. 室外机外部结构

室外机外部结构见图 1-15。

① 进风口：吸入室外空气（即吸入空调器周围的空气）。

② 出风口：吹出为冷凝器降温的室外空气（制冷时为热风）。

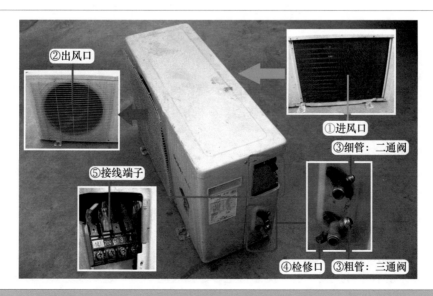

图 1-15 室外机外部结构

③ 管道接口（细管和粗管）：连接室内机管道（粗管为气管，接三通阀；细管为液管，接二通阀）。

④ 检修口［即加制冷剂口（俗称加氟口）］：用于测量系统压力，系统缺少制冷剂（俗称缺氟）时可以添加制冷剂（俗称加氟）使用。

⑤ 接线端子：连接室内机组的电源线。

3. 连接管道

见图1-16左图，用于连接室内机和室外机的制冷系统，完成制冷（制热）循环，其为制冷系统的一部分；粗管连接室内机蒸发器出口和室外机三通阀，细管连接室内机蒸发器进口和室外机二通阀；由于细管流通的制冷剂为液体，粗管流通的制冷剂为气体，所以细管也称为液管或高压管，粗管也称为气管或低压管；材质早期多为铜管，现在多使用铝塑管。

4. 遥控器

见图1-16右图，用来控制空调器的运行与停止，使之按用户的意愿运行，其为电控系统的一部分。

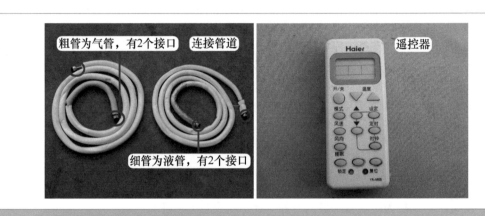

图1-16 连接管道和遥控器

二、 内部构造

家用空调器无论是挂式空调器还是柜式空调器，均由四部分组成：制冷系统、电控系统、通风系统、箱体系统。制冷系统由于知识点较多，在第二章进行详细说明。

1. 主要部件安装位置

（1）室内机主要部件

见图1-17。制冷系统有蒸发器；电控系统有电控盒（包括主板、变压器、环温和管温传感器等）、显示板组件、步进电机；通风系统有室内风机（一般为PG电机）、室内风扇（也称为贯流风扇）、轴套、上下和左右导风板；辅助部件有接水盘。

（2）室外机主要部件

见图1-18。制冷系统有压缩机、冷凝器、四通阀、毛细管、过冷管组（单向阀和辅助毛细管）；电控系统有室外风机电容、压缩机电容、四通阀线圈；通风系统有室外风机（也称为轴流电机）、室外风扇（也称为轴流风扇）；辅助部件有电机支架、挡风隔板。

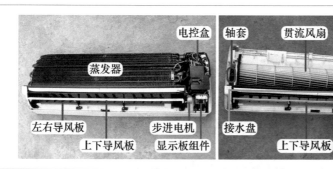

图1-17　室内机主要部件

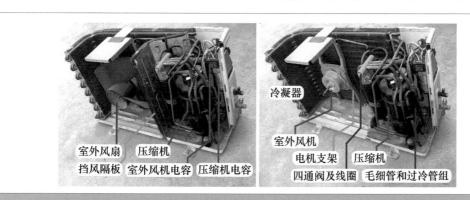

图1-18　室外机主要部件

2. 电控系统

电控系统相当于"大脑"，用来控制空调器的运行，一般使用微控制器（MCU）控制方式，具有遥控、正常自动控制、自动安全保护、故障自诊断和显示、自动恢复等功能。

图1-19为电控系统主要部件，通常由主板、遥控器、变压器、环温和管温传感器、室内风机、步进电机、压缩机、室外风机、四通阀线圈等组成。

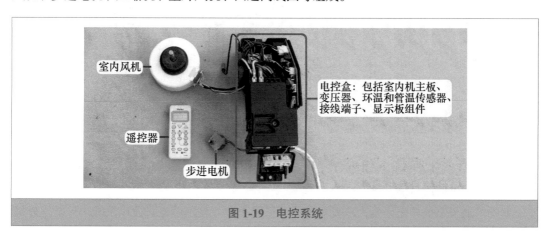

图1-19　电控系统

3. 通风系统

为了保证制冷系统的正常运行而设计，作用是强制使空气流过冷凝器或蒸发器，加速热交换的进行。

（1）室内机通风系统

室内机通风系统的作用是将蒸发器产生的冷量（或热量）及时输送到室内，降低或加热房间温度。见图1-20，使用贯流式通风系统，包括贯流风扇和室内风机。

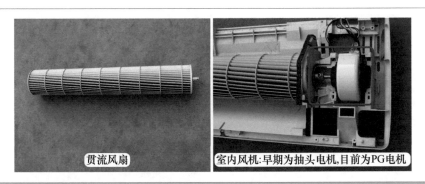

图1-20　贯流风扇和室内风机

贯流风扇由叶轮、叶片、轴承等组成，轴向尺寸很大，风扇叶轮直径小，呈细长圆筒状，特点是转速高、噪声小；左侧使用轴套固定，右侧连接室内风机。

室内风机产生动力驱动贯流风扇旋转，早期多为2速或3速抽头电机，目前通常使用带霍尔反馈功能的PG电机，只有部分高档的定频和变频空调器使用直流电机。

见图1-21，贯流风扇叶片采用向前倾斜式，气流沿叶轮径向流入，贯穿叶轮内部，然后沿径向从另一端排出，房间空气从室内机顶部和前部的进风口吸入，由贯流风扇产生一定的流量和压力，经过蒸发器降温或加热后，从出风口吹出。

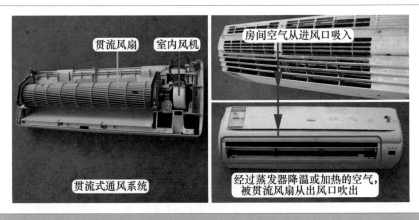

图1-21　贯流式通风系统

（2）室外机通风系统

室外机通风系统的作用是为冷凝器散热，见图1-22，使用轴流式通风系统，包括室外风扇和室外风机。

室外风扇结构简单，叶片一般为2片、3片、4片、5片，使用ABS塑料注塑成形，特点是效率高、风量大、价格低、省电，缺点是风压较低、噪声较大。

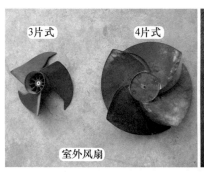

图 1-22　室外风扇和室外风机

　　定频空调器室外风机通常使用单速电机,变频空调器通常使用 2 速、3 速抽头电机,只有部分高档的定频和变频空调器使用直流电机。

　　见图 1-23,室外风扇运行时进风侧压力低,出风侧压力高,空气始终沿轴向流动,制冷时将冷凝器产生的热量强制吹到室外。

图 1-23　轴流式通风系统

4. 箱体系统

　　箱体系统是空调器的骨骼。

　　图 1-24 为挂式空调器室内机的箱体系统(即底座),所有部件均放置在箱体系统上,根据空调器设计不同外观会有所变化。

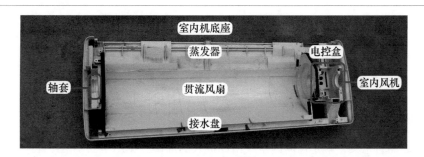

图 1-24　室内机底座

图 1-25 为室外机底座，冷凝器、室外风机固定支架、压缩机等部件均安装在室外机底座上面。

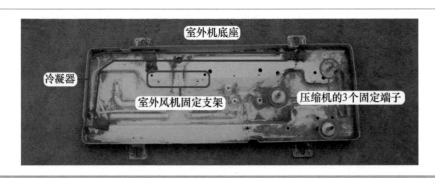

图 1-25　室外机底座

第三节　柜式空调器构造

一、室内机构造

1. 外观

目前柜式空调器室内机从正面看，通常分为上下两段，见图 1-26，上段称为前面板，下段称为进风格栅，其中前面板主要包括出风口和显示屏，取下进风格栅后可见室内机下方设有室内风扇（离心风扇）即进风口，其上方为电控系统。

➡ 说明：早期空调器从正面看通常分为 3 段，最上方为出风口，中间为前面板（包括显示屏），最下方为进风格栅，目前的空调器将出风口和前面板合为一体。

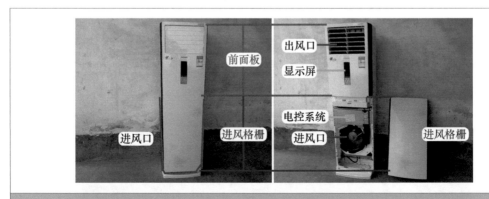

图 1-26　室内机外观

进风格栅顾名思义，就是房间内空气由此进入的部件，见图 1-27 左图，目前空调器进风口设置在左侧、右侧、下方位置，从正面看为镜面外观，内部设有过滤网卡槽，过滤网就是安装在进风格栅内部，过滤后的房间空气再由离心风扇吸入，送至蒸发器降温或加热，再由出风口吹出。

见图 1-27 右图，将前面板翻到后面，取下泡沫盖板后，可看到安装有显示板（从正面看为显示屏）、上下摆风电机、左右摆风电机。

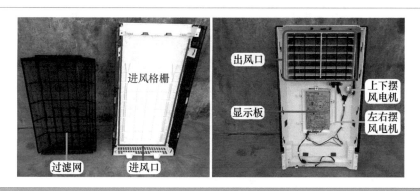

图 1-27　进风格栅和前面板

➡ 说明：早期空调器进风口通常设计在进风格栅正面，并且由于出风口上下导风板为手动调节，未设计上下摆风电机。

2. 电控系统和挡风隔板

取下前面板后，见图 1-28 左图，可见室内机中间部位安装有挡风隔板，其作用是将蒸发器下半段的冷量（或热量）向上聚集，从出风口排出。为防止异物进入室内机，在出风口部位设有防护罩。

取下电控盒盖板后，见图 1-28 右图，电控系统主要由主板、变压器、室内风机电容、接线端子等组成。

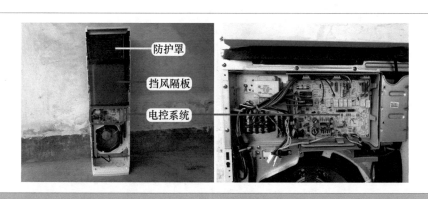

图 1-28　挡风隔板和电控系统

3. 辅助电加热和蒸发器

取下挡风隔板后，见图 1-29，可见蒸发器为直板式。蒸发器中间部位装有 2 组 PTC 式辅助电加热，在冬季制热时提高出风口温度；蒸发器下方为接水盘，通过连接排水软管和加长水管将制冷时产生的冷凝水排至室外；蒸发器共有 2 个接头，其中粗管为气管、细管为液管，经连接管道和室外机二通阀、三通阀相连。

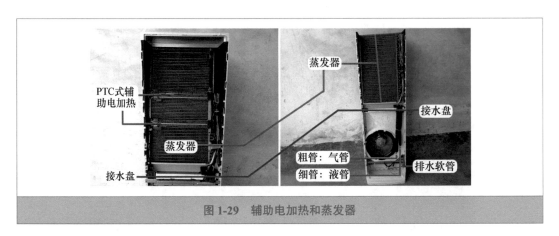

图 1-29　辅助电加热和蒸发器

4. 通风系统

取下蒸发器、顶部挡板、电控系统等部件后，见图 1-30 左图，此时室内机只剩下外壳和通风系统。

通风系统包括室内风机（离心电机）、室内风扇（离心风扇）、蜗壳，图 1-30 右图为取下离心风扇后离心电机的安装位置。

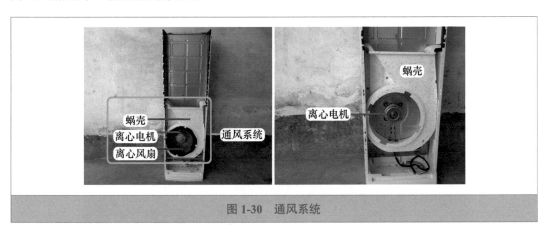

图 1-30　通风系统

5. 外壳

见图 1-31 左图，取下离心电机后，通风系统的部件只有蜗壳。

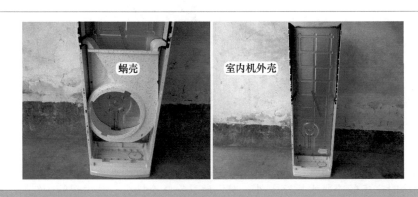

图 1-31　外壳

　　再将蜗壳取下，见图 1-31 右图，此时室内机只剩下外壳，由左侧板、右侧板、背板、底座等组成。

二、　室外机构造

1. 外观

　　室外机实物外形见图 1-32，通风系统设有进风口和出风口，进风口设计在后部和侧面，出风口设计在前面，吹出的风不是直吹，而是朝四周扩散。其中接线端子连接室内机电控系统，管道接口连接室内机制冷系统（蒸发器）。

图 1-32　室外机外观

2. 主要部件

　　取下室外机顶盖和前盖，见图 1-33，可发现室外机和挂式空调器室外机相同，主要由电控系统、压缩机、室外风机和室外风扇、冷凝器等组成。

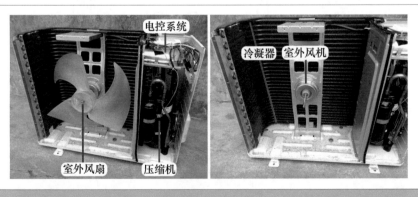

图 1-33　主要部件

第二章

Chapter 2

空调器制冷系统基础知识

第一节 制冷系统工作原理

一、单冷型空调器制冷系统

1. 制冷系统循环

单冷型空调器制冷循环原理图见图 2-1，实物图见图 2-2。

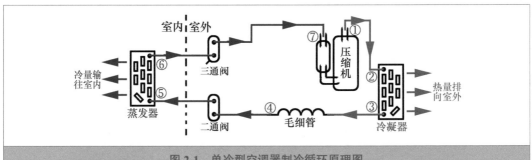

图 2-1 单冷型空调器制冷循环原理图

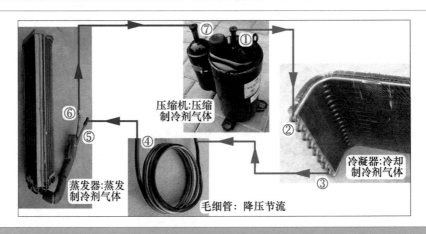

图 2-2 单冷型空调器制冷循环实物图

　　来自室内机蒸发器的低温低压制冷剂气体被压缩机吸气管吸入，压缩成高温高压气体，由排气管排入室外机冷凝器，通过室外风扇的作用，与室外的空气进行热交换而成为低温高压的制冷剂液体，经过毛细管的节流降压、降温后进入蒸发器，在室内风扇的作用下，吸收房间内的热量（即降低房间内的温度）而成为低温低压的制冷剂气体，再被压缩机压缩，制冷剂的流动方向为①→②→③→④→⑤→⑥→⑦→①，如此周而复始地循环以达到制冷的目的。制冷系统主要位置压力和温度见表2-1。

➡ 说明：图中红线表示高温管路，蓝线表示低温管路。

表 2-1　制冷系统主要位置压力和温度

代号和位置		状态	压力	温度
①：压缩机排气管		高温高压气体	2.0MPa	约90℃
②：冷凝器进口		高温高压气体	2.0MPa	约85℃
③：冷凝器出口（毛细管进口）		低温高压液体	2.0MPa	约35℃
④：毛细管出口	⑤：蒸发器进口	低温低压液体	0.45MPa	约7℃
⑥：蒸发器出口	⑦：压缩机吸气管	低温低压气体	0.45MPa	约5℃

　　2. 单冷型空调器制冷系统主要部件

　　单冷型空调器的制冷系统主要由压缩机、冷凝器、毛细管、蒸发器组成，称为制冷系统四大部件。

　　（1）压缩机

　　压缩机是制冷系统的心脏，将低温低压气体压缩成为高温高压气体。压缩机由电机部分和压缩部分组成。电机通电后运行，带动压缩部分工作，使吸气管吸入的低温低压制冷剂气体变为高温高压气体。

　　压缩机常见形式有3种：活塞式、旋转式、涡旋式，实物外形见图2-3。活塞式压缩机常见于老式柜式空调器中，通常为三相供电，现在已经很少使用；旋转式压缩机大量使用在1～3P的挂式或柜式空调器中，通常使用单相供电，是目前最常见的压缩机；涡旋式压缩机通常使用在3P及以上柜式空调器中，通常使用三相供电，由于不能反向运行，使用此类压缩机的空调器室外机设有相序保护电路。

图 2-3　压缩机

（2）冷凝器

冷凝器实物外形见图2-4，其作用是将压缩机排气管排出的高温高压气体变为低温高压液体。压缩机排出的高温高压气体进入冷凝器后，吸收外界的冷量，此时室外风机运行，将冷凝器表面的高温排向外界，从而将高温高压气体冷凝为低温高压液体。

常见形式：常见外观形状有单片式、双片式或更多。

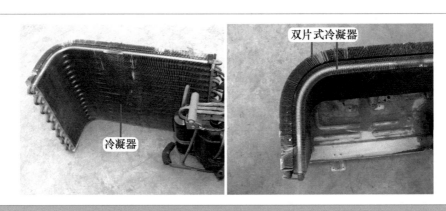

图2-4　冷凝器

（3）毛细管

毛细管由于价格低及性能稳定，在定频空调器和变频空调器中都有大量使用，安装位置和实物外形见图2-5，目前部分变频空调器使用电子膨胀阀代替毛细管作为节流元件。

图2-5　毛细管

毛细管的作用是将低温高压液体变为低温低压液体。从冷凝器排出的低温高压液体进入毛细管后，由于管径突然变小并且较长，因此从毛细管排出的液体的压力已经很低，由于压力与温度成正比，此时制冷剂的温度也较低。

（4）蒸发器

蒸发器实物外形见图2-6，其作用是吸收房间内的热量，降低房间温度。工作时毛细管排出的液体进入蒸发器后，低温低压液体蒸发吸热，使蒸发器表面温度很低，室内风机运行，将冷量输送至室内，降低房间温度。

常见形式：根据外观不同，常见有直板式、二折式、三折式或更多。

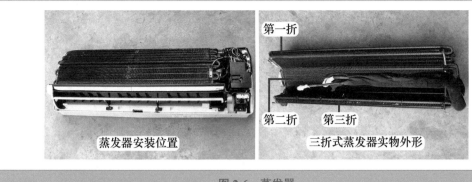

图2-6　蒸发器

二、冷暖型空调器制冷系统

在单冷型空调器的制冷系统中增加四通阀，即可组成冷暖型空调器的制冷系统，此时系统既可以制冷，又可以制热。但在实际应用中，为提高制热效果，又增加了过冷管组（单向阀和辅助毛细管）。

1. 四通阀安装位置和作用

四通阀安装在室外机制冷系统中，作用是转换制冷剂流量的方向，从而将空调器转换为制冷或制热模式，见图2-7左图，四通阀组件包括四通阀和线圈。

见图2-7右图，四通阀连接管道共有4根，D口连接压缩机排气管，S口连接压缩机吸气管，C口连接冷凝器，E口连接三通阀经管道至室内机蒸发器。

图2-7　四通阀组件和安装位置

2. 四通阀内部结构

见图2-8，四通阀可细分为换向阀（阀体）、电磁导向阀、连接管道共3部分。

（1）换向阀

将四通阀翻到背面，并割开阀体表面铜壳，见图2-9，可看到换向阀内部器件，主要由阀块、左右2个活塞、连杆、弹簧组成。

活塞和连杆固定在一起，阀块安装在连杆上面，当活塞受到压力变化时其带动连杆左右移动，从而带动阀块左右移动。

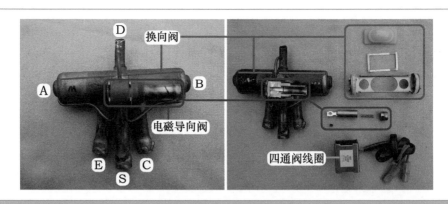

图 2-8　四通阀内部结构

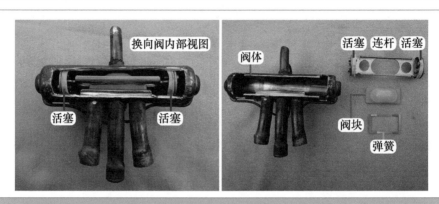

图 2-9　换向阀组成

　　见图 2-10 左图，当阀块移动至某一位置时使 S-E 管口相通，则 D-C 管口相通，压缩机排气管 D 排出高温高压气体经 C 管口至冷凝器，三通阀 E 连接压缩机吸气管 S，空调器处于制冷状态。

　　见图 2-10 右图，当阀块移动至某一位置时使 S-C 管口相通，则 D-E 管口相通，压缩机排气管 D 排出的高温高压气体经 E 管口至三通阀连接室内机蒸发器，冷凝器 C 连接压缩机吸气管 S，空调器处于制热状态。

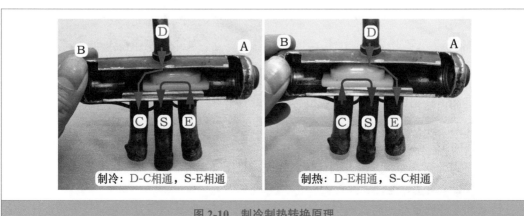

图 2-10　制冷制热转换原理

（2）电磁导向阀

电磁导向阀由导向毛细管和导向阀本体组成，见图2-11。导向毛细管共有4根，分别连接压缩机排气管D管口、压缩机吸气管S管口、换向阀左侧A管和换向阀右侧B管。导向阀本体安装在四通阀表面，内部由小阀块、衔铁、弹簧、堵头（设有四通阀线圈的固定螺钉）组成。

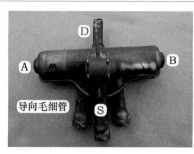
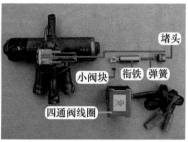

图 2-11　电磁导向阀组成

见图2-12，导向阀连接4根导向毛细管，其内部设有4个管口，布局和换向阀类似，小阀块安装在衔铁上面，衔铁移动时带动小阀块移动，从而接通或断开导向阀内部下方3个管口。衔铁移动方向受四通阀线圈产生的电磁力控制，导向阀内部的阀块之所以称为"小阀块"，是为了和换向阀内部的阀块进行区分，2个阀块所起的作用基本相同。

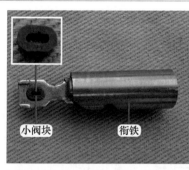

图 2-12　小阀块和导向阀管口

3. 制冷和制热模式转换原理

（1）制冷模式

当室内机主板未向四通阀线圈供电时，即希望空调器运行在制冷模式。

室外机四通阀因线圈电压为交流0V，见图2-13，电磁导向阀内部衔铁在弹簧的作用下向左侧移动，使得D口和B侧的导向毛细管相通，S口和A侧的导向毛细管相通，因D口连接压缩机排气管，S口连接压缩机吸气管，因此换向阀B侧压力高、A侧压力低。

见图2-14和图2-15，因换向阀B侧压力高于A侧，推动活塞向A侧移动，从而带动阀块使S-E管口相通，同时D-C管口相通，即压缩机排气管D和冷凝器C相通，压缩机吸气管S和连接室内机蒸发器的三通阀E相通，制冷剂流动方向为①→D→C→②→③→④→⑤→⑥→E→S→⑦→①，系统工作在制冷模式。制冷模式下系统主要位置压力和温度见表2-1。

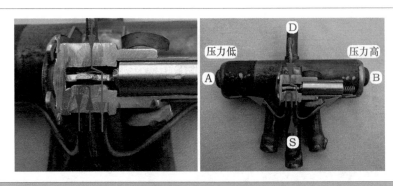

图 2-13　电磁导向阀使阀体压力左低右高

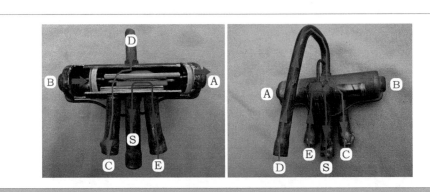

图 2-14　阀块移动工作在制冷模式

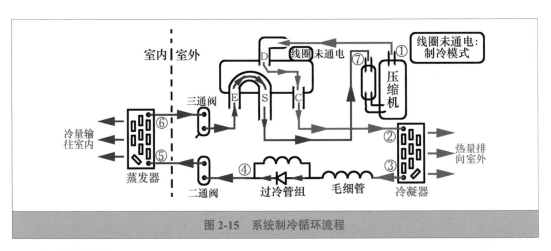

图 2-15　系统制冷循环流程

（2）制热模式

当室内机主板向四通阀线圈供电时，即希望空调器处于制热模式。

见图 2-16，室外机四通阀线圈电压为交流 220V，产生电磁力，使电磁导向阀内部衔铁克服弹簧的阻力向右侧移动，使得 D 口和 A 侧的导向毛细管相通，S 口和 B 侧的导向毛细管相通，因此换向阀 A 侧压力高、B 侧压力低。

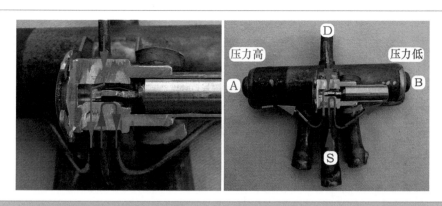

图 2-16　电磁导向阀使阀体压力左高右低

见图 2-17 和图 2-18，因换向阀 A 侧压力高于 B 侧压力，推动活塞向 B 侧移动，从而带动阀块使 S-C 管口相通，同时 D-E 管口相通，即压缩机排气管 D 和连接室内机蒸发器的三通阀 E 相通，压缩机吸气管 S 和冷凝器 C 相通，制冷剂流动方向为①→D→E→⑥→⑤→④→③→②→C→S→⑦→①，系统工作在制热模式。制热模式下系统主要位置压力和温度见表 2-2。

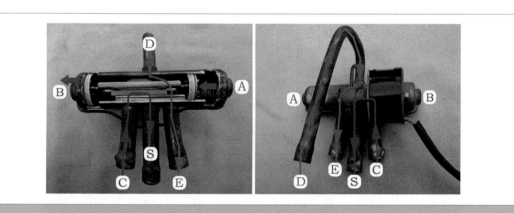

图 2-17　阀块移动工作在制热模式

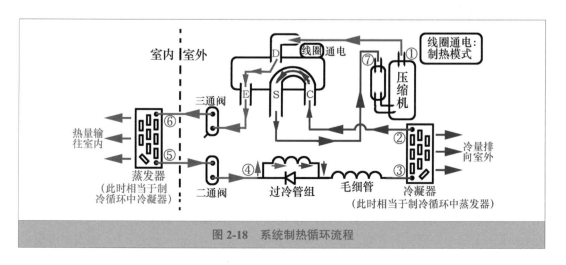

图 2-18　系统制热循环流程

表 2-2　制热模式下制冷系统主要位置压力和温度

代号和位置		状态	压力	温度
①：压缩机排气管		高温高压气体	2.2MPa	约80℃
⑥：蒸发器出口		高温高压气体	2.2MPa	约70℃
⑤：蒸发器进口	④：辅助毛细管出口	低温高压液体	2.2MPa	约50℃
③：冷凝器出口（毛细管进口）		低温低压液体	0.2MPa	约7℃
②：冷凝器进口	⑦：压缩机吸气管	低温低压气体	0.2MPa	约5℃

4. 单向阀与辅助毛细管（过冷管组）

过冷管组实物外形见图 2-19，作用是在制热模式下延长毛细管的长度，降低蒸发压力，蒸发温度也相应降低，能够从室外吸收更多的热量，从而增加制热效果。

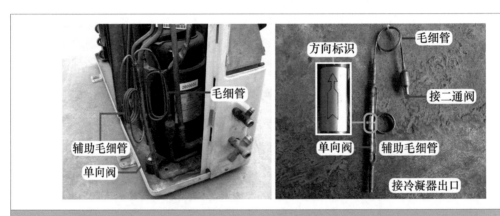

图 2-19　单向阀与辅助毛细管

辨认方法：辅助毛细管和单向阀并联，单向阀具有方向之分，带有箭头的一端接二通阀铜管。

单向阀具有单向导通特性，制冷模式下直接导通，辅助毛细管不起作用；制热模式下单向阀截止，制冷剂从辅助毛细管通过，延长毛细管的总长度，从而提高制热效果。

（1）制冷模式（见图 2-20 左图）

制冷剂流动方向为：压缩机排气管→四通阀→冷凝器（①）→单向阀（②）→毛细管（④）→过滤器（⑤）→二通阀（⑥）→连接管道→蒸发器→三通阀→四通阀→压缩机吸气管，完成循环过程。

此时单向阀方向标识和制冷剂流通方向一致，单向阀导通，短路辅助毛细管，辅助毛细管不起作用，由毛细管独自节流。

（2）制热模式（见图 2-20 右图）

制冷剂流动方向为：压缩机排气管→四通阀→三通阀→蒸发器（相当于冷凝器）→连接管道→二通阀（⑥）→过滤器（⑤）→毛细管（④）→辅助毛细管（③）→冷凝器出口（①）（相当于蒸发器进口）→四通阀→压缩机吸气管，完成循环过程。

此时单向阀方向标识和制冷剂流通方向相反，单向阀截止，制冷剂从辅助毛细管流过，由毛细管和辅助毛细管共同节流，延长了毛细管的总长度，降低了蒸发压力，蒸发温度也相应下降，此时室外机冷凝器可以从室外吸收到更多的热量，从而提高制热效果。

举个例子说，假如毛细管节流后对应的蒸发压力为 0，那么这台空调器室外温度在 0℃以上时，制热效果还可以，但在 0℃以下，制热效果则会明显变差；如果毛细管和辅助毛细管共同节流，延长毛细管的总长度后，假如对应的蒸发温度为 −5℃，那么这台空调器室外温度在 0℃以上时，由于蒸发温度低，温度差较大，因而可以吸收更多的热量，从而提高制热效果，如果室外温度在 −5℃，制热效果和不带辅助毛细管的空调器在 0℃时基本相同，这说明辅助毛细管工作后减少了空调器对温度的限制范围。

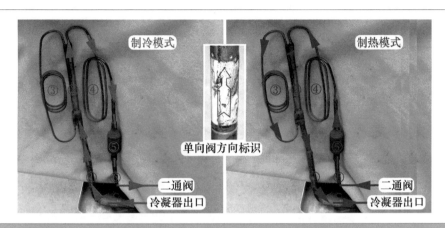

图 2-20　过冷管组组件制冷和制热循环过程

第二节　缺氟分析和检漏

一、缺氟分析

空调器常见漏氟部位见图 2-21。

1. 连接管道漏氟

① 加长连接管道焊点有砂眼，系统漏氟。

② 连接管道本身质量不好有砂眼，系统漏氟。

③ 安装空调器时管道弯曲过大，管道握瘪有裂纹，系统漏氟。

④ 加长管道使用快速接头，喇叭口处理不好而导致漏氟。

2. 室内机和室外机接口漏氟

① 安装或移机时接口未拧紧，系统漏氟。

② 安装或移机时液管（细管）螺母拧得过紧将喇叭口拧脱落，系统漏氟。

③ 多次移机时拧紧松开螺母，导致喇叭口变薄或脱落，系统漏氟。

④ 安装空调器时快速接头螺母与螺钉（俗称螺丝）未对好，拧紧后密封不严，系统漏氟。

⑤ 加长管道时喇叭口扩口偏小，安装后密封不严，系统漏氟。

⑥ 紧固螺母裂，系统漏氟。

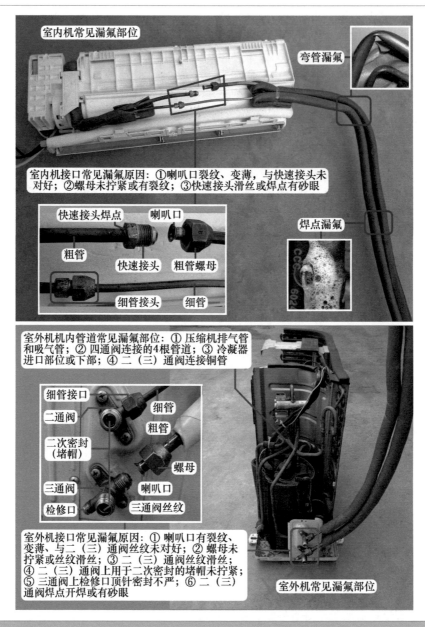

室内机常见漏氟部位

弯管漏氟

室内机接口常见漏氟原因：①喇叭口裂纹、变薄，与快速接头未对好；②螺母未拧紧或有裂纹；③快速接头滑丝或焊点有砂眼

快速接头焊点　　喇叭口

粗管

快速接头　　粗管螺母

细管接头　　细管

焊点漏氟

室外机机内管道常见漏氟部位：①压缩机排气管和吸气管；②四通阀连接的4根管道；③冷凝器进口部位或下部；④二（三）通阀连接铜管

细管接口

二通阀

细管

粗管

二次密封（堵帽）

螺母

三通阀

喇叭口

检修口

三通阀丝纹

室外机接口常见漏氟原因：①喇叭口有裂纹、变薄、与二（三）通阀丝纹未对好；②螺母未拧紧或丝纹滑丝；③二（三）通阀丝纹滑丝；④二（三）通阀上用于二次密封的堵帽未拧紧；⑤三通阀上检修口顶针密封不严；⑥二（三）通阀焊点开焊或有砂眼

室外机常见漏氟部位

图 2-21　制冷系统常见漏氟部位

3. 室内机漏氟

① 室内机快速接头焊点有砂眼，系统漏氟。

② 蒸发器管道有砂眼，系统漏氟。

4. 室外机漏氟

① 二通阀和三通阀阀芯损坏，系统漏氟。

② 二通阀和三通阀堵帽未拧紧，系统漏氟。

③ 三通阀检修口顶针坏，系统漏氟。

④ 室外机机内管道有裂纹（重点检查：压缩机排气管和吸气管，四通阀连接的4根管道，冷凝器进口部位，二通阀和三通阀连接铜管）。

二、 系统检漏

空调器不制冷或效果不好，检查故障为系统缺氟引起时，在加氟之前要查找漏点并处理。如果只是盲目加氟，由于漏点还存在，空调器还会出现同样故障。在检修漏氟故障时，应先询问用户，空调器是突然出现故障还是缓慢出现故障，检查是新装机还是使用一段时间的空调器，根据不同情况选择重点检查部位。

1. 检查系统压力

关机并拔下空调器电源（防止在检查过程中发生危险），在三通阀检修口接上压力表，观察此时的静态压力。

① 0 ~ 0.5MPa：无氟故障，此时应向系统内加注气态制冷剂，使静态压力达到0.6MPa或更高压力，以便于检查漏点。

② 0.6MPa 或更高压力：缺氟故障，此时不用向系统内加注制冷剂，可直接用泡沫检查漏点。

2. 检漏技巧

R22制冷剂与压缩机润滑油能互溶，因而R22制冷剂泄漏时通常会将润滑油带出，也就是说制冷系统有油迹的部位就极有可能为漏氟部位，应重点检查。如果油迹有很长的一段，则应检查处于最高位置的焊点或系统管道。

3. 重点检查部位

漏氟故障重点检查部位见图 2-22 ~ 图 2-24，具体如下。

① 新装机（或移机）：室内机和室外机连接管道的4个接头，二通阀和三通阀堵帽，以及加长管道焊接部位。

② 正常使用的空调器突然不制冷：压缩机吸气管和排气管、系统管路焊点、毛细管、四通阀连接管道和根部。

③ 逐渐缺氟故障：室内机和室外机连接管道的4个接头。更换过系统元件或补焊过管道的空调器还应检查焊点。

④ 制冷系统中有油迹的位置。

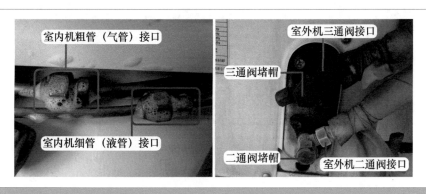

图 2-22　漏氟故障重点检查部位（一）

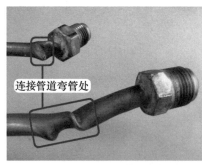

图 2-23　漏氟故障重点检查部位（二）

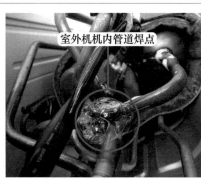

图 2-24　漏氟故障重点检查部位（三）

4. 检漏方法

用水将毛巾（或海绵）淋湿，以不向下滴水为宜，倒上洗洁精，轻揉至有丰富泡沫，见图 2-25，涂在需要检查的部位，观察是否向外冒泡，冒泡则说明检查部位有漏氟故障，没有冒泡说明检查部位正常。

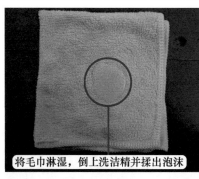
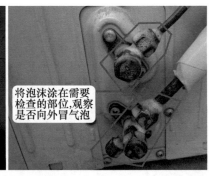

图 2-25　泡沫检漏

5. 漏点处理方法

① 系统焊点漏：补焊漏点。

② 四通阀根部漏：更换四通阀。

③ 喇叭口管壁变薄或脱落：重新扩口。

④ 接头螺母未拧紧：拧紧接头螺母。

⑤ 二、三通阀或室内机快速接头丝纹坏：更换二、三通阀或快速接头。

⑥ 接头螺母有裂纹或丝纹坏：更换连接螺母。

6. 微漏故障检修方法

制冷系统慢漏故障，如果因漏点太小或比较隐蔽，使用上述方法未检查出漏点时，可以使用以下步骤来检查。

（1）区分故障部位

当系统为平衡压力时，接上压力表并记录此时的系统压力值后取下，关闭二通阀和三通阀的阀芯，将室内机和室外机的系统分开保压。

等待一段时间后（根据漏点大小决定），再接上压力表，慢慢打开三通阀阀芯，查看压力表表针是上升还是下降：如果是上升，说明室外机的压力高于室内机，故障在室内机，重点检查蒸发器和连接管道；如果是下降，说明室内机的压力高于室外机，故障在室外机，重点检查冷凝器和室外机内管道。

（2）增加检漏压力

由于制冷剂的静态压力最高约为 1MPa，对于漏点较小的故障部位，应增加系统压力来检查。如果条件具备可使用氮气，氮气瓶通过连接管经压力表，将氮气直接充入空调器制冷系统，静态压力能达到 2MPa。

危险提示：压力过高的氧气遇到压缩机的冷冻油将会自燃导致压缩机爆炸，因此严禁将氧气充入制冷系统用于检漏，切记！切记！

（3）将制冷系统放入水中

如果区分故障部位和增加检漏压力之后，仍检查不到漏点，可将怀疑的系统部分（如蒸发器或冷凝器）放入清水之中，通过观察冒出的气泡来查找漏点。

第三节　收氟和排空

一、　收氟

收氟即回收制冷剂，是将室内机蒸发器和连接管道的制冷剂回收至室外机冷凝器的过程，是移机或维修蒸发器、连接管道前的一个重要步骤。收氟时必须将空调器运行在制冷模式下，且压缩机正常运行。

1. 开启空调器的方法

如果房间温度较高（夏季），则可以用遥控器直接选择制冷模式，温度设定到最低 16℃即可。

如果房间温度较低（冬季），应参照图 2-26，选择以下两种方法其中的一种。

① 用温水加热（或用手捏住）室内环温传感器探头，使之检测到温度上升，再用遥控器设定制冷模式开机收氟。

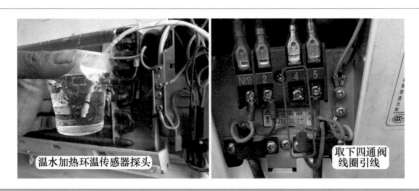

图 2-26　强制制冷开机的两种方法

② 制热模式下在室外机接线端子处取下四通阀线圈引线，强制断开四通阀线圈供电，空调器即运行在制冷模式下。注意：使用此种方法一定要注意用电安全，可先断开引线再开机收氟。

➡ 说明：某些品牌的空调器，如按压"应急按钮（开关）"按键超过 5s，也可使空调器运行在应急制冷模式下。

2. 收氟操作步骤

收氟操作步骤见图 2-27～图 2-29。

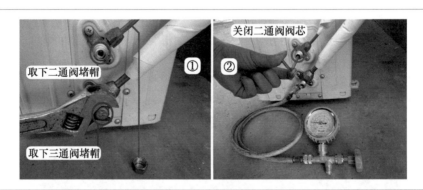

图 2-27　收氟操作步骤（一）

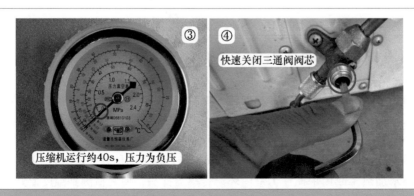

图 2-28　收氟操作步骤（二）

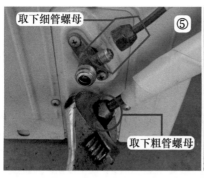
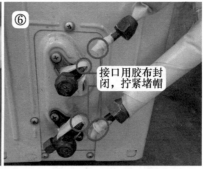

图 2-29 收氟操作步骤（三）

① 取下室外机二通阀和三通阀的堵帽。

② 用内六方扳手关闭二通阀阀芯，蒸发器和连接管道的制冷剂通过压缩机排气管存储在室外机的冷凝器之中。

③ 在室外机（主要指压缩机）运行约 40s 后（本处指 1P 空调器运行时间），关闭三通阀阀芯。如果对时间掌握不好，可以在三通阀检修口接上压力表，观察压力回到负压范围内时再快速关闭三通阀阀芯。

④ 压缩机运行时间符合要求或压力表指针回到负压范围内时，快速关闭三通阀阀芯。

⑤ 用遥控器关机，拔下电源插头，并使用扳手取下细管螺母和粗管螺母。

⑥ 在室外机接口处取下连接管道中气管（粗管）和液管（细管）的螺母，并用胶布封闭接口，防止管道内进入水分或脏物，并拧紧二通阀和三通阀的堵帽。

⑦ 如果需要拆除室外机，在室外机接线端子处取下室内外机连接线，再取下室外机的 4 个底脚螺钉后即可。

二、 冷凝器中有制冷剂时的排空方法

排空是指空调器新装机或移机时安装完毕后，通过使用冷凝器中的制冷剂将室内机蒸发器和连接管道内的空气排出的过程，操作步骤见图 2-30 ~ 图 2-32，排空完成后要用洗洁精泡沫检查接口，防止出现漏氟故障。

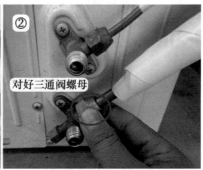

图 2-30 排空操作步骤（一）

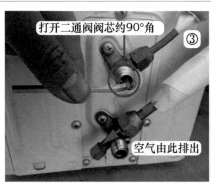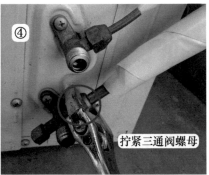

图 2-31　排空操作步骤（二）

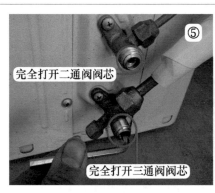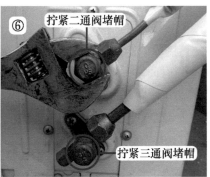

图 2-32　排空操作步骤（三）

➡ 说明：本处示例空调器机型使用 R22 制冷剂。如果使用 R410A 或 R32 等环保制冷剂，则需要使用真空泵抽真空，不能使用制冷剂排空的方法。

① 将液管（细管）螺母接在二通阀上并拧紧。

② 将气管（粗管）螺母接在三通阀上但不拧紧。

③ 用内六方扳手将二通阀阀芯逆时针旋转打开 90° 角，存在冷凝器内的制冷剂气体将室内机蒸发器、连接管道内的空气从三通阀螺母处排出。

④ 约 30s 后拧紧三通阀螺母。

⑤ 用内六方扳手完全打开二通阀和三通阀阀芯。

⑥ 安装二通阀和三通阀堵帽并拧紧。

三、　冷凝器中无制冷剂时的排空方法

　　空气为不可压缩的气体，系统中如含有空气会使高压、低压上升，增加压缩机的负荷，同时制冷效果也会变差；空气中含有的水分则会使压缩机线圈绝缘下降，缩短其寿命；制冷过程中水分容易在毛细管部位堵塞，形成冰堵故障；因而在更换系统部件（如压缩机、四通阀）或维修由系统铜管产生裂纹导致的无氟故障时，焊接完毕后在加氟之前要将系统内的空气排除，常用方法有真空泵抽真空和用 R22 制冷剂顶空。

1. 真空泵抽真空

真空泵是排除系统空气的专用工具，实物外形见图 2-33 左图，可将空调器制冷系统内的真空度达到 -0.1MPa（即 -760mmHg）。

真空泵吸气口通过加氟管连接至压力表接口，接口根据品牌不同也不相同，有些为英制接口，有些为公制接口；真空泵排气口则是将吸气口吸入的制冷系统内的空气排向室外。

图 2-33 右图为抽真空时真空泵的连接方法。使用 1 根加氟管连接室外机三通阀检修口和压力表，1 根加氟管连接压力表和真空泵吸气口，开启真空泵电源，再打开压力表开关，制冷系统内的空气便从真空泵排气口排出，运行一段时间（一般需要 20min 左右）达到真空度要求后，首先关闭压力表开关，再关闭真空泵电源，将加氟管连接至氟瓶并排出加氟管中的空气后，即可为空调器加氟。

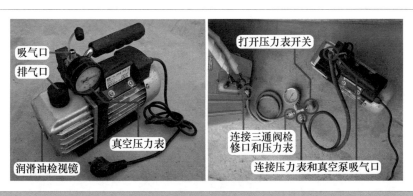

图 2-33　抽真空示意图

（1）压力表真空度对比

抽真空前：见图 2-34 左图，制冷系统内含有的空气和大气压力相等，约为 0MPa。

抽真空后：见图 2-34 右图，真空泵将制冷系统内空气抽出后，压力约为 -0.1MPa。

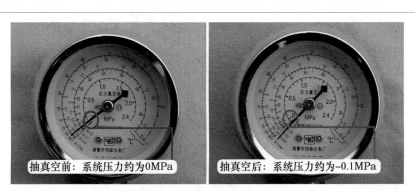

图 2-34　抽真空前后压力表对比

（2）真空表真空度对比

如果真空泵上安装有真空表，更可以直观表现系统真空度。

抽真空前：见图 2-35 左图，制冷系统内含有的空气和大气压力相等，约为 820mbar（82kPa）。

抽真空中：见图 2-35 中图，开启真空泵电源后，系统内的空气排向室外，真空度也在逐渐下降。

抽真空后：见图 2-35 右图，系统内真空度达到要求后，真空表指针指示为深度负压。

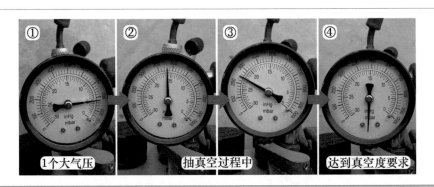

① 1个大气压　　② 抽真空过程中　　③④ 达到真空度要求

图 2-35　抽真空时真空表对比

2. 使用 R22 制冷剂顶空

系统充入 R22 制冷剂将空气顶出，同样能达到排出空气的目的。用 R22 制冷剂顶空操作步骤见图 2-36 ~ 图 2-38。

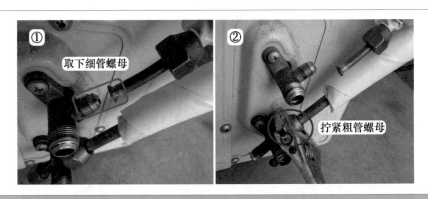

① 取下细管螺母　　② 拧紧粗管螺母

图 2-36　用制冷剂顶空（一）

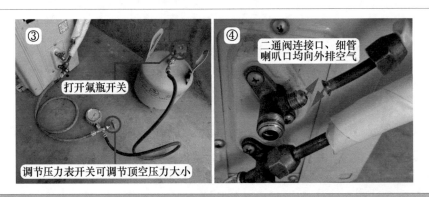

③ 打开氟瓶开关　调节压力表开关可调节顶空压力大小

④ 二通阀连接口、细管喇叭口均向外排空气

图 2-37　用制冷剂顶空（二）

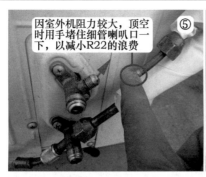

因室外机阻力较大，顶空时用手堵住细管喇叭口一下，以减小R22的浪费 ⑤

⑥ 拧紧细管螺母

图 2-38 用制冷剂顶空（三）

① 在二通阀处取下细管螺母，并完全打开二通阀阀芯。

② 在三通阀处拧紧粗管螺母，并完全打开三通阀阀芯。

③ 从三通阀检修口充入 R22 制冷剂，通过调整压力表开关的开启角度可以调节顶空的压力，避免顶空过程中压力过大。

④ 室外机的空气从二通阀处向外排出，室内机和连接管道的空气从细管喇叭口处向外排出。

⑤ 室内机和连接管道的空气排出较快，而室外机有毛细管和压缩机的双重阻碍作用，所以室外机的顶空时间应长于室内机，用手堵住连接管道中细管的喇叭口，此时只有室外机二通阀处向外排空，这样可以减少 R22 制冷剂的浪费。

⑥ 一段时间后将细管螺母连接在二通阀并拧紧，此时系统内空气已排干净，开机即可为空调器加氟。注意在拧紧细管螺母的过程中，应将压力表开关打开一些，使二通阀处和细管喇叭口处均向外排气时再拧紧。

第四节　加氟

一、　加氟的工具和步骤

分体式空调器室内机和室外机使用管道连接，并且可以根据实际情况加长管道，方便了安装，但由于增加了接口部位，导致空调器漏氟的可能性加大。而缺氟是最常见的故障之一，为空调器加氟是需要掌握的最基本的维修技能。

1. 加氟基本工具

（1）制冷剂钢瓶

制冷剂钢瓶实物外形见图 2-39，俗称氟瓶，用来存放制冷剂。因目前空调器使用的制冷剂有两种，早期和目前通常为 R22，而目前新出厂的变频空调器通常使用 R410A。为了便于区分，两种钢瓶的外观颜色设计也不相同，R22 钢瓶为绿色，R410A 钢瓶为粉红色。

上门维修通常使用充注量为 6kg 的 R22 钢瓶及充注量为 13.6kg 的 R410A 钢瓶，6kg 钢瓶通常为公制接口，13.6kg 或 22.7kg 钢瓶通常为英制接口，在选择加氟管时应注意。

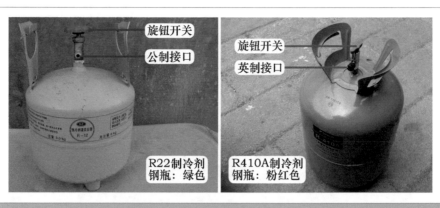

图 2-39　制冷剂钢瓶

（2）压力表组件

压力表组件实物外形见图 2-40，由三通阀（A 口、B 口、压力表接口）和压力表组成，本书简称为压力表，作用是测量系统压力。

三通阀 A 口为公制接口，通过加氟管连接空调器三通阀检修口；三通阀 B 口为公制接口，通过加氟管可连接氟瓶、真空泵等；压力表接口为专用接口，只能连接压力表。

压力表开关控制三通阀接口的状态。压力表开关处于关闭状态时，A 口与压力表接口相通，A 口与 B 口断开；压力表开关处于打开状态时，A 口、B 口、压力表接口相通。

压力表无论有几种刻度，只有印有 MPa 或 kg/cm² 的刻度才是压力数值，其他刻度（例如℃）在维修空调器时一般不用查看。

➡ 说明：1MPa≈10kg/cm²。

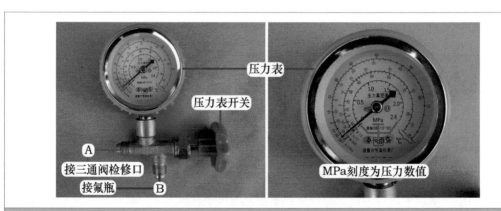

图 2-40　压力表组件

（3）加氟管

加氟管实物外形见图 2-41 左图，作用是连接压力表接口、真空泵、空调器三通阀检修口、氟瓶、氮气瓶等。一般有 2 根即可，1 根接头为公制 - 公制，连接压力表和氟瓶；1 根接头为公制 - 英制，连接压力表和空调器三通阀检修口。

公制和英制接头的区别方法见图 2-41 右图，中间设有分隔环的为公制接头，中间未设分隔环的为英制接头。

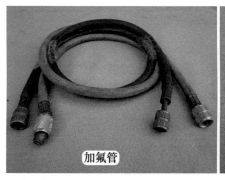
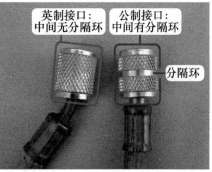

图 2-41　加氟管

➡ 说明：空调器三通阀检修口一般为英制接口，另外加氟管的选取应根据压力表接口（公制或英制）、氟瓶接口（公制或英制）来决定。

（4）转换接头

转换接头实物外形见图 2-42 左图，作用是作为搭桥连接，常见有公制转换接头和英制转换接头。

见图 2-42 中图和右图，例如加氟管一端为英制接口，而氟瓶为公制接头，不能直接连接。使用公制转换接头可解决这一问题，转换接头一端连接加氟管的英制接口，一端连接氟瓶的公制接头，使英制接口的加氟管通过转换接头连接到公制接头的氟瓶。

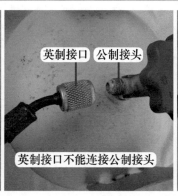
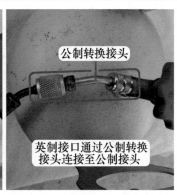

图 2-42　转换接头和作用

2. 加氟方法

图 2-43 为加氟管和三通阀检修口顶针。

加氟操作步骤见图 2-44。

① 首先关闭压力表开关，将带顶针的加氟管一端连接三通阀检修口，此时压力表显示系统压力：空调器未开机时为静态压力，开机后为系统运行压力。

② 另外 1 根加氟管连接压力表和氟瓶，空调器以制冷模式开机，压缩机运行后，观察系统运行压力，如果缺氟，打开氟瓶开关和压力表开关，由于氟瓶的氟压力高于系统运行压力，位于氟瓶的氟进入空调器制冷系统，即为加氟。

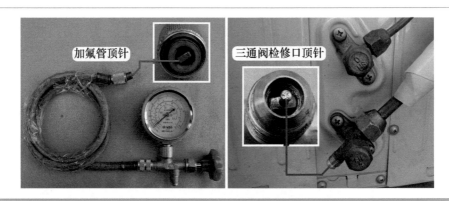

图 2-43　加氟管和三通阀检修口顶针

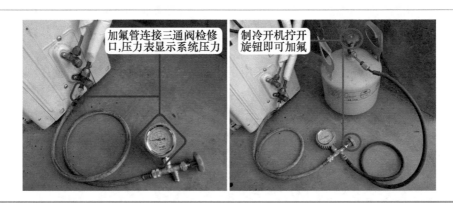

图 2-44　加氟示意图

二、　制冷模式下的加氟方法

注：本部分电流值以 1P 空调器室外机电流（即压缩机和室外风机电流）为例，正常电流约为 4A，制冷剂使用 R22。

1. 缺氟标志

制冷模式下系统缺氟标志见图 2-45 和图 2-46，具体数据如下：

图 2-45　制冷缺氟标志（一）

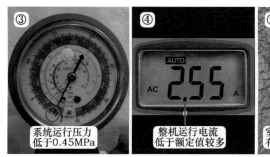

图 2-46　制冷缺氟标志（二）

① 二通阀结霜、三通阀温度接近常温。

② 蒸发器局部结霜或结露。

③ 系统运行压力低，低于 0.45MPa。

④ 运行电流小。

⑤ 蒸发器温度分布不均匀，前半部分凉，后半部分温。

⑥ 室内机出风口温度不均匀，一部分凉，一部分温。

⑦ 冷凝器温度上部温热，中部和下部接近常温。

⑧ 二通阀结露，三通阀温度接近常温。

⑨ 室外侧水管无冷凝水排出。

2. 快速判断空调器缺氟的经验

① 二通阀结露，三通阀是温的，手摸蒸发器一半凉、一半温，室外机出风口吹出的风不热。

② 二通阀结霜，三通阀是温的，室外机出风口吹出的风不热。

➡ 说明：以上两种情况均能大致说明空调器缺氟，具体原因还需要接上压力表、电流表根据测得的数据综合判断。

3. 加氟技巧

① 接上压力表和电流表，同时监测系统压力和电流进行加氟，当氟加至 0.45MPa 左右时，再用手摸三通阀感觉其温度，如低于二通阀温度，则说明系统内氟的充注量已正常。

② 制冷系统管路有裂纹导致系统无氟引起不制冷故障，或更换压缩机后系统需要加氟时，如果开机后为液态加注，则压力加到 0.35MPa 时应停止加注，将空调器关闭，等 3～5min 系统压力平衡后再开机运行，根据运行压力再决定是否需要补氟。

4. 正常标志（制冷开机运行 20min 后）

制冷模式下系统正常标志见图 2-47～图 2-49，具体数据如下：

① 系统运行压力接近 0.45MPa。

② 整机运行电流等于或接近额定值。

③ 二、三通阀均结露。

④ 三通阀冰凉，并且其温度低于二通阀温度。

⑤ 蒸发器全部结露，手摸整体温度较低并且均匀。

⑥ 冷凝器上部热、中部温、下部接近常温，室外机出风口同样为上部热、中部温、下部接近自然风。

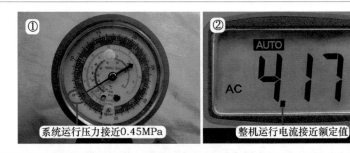

图 2-47　制冷正常标志（一）

⑦ 室内机出风口吹出的风温度较低，并且均匀。正常标准为室内房间温度（即进风口温度）减去出风口温度应大于 9℃。

⑧ 室外侧水管有冷凝水流出。

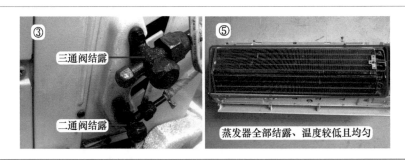

图 2-48　制冷正常标志（二）

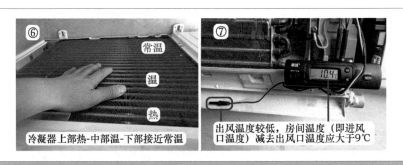

图 2-49　制冷正常标志（三）

5. 快速判断空调器正常的技巧

三通阀温度较低，并且低于二通阀温度；蒸发器全面结露并且温度较低；冷凝器上部热、中部温、下部接近常温。

6. 加氟过量的故障现象

① 二通阀温度为常温，三通阀温度较低。

② 室外机出风口吹出的风较热，温度明显高于正常温度，此现象接近于冷凝器脏堵。

③ 室内机出风口温度较高，且随着运行压力上升也逐渐上升。

④ 制冷系统压力较高。

Chapter *3*

空调器制冷系统故障维修

第一节　判断故障技巧

一、　根据二通阀和三通阀温度判断故障

本部分所示的运行压力为制冷模式，制冷系统使用R22制冷剂。

1. 二通阀结露、三通阀结露

1～3P及部分5P空调器，毛细管通常设在室外机，见图3-1左图，制冷系统正常时二通阀和三通阀冰凉，并且均结露。

部分5P空调器，由于毛细管设在室内机，见图3-1右图，制冷系统正常时二通阀较热，三通阀冰凉且结露。

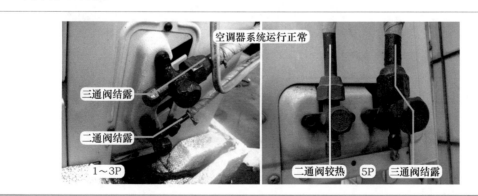

图3-1　二、三通阀结露

2. 二通阀干燥、三通阀干燥

（1）故障现象

手摸二通阀和三通阀均接近常温，见图3-2，常见故障为系统无氟、压缩机未运行、压缩机阀片击穿。

（2）常见原因

将空调器开机，在三通阀检修口接上压力表，观察系统运行压力，如压力为负压或接近

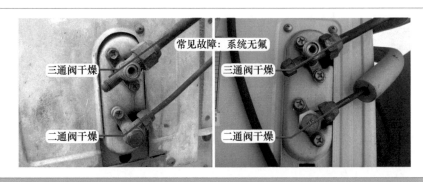

图 3-2　二、三通阀干燥

0MPa，可判断为系统无氟，可直接加氟处理。如为静态压力（夏季 0.7～1.1MPa），说明制冷系统未工作，此时应检查压缩机供电电压，如果为交流 0V，说明室内机主板未输出供电，应检查室内机主板或室内外机连接线。如果电压为交流 220V，说明室内机主板已输出供电，此时再测量压缩机电流，如电流一直为 0A，故障可能为压缩机线圈开路、连接线与压缩机接线端子接触不良、压缩机外置热保护器开路等；如电流为额定电流的 30%～50%，故障可能为压缩机窜气（即阀片击穿）；如电流接近或超过 20A，则为压缩机起动不起来，应首先检查或代换压缩机电容，如果电容正常，故障可能为压缩机卡缸。

3. 二通阀结霜（或结露）、三通阀干燥

（1）故障现象

手摸二通阀是凉的，三通阀接近常温，见图 3-3，常见故障为缺氟。由于系统缺氟，毛细管节流后的压力更低，因而二通阀结霜。

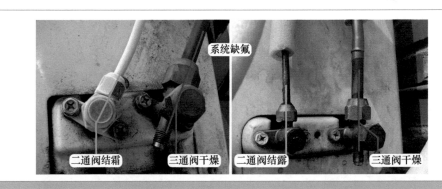

图 3-3　二通阀结霜和三通阀干燥

（2）常见原因

将空调器开机，见图 3-4，测量系统运行压力，低于 0.45MPa 均可理解为缺氟，通常运行压力为 0.05～0.15MPa 时二通阀结霜、0.2～0.35MPa 时二通阀结露。结霜时可认为是严重缺氟，结露时可认为是轻微缺氟。

4. 二通阀干燥、三通阀结露

（1）故障现象

手摸二通阀接近常温或微凉、三通阀冰凉，见图 3-5，常见故障为冷凝器散热不好。由于某种原因使得冷凝器散热不好，造成冷凝压力升高，毛细管节流后的压力也相应升高，因

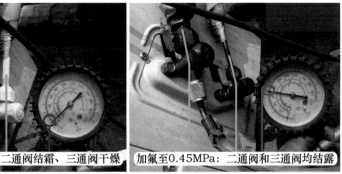

图 3-4　测量系统运行压力和加氟

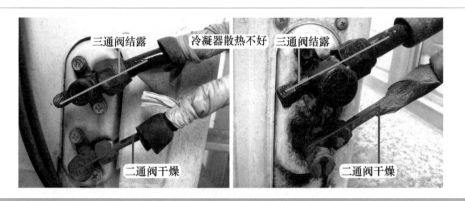

图 3-5　二通阀干燥和三通阀结露

压力与温度成正比，二通阀为凉的或温的，二通阀表面干燥，但进入蒸发器的制冷剂迅速蒸发，三通阀结露。

（2）常见原因

见图 3-6，首先观察冷凝器背部，如果被尘土或毛絮堵死，应清除毛絮或表面尘土后，再用清水清洗冷凝器；如果冷凝器干净，则为室外风机转速慢，常见原因为室外风机电容容量变小。

图 3-6　冷凝器脏堵和室外风机转速慢

5. 二通阀结露、三通阀结霜（结冰）

（1）故障现象

手摸二通阀和三通阀均冰凉，见图3-7，常见故障为蒸发器散热不好，即制冷时蒸发器的冷量不能及时吹出，导致蒸发器冰凉，首先引起三通阀结霜；运行时间再长一些，蒸发器表面慢慢结霜或变成冰，三通阀表面的霜也变成冰，如果时间更长，则可能会出现二通阀结霜、三通阀结冰。

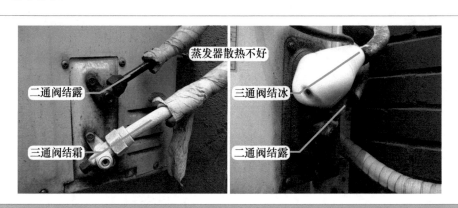

图3-7　二通阀结露和三通阀结霜

（2）常见原因

首先检查过滤网是否脏堵，见图3-8左图，如果为过滤网脏堵，直接清洗过滤网即可。

如果柜式空调器在清洗过滤网后室内机出风量仍不大而室内风机转速正常，则为过滤网表面的尘土被室内离心风扇吸收，带到蒸发器背面，见图3-8右图，引起蒸发器背面脏堵，应清洗蒸发器背面，脏堵严重者甚至需要清洗离心风扇。如果过滤网和蒸发器均干净，检查为室内风机转速慢，通常为风机电容容量减少引起。

图3-8　过滤网和蒸发器脏堵

二、　根据系统压力和运行电流判断故障

本部分所示的运行压力为制冷模式，制冷系统使用R22制冷剂，运行电流以测量1P挂式空调器室外机压缩机为例，正常电流约为4A。

1. 压力为 0.45MPa、电流接近额定值

见图 3-9，这是空调器制冷系统正常运行的表现，此时二通阀和三通阀均结露。

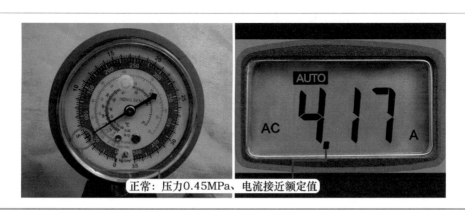

正常：压力0.45MPa、电流接近额定值

图 3-9 压力为 0.45MPa、电流接近额定值

2. 压力约为 0.55MPa、电流大于额定值的 1.5 倍

见图 3-10，运行压力和运行电流均大于额定值，通常为冷凝器散热效果变差，此时二通阀干燥、三通阀结露，常见原因为冷凝器脏堵或室外风机转速慢。

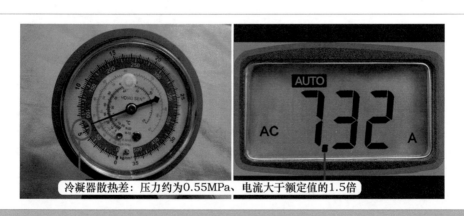

冷凝器散热差：压力约为0.55MPa、电流大于额定值的1.5倍

图 3-10 压力约为 0.55 MPa、电流大于额定值的 1.5 倍

3. 压力为静态压力、电流约为额定值的 0.5 倍

见图 3-11，压缩机运行后压力基本不变为静态压力，运行电流约为额定值的 0.5 倍，通常为压缩机或四通阀窜气，此时由于压缩机未做功，因此二通阀和三通阀为常温即没有变化。

压缩机和四通阀窜气最简单的区别方法是，细听压缩机储液瓶声音和手摸表面感觉，如果没有声音并且为常温，通常为压缩机窜气；如果声音较大且有较高的温度，通常为四通阀窜气。

4. 压力为负压、电流约为额定值的 0.5 倍

见图 3-12，压缩机运行后压力为负压，运行电流约为额定值的 0.5 倍，此时二通阀和三通阀均为常温。最常见的原因为系统无氟。其次为系统冰堵故障，现象和系统无氟相似，但很少发生。通常只需要检漏加氟即可排除故障。

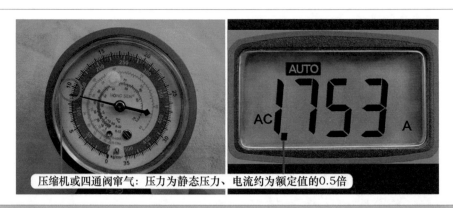

图 3-11　压力为静态压力、电流约为额定值的 0.5 倍

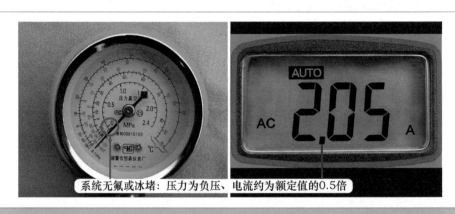

图 3-12　压力为负压、电流约为额定值的 0.5 倍

5. 压力为 0 ~ 0.4MPa、电流为额定值的 0.5 倍 ~ 接近额定值

见图 3-13，压缩机运行后压力为 0 ~ 0.4 MPa、电流为额定值的 0.5 倍 ~ 接近额定值，此时二通阀可能为常温、结霜、结露，三通阀可能为常温或结露，最常见的原因为系统缺氟，通常只需要检漏加氟即可排除故障。

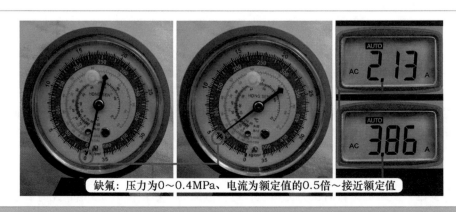

图 3-13　压力为 0 ~ 0.4MPa、电流为额定值的 0.5 倍 ~ 接近额定值

第二节　通风系统故障

一、过滤网脏堵，制冷效果差

➡ **故障说明**：海尔 KFR-35GW 挂式空调器，用户反映制冷效果差。

1. 测量系统压力

上门检查，用户正在使用空调器。见图 3-14，查看室外机二通阀结露、三通阀结霜，在三通阀检修口接上压力表测量系统运行压力约为 0.4MPa。根据三通阀结霜说明蒸发器过冷，应检查室内机通风系统。

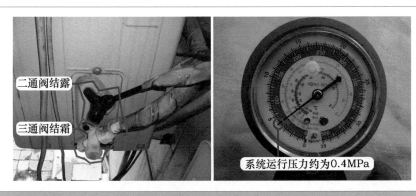

图 3-14　三通阀结霜和压力约为 0.4MPa

2. 过滤网脏堵

再到室内机检查，见图 3-15 左图，在室内机出风口处感觉温度很低但出风量较弱，常见原因有过滤网脏堵、蒸发器脏堵、室内风机转速慢等。

掀开进风格栅，见图 3-15 右图，查看过滤网已严重脏堵。

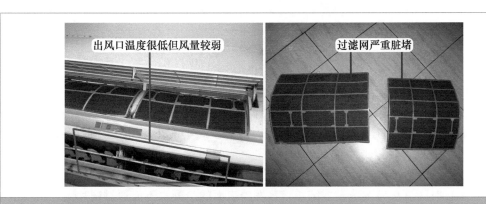

图 3-15　出风口风量弱和过滤网脏堵

3. 清洗过滤网

取下过滤网，立即能感觉到室内机出风口风量明显变大，见图 3-16 左图，将过滤网清洗干净。

见图 3-16 右图，安装过滤网后，在室内机出风口感觉温度较低但风量较强，同时房间内温度下降速度也明显变快。

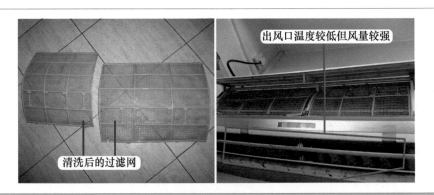

图 3-16 清洗过滤网和出风口风量变强

4. 测量系统运行压力

再到室外机查看，见图 3-17，三通阀霜层已融化改为结露，二通阀不变依旧结露，查看系统运行压力已由 0.4MPa 上升至 0.45MPa。

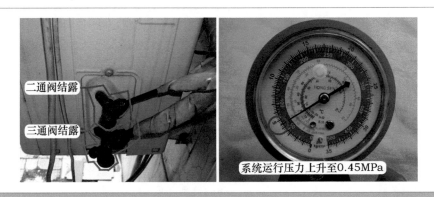

图 3-17 三通阀结露和系统运行压力为 0.45MPa

➡ 维修措施：清洗过滤网。

--- 总 结：---

① 过滤网脏堵，相当于进风口堵塞，室内机出风口风量将明显变弱，制冷时蒸发器产生的冷量不能及时吹出，导致蒸发器温度过低。运行一段时间后，三通阀因温度过低由结露转为结霜，同时系统压力降低，由 0.45MPa 下降至约 0.4MPa；如果运行时间再长一些，蒸发器由结露也转为结霜。

② 过滤网脏堵后，因室内机出风口温度较低，容易在出风口位置积结冷凝水并滴入房间内。运行时间过长导致蒸发器结霜，蒸发器表面的冷凝水不能通过翅片流入到接水盘，也容易造成室内机漏水故障。

③ 检查过滤网脏堵，取下过滤网后，室内机出风口风量将明显变强，蒸发器冷量将及时吹出，因此蒸发器霜层和三通阀霜层迅速融化，系统压力也迅速上升至 0.45MPa。

二、 出风口被遮挡，制冷效果差

➡ **故障说明：** 格力 KFR-32GW/（32583）FNAa-A2 挂式全直流变频空调器（冷静王 - Ⅱ），用户反映制冷效果差。

1. 二、三通阀冰凉和运行压力低

上门检查，用遥控器将温度设定为 16℃后再上电开机，室外风机和压缩机均起动运行，见图 3-18 左图，约 10min 后手摸二通阀感觉冰凉、三通阀感觉冰凉。

在三通阀检修口接上压力表，测量系统运行压力，见图 3-18 右图，实测约为 0.7MPa(系统使用 R410A 制冷剂)，略低于正常压力值，根据二、三通阀均冰凉和运行压力略低，判断室内机通风系统出现故障。

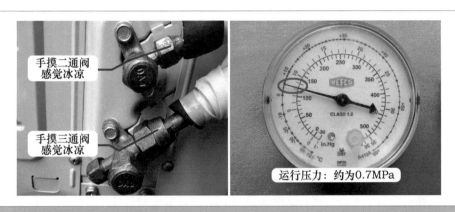

图 3-18　二、三通阀冰凉和运行压力

2. 使用检测仪检测代码

格力变频空调器设计有检测电控数据的专用检测仪套装，见图 3-19 左图，主要由检测仪主机和连接线组成。检测仪主机正面为显示屏，右侧设有 3 个按键（确认、翻页、返回）。

断开空调器电源，见图 3-19 中图和右图，将检测仪 3 根连接线中的 1 号蓝线接入 N（1）号端子、2 号黑线接入 2 号端子、3 号棕线接入 3 号端子，检测仪通过连接线并联在电控系统中。

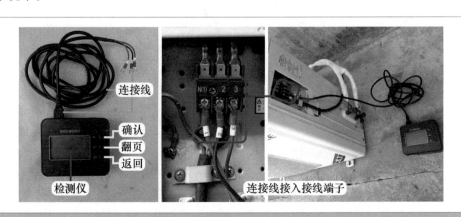

图 3-19　检测仪和安装连接线

3. 查看检测仪数据和室内机出风口

再次上电开机，查看检测仪显示屏点亮，说明室内机主板已向室外机输出供电。检测仪待机界面共有 4 项功能，选择第 1 项数据监控，按"确认"键后显示：信息检测中，请不要进行按键操作。在通信电路正常运行时约 5s 后检测仪即可显示电控系统数据，见图 3-20 左图，运行一段时间后查看内管温度（室内管温）为 4℃，蒸发器温度很低，也说明室内机通风系统有故障，查看内环温度（室内环温）为 20℃，数值明显低于房间实际温度。

查看室内机，用户为了防止出风口吹出的凉风直吹人体，见图 3-20 右图，在出风口部位安装了一块体积较大（长度长于室内机、宽度较宽）的挡风板。

图 3-20 检测仪数据和挡风板遮挡

4. 感觉出风口温度和挡风板风量

将手放在室内机出风口位置，见图 3-21 左图，感觉温度较低且风量很强，排除室内风机转速慢和过滤网脏堵故障。

再将手放在挡风板上方和下方位置，见图 3-21 右图，感觉温度较低但风量很弱，说明挡风板阻挡了很大部分的风量，使得室内机吹出的冷风不能送到房间里面，只在室内机附近循环，顶部进风口的温度较低，因而蒸发器温度也很低，室内环温传感器检测的房间温度也较低。

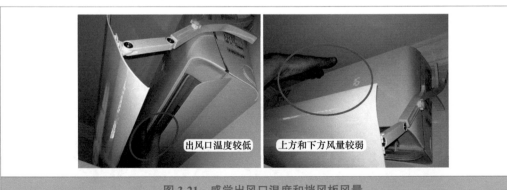

图 3-21 感觉出风口温度和挡风板风量

5. 扳开挡风板和感觉出风口温度

查看挡风板连杆设有角度调节螺钉，见图 3-22 左图，松开螺钉后向下扳动挡风板，角度位于最下方即水平朝下，使挡风板不起作用，室内机出风口吹出的风直接送至房间内。

再将手放在出风口位置，见图 3-22 右图，感觉温度较低，但风量较强，说明通风系统已经恢复正常。

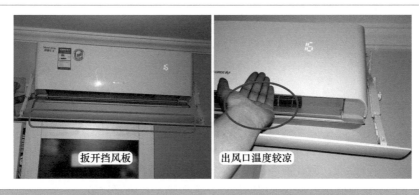

图 3-22 扳开挡风板和感觉出风口温度

6. 查看运行压力和检测仪数据

再到室外机检查，见图 3-23 左图，查看运行压力约为 0.95MPa，较扳开挡风板之前略微上升，手摸二通阀和三通阀温度均较低（不是冰凉的感觉）。

约 3min 后查看检测仪数据，见图 3-23 右图，内管温度为 9℃，蒸发器温度已经上升，说明由于通风量变大，蒸发器和房间空气的热交换量也明显变大，即蒸发器产生的冷量已经输送至房间内；查看内环温度为 28℃，和实际温度相接近；运行一段时间后，房间的实际温度明显下降，制冷恢复正常。

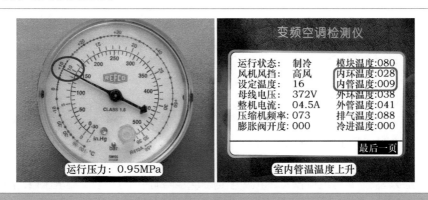

变频空调检测仪	
运行状态： 制冷	模块温度:080
风机风挡： 高风	内环温度:028
设定温度： 16	内管温度:009
母线电压： 372V	外环温度:038
整机电流： 04.5A	外管温度:041
压缩机频率：073	排气温度:088
膨胀阀开度：000	冷进温度:000
	最后一页

运行压力：0.95MPa

室内管温温度上升

图 3-23 运行压力和检测仪数据

➡ 维修措施：解释说明，使用时如感觉房间温度下降速度慢，可调整挡风板角度使通风顺畅或直接取下挡风板。

总 结：

① 本例用户加装防止直吹人体的挡风板，使得出风口吹出的冷风一部分以较弱的风量送至房间内，用户感觉房间温度下降较慢，制冷效果差；一部分又被进风口吸回重新循环，造成冷风短路，因而检测仪显示内环和内管温度数值均较低，同时由于蒸发器温度较低，二、三通阀冰凉，系统运行压力也下降。如果长时间运行，室内机 CPU 检测蒸发器温度一直较低，程序会进入"制冷防结冰"保护，压缩机会降频或限频运行。

② 如果过滤网脏堵，故障现象和本例相似，主要表现为房间温度下降速度慢，二、三通阀冰凉，运行压力和蒸发器温度均较低等。

三、 冷凝器脏堵，制冷效果差

➡ **故障说明：** 格力 KFR-35GW/（35557）FNDe-A3 挂式变频空调器（凉之静），用户反映室外温度 30℃时制冷效果还可以，最近室外温度较高约 35℃，感觉制冷效果差，长时间开机房间温度下降较慢。

1. 感觉室内机出风口温度和测量压力

上门检查，用户正在使用空调器，查看遥控器设定为制冷模式、温度为 16℃，但房间温度感觉较高。见图 3-24 左图，将手放在室内机出风口，感觉吹出的风的风量很大，但温度较高，只是略低于房间温度。掀开前面板，查看过滤网干净，取出过滤网后将手放在蒸发器表面，感觉温度也不是很低，只是低于房间温度，说明制冷系统有故障。

到室外机检查，在三通阀检修口接上压力表测量系统运行压力，见图 3-24 右图，实测约为 1.2MPa（系统使用 R410A 制冷剂），明显高于正常值，手摸二通阀感觉接近常温、三通阀较凉。

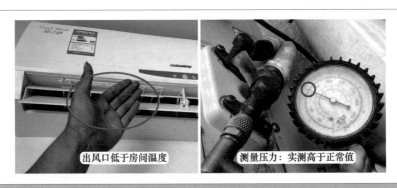

图 3-24 感觉出风口温度和运行压力

2. 测量电流和感觉室外机出风口温度

使用万用表交流电流挡，见图 3-25 左图，钳头卡在接线端子上 3 号棕线测量室外机电流，实测约为 4.9A，明显低于正常值。

运行压力高、运行电流小、制冷效果差，说明压缩机未高频运行，处于限频状态。常见原因有冷凝器温度较高、运行电流较大、电源电压低等，本例使用万用表交流电压挡，测量 N（1）号和 3 端子电压为交流 225V，排除电源电压低的故障。见图 3-25 右图，将手放在室外机出风口，从上到下感觉较烫，说明为冷凝器温度较高限频，常见为冷凝器脏堵、室外风机转速慢等。

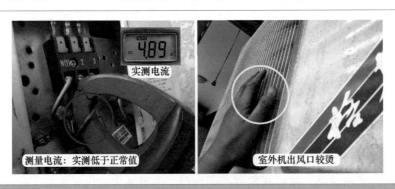

图 3-25 测量电流和感觉出风口温度

3. 冷凝器脏堵和清除毛絮

查看冷凝器进风面即室外机背面和侧面，见图 3-26 左图，毛絮将冷凝器堵死，从外面已经看不到翅片，说明故障为冷凝器脏堵。

使用遥控器关机，断开空调器电源，见图 3-26 右图，使用毛刷由上到下轻轻刷掉表面的毛絮，后面刷干净后再慢慢刷掉侧面毛絮，使冷凝器整个进风面均无毛絮。

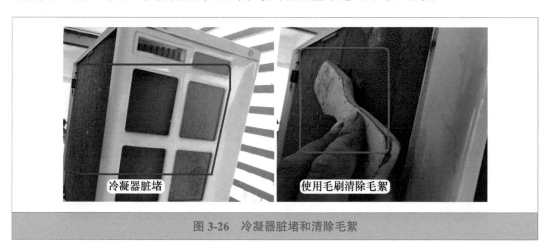

图 3-26　冷凝器脏堵和清除毛絮

4. 高压水泵和清洗冷凝器

表面毛絮清洗干净后，冷凝器翅片内尘土也会阻挡散热，使得制冷效果变差。彻底的清洗方法是使用洗车用的高压水泵，见图 3-27 左图，进水管放入水桶或水盆，高压水泵运行后，在出水管连接的水枪口处产生约 7.5MPa 的高压压力，以清洗翅片。

将水枪口出水调成雾状，见图 3-27 中图和右图，仔细清洗冷凝器进风面即室外机侧面和背面，清洗时将水枪口从上到下顺着翅片清洗，防止冲倒翅片，或者高压的水雾进入室外机电控系统引起短路。

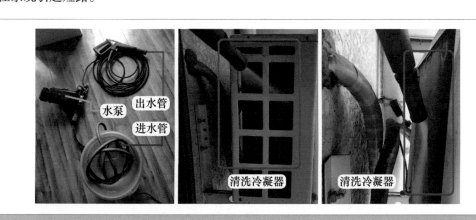

图 3-27　高压水泵和清洗冷凝器

5. 查看系统压力和检测仪数据

冲洗完待 3min 左右，使冷凝器的水分充分地流出来。在室外机接线端子上接上格力变频空调器专用检测仪，再将空调器上电开机，见图 3-28 左图，约 10min 后查看系统运行压力约为0.95MPa，室外机电流约为6.5A，手摸二通阀和三通阀均较凉，室外机出风口温度为上部热、下部略高于室外温度，到室内机检查，手摸蒸发器全部均较凉，出风口也较凉，房间温度也明显下降，说明故障已排除。

查看检测仪数据，见图3-28右图，压缩机频率为82Hz，说明在高频运行，蒸发器温度（内管温度）为10℃说明制冷正常，冷凝器温度（外管温度）为38℃在正常范围内，略高于室外环温（外环温度）33℃说明散热很好，从数据也说明空调器制冷恢复正常。

图3-28 运行压力和检测仪数据

➡ 维修措施：使用毛刷清除毛絮后再使用高压水泵清洗冷凝器。

总 结：

① 本例毛絮堵死室外机冷凝器翅片，室外风扇运行时通风不畅，冷凝器的热量不能及时散去，造成冷凝器温度较高，室外机CPU通过室外管温传感器（外管温度）检测后驱动压缩机低频运行，以防止过负荷损坏压缩机，制冷效果明显变差。本例中如果冷凝器温度再上升或运行时间较长，室外机CPU判断为过负荷保护，室内机显示屏显示H4代码。

② 清洗冷凝器翅片时要将高压水泵的水枪出水口调成雾状，一定不要调成点状（出水为直线），因为压力特别高，所到之处会直接冲倒翅片。

第三节 连接管道和四通阀故障

一、细管接口制冷剂泄漏，格力空调器缺氟保护

➡ 故障说明：格力KFR-50LW/（50558）FNCg-A2柜式直流变频空调器（王者风范），用户反映移机之前使用正常，移机约1个月后使用时发现不制冷，室内机吹自然风，且运行一段时间后显示F0代码，见图3-29，查看代码含义为缺氟（制冷剂泄漏）保护。

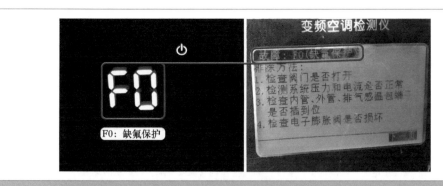

图 3-29　显示屏代码和检测仪故障

1. 测量系统静态和运行压力

首先在室外机接线端子上接上格力变频空调器专用检测仪，在三通阀检修口接上压力表，见图 3-30 左图，查看系统静态压力约为 1.3MPa（系统使用 R410A 制冷剂）。

再将空调器重新接通电源，使用遥控器开机，约 10s 时室内风机运行，约 20s 时室外风机和压缩机开始运行，见图 3-30 右图，系统压力开始下降，直至约 0.2MPa，此时手摸二通阀温度较低、三通阀温度为常温，说明系统缺少 R410A 制冷剂。

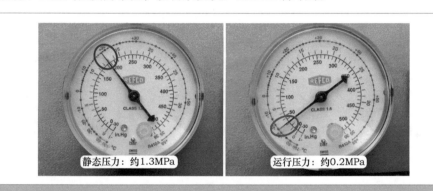

图 3-30　静态压力和运行压力

2. 测量室外机电流和查看检测仪数据

使用万用表交流电流挡，见图 3-31 左图，钳头夹住接线端子上的 3 号棕线，测量室外机电流约为 3.5A，低于正常值。

查看检测仪数据，见图 3-31 右图，内环温度（室内环温）为 26℃，但内管温度（室内管温）未下降，和室内环温同为 26℃，待室外机运行约 2min 后停机，室内机显示屏显示 F0 代码时，内管温度仍未下降，为 26℃。说明由于系统缺氟使得进入蒸发器的制冷剂较少，蒸发器（或者室内管温传感器检测部位）的温度未下降。

在室外机停机时，室外机主板的 4 个指示灯 D5、D6、D16、D30，由运行时常亮状态，转换为 D5 亮、D6 闪、D16 亮、D30 亮，但查看故障代码表没有此项含义。

3. 检查室内机接口

由于是最近移机的空调器，应首先检查室内机和室外机的接口是否有泄漏。使用遥控器关机，压缩机停止运行后系统压力逐步上升，静态压力约为 1.3MPa，此时压力可用于检查漏点，找一块淋湿的毛巾，将洗洁精涂在上面，轻揉出泡沫。

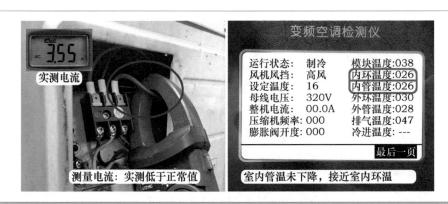

图 3-31　测量室外机电流和检测仪数据

首先涂在室内机粗管和细管接口，见图 3-32，查看粗管螺母正常，未见气泡冒出，但细管螺母一直有气泡冒出，说明漏点在室内机细管螺母。

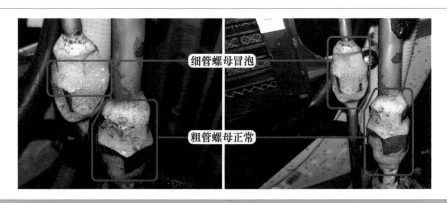

图 3-32　检查室内机接口

4. 检查室外机接口和对接螺母接口

为检查其他部位是否还有漏点，见图 3-33 左图，再将泡沫涂在室外机粗管和细管接口，查看螺母处长时间未有气泡冒出，说明室外机接口正常。

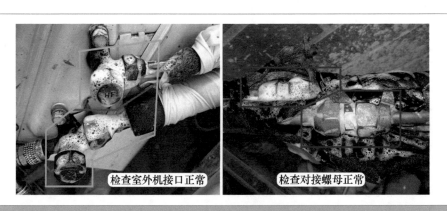

图 3-33　检查室外机接口和对接螺母接口

此空调器移机后室内机和室外机距离较远，加长了约 2m 连接管道，查找原机管道和加长管道接口时，发现未使用焊炬焊接的方式连接，而是使用对接螺母，见图 3-33 右图，将泡沫涂在粗管和细管接口，查看未有气泡冒出，说明对接螺母正常，漏点只在室内机细管接口。

5. 紧固螺母和再次检漏

使用 2 个活扳手，见图 3-34，1 个扳手卡住细管的上方快速接头、1 个扳手卡住下方螺母，用力紧固，再将泡沫涂在细管接口检查漏点，查看不再有气泡冒出，说明漏点已排除。

紧固细管螺母　　　　　　细管检漏正常

图 3-34　紧固螺母和检漏细管

➡ 维修措施：使用扳手紧固细管螺母。由于此机的制冷剂 R410A 基本上泄漏完毕，维修时将系统剩余制冷剂全部放掉，使用真空泵抽真空后定量加注，再次上电开机，室内机出风口吹出风的温度较低，查看运行压力为 0.9MPa，运行电流为 7.9A，长时间运行不再显示 FO 代码，制冷恢复正常。

总　结：

安装人员在移机时，室内机细管螺母未紧固到位，使得制冷剂泄漏，进入蒸发器的流量变小，蒸发器温度不下降或下降较少，室内管温传感器检测温度也不下降，当运行一段时间后，本例室内机 CPU 计算室内环温减去室内管温的差值为 0℃，判断制冷系统出现故障，显示 F0 代码并停止室外机进行保护。说明：室内环温减室内管温的差值刚开始运行时较小，正常运行时应大于 10℃。

二、　加长连接管道焊点有砂眼，空调器制冷效果差

➡ 故障说明：格力 KFR-23GW 挂式空调器，用户反映刚安装制冷正常，一段时间后制冷效果差。

上门检查，制冷开机，室外风机和压缩机开始运行，空调器开始制冷，但在室内机出风口感觉出风温度不低，手摸蒸发器一部分较凉、一部分为常温，初步判断系统缺氟。

到室外机查看，二通阀结霜、三通阀结露，在三通阀检修口接上压力表，系统运行压力约为 0.15MPa（系统使用 R22 制冷剂），说明系统缺氟。由于是新装机空调器，并且有加长连接管道，重点检查室外机接口、室内机接口、加长连接管道焊点。

使用遥控器关机，压缩机和室外风机停止运行，查看系统静态压力约为 0.7MPa，使用洗洁精泡沫检查室外机接口、室内机接口均无漏点。

1. 加长连接管道

解开包扎带，找到原机管道和加长管道连接部位，见图 3-35，查看连接管道中粗管有明显的油迹，初步判断漏点为原机管道和加长管道的焊点。

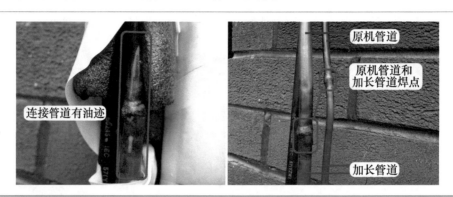

图 3-35　加长连接管道有油迹

2. 粗管焊点漏氟

将洗洁精泡沫涂在管道焊点，查看细管焊点无气泡冒出，但粗管焊点有气泡冒出，见图 3-36 左图，说明漏氟部位为粗管焊点。

擦去焊点泡沫，仔细查看粗管焊点，见图 3-36 右图，发现有一个砂眼，说明安装人员在加长连接管道时焊点未焊好，有砂眼使得系统漏氟，导致制冷效果差。

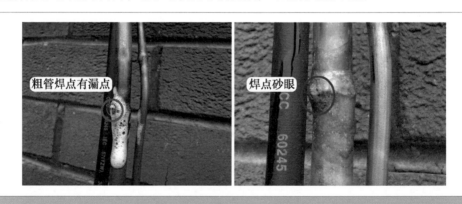

图 3-36　连接管道焊点有砂眼

3. 扩口焊接粗管焊点

再次使用遥控器开机，待压缩机运行后关闭二通阀阀芯，系统压力变为负压时快速关闭三通阀阀芯，将蒸发器和连接管道的制冷剂回收到冷凝器中。

见图 3-37 左图，使用割刀割掉有砂眼的粗管焊点，并重新扩口，使用焊炬（焊枪）焊接接口。

利用冷凝器中的制冷剂排出空气，开启二通阀和三通阀阀芯，见图 3-37 右图，再次使用洗洁精泡沫涂在粗管焊点，检查不再有气泡冒出，说明粗管焊点不再漏氟。

图 3-37　补焊连接管道焊点

➡ 维修措施：重新焊接粗管焊点，制冷开机后，补加 R22 制冷剂至 0.45MPa 时制冷系统恢复正常。

总　结：

① 新装机漏氟故障应重点检查室外机接口、室内机接口、加长连接管道焊点。

② 安装空调器时，如果需要加长连接管道，但如果未携带焊炬或焊炬无法使用，无法焊接焊点，常用方法是使用快速接头连接原机管道和加长管道。但由于快速接头有 4 个接口，并且需要在安装现场扩喇叭口，导致快速接头成为常见漏氟故障部位之一。

三、　室外机机内管道漏氟，空调器不制冷

➡ 故障说明：格力 KFR-23GW 挂式空调器，用户反映不制冷。

1. 测量系统运行压力

用遥控器以制冷模式开机，室外风机和压缩机均开始运行，但室内机吹出的风接近自然风，手摸蒸发器仅有一格凉且结霜，大部分为常温。

见图 3-38，到室外机检查，目测二通阀结霜、三通阀干燥，在三通阀检修口接上压力表，系统运行压力仅为 0.15MPa（系统使用 R22 制冷剂），说明系统缺少制冷剂。

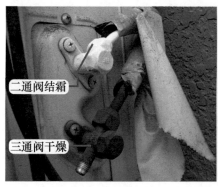

二通阀结霜

三通阀干燥

运行压力约为0.15MPa

图 3-38　二通阀结霜和测量运行压力

2. 检查漏点

断开空调器电源，查看系统静态压力约为 0.8MPa，可用于检漏。见图 3-39，首先使用泡沫检查室外机二通阀和三通阀接口处，长时间观察均无气泡冒出；再到室内机，剥开包扎带，检查粗管和细管接口，长时间观察也无气泡冒出，说明室内机和室外机接口均正常，使用扳手紧固室内机和室外机接口，再次开机加氟至正常压力 0.45MPa 时制冷恢复正常。

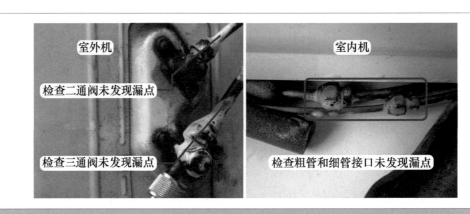

图 3-39　检查漏点

3. 检查室外机机内管道

用户使用约 5 天后再次报修不制冷，上门检查，系统运行压力又降至约 0.1MPa，说明制冷系统有漏氟故障，由于室外机振动较大，故障率也较高。取下室外机顶盖和前盖，见图 3-40，观察系统管道有明显的油迹，说明漏点在室外机管道，使用泡沫检查时，发现漏点为压缩机吸气管裂纹，原因是压缩机吸气管与四通阀连接管距离过近，压缩机运行时由于振动相互摩擦，导致管壁变薄最终产生裂纹引起漏氟故障。

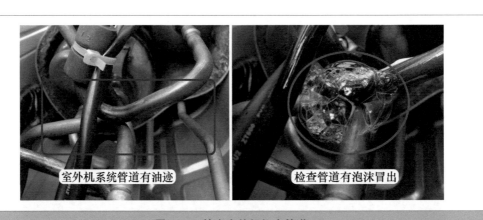

图 3-40　检查室外机机内管道

➡ 维修措施：见图 3-41，放空制冷系统的氟，使用焊炬补焊压缩机吸气管和四通阀连接管，再使用顶空法排出系统内的空气，检查焊接部位无漏点，再次开机加氟至 0.45MPa 时制冷恢复正常，室外机二通阀和三通阀均结露。

图 3-41　补焊漏点和二、三通阀结露

四、 四通阀卡死，室内机吹热风

➡ **故障说明**：海尔 KFR-33GW/02-S2 挂式空调器，用户反映前两天制冷正常，现忽然不再制冷，开机后室内机吹热风。

1. 测量系统压力

上门检查，首先到室外机，在三通阀检修口接上压力表，见图 3-42，查看系统静态（平衡）压力约为 0.9MPa（系统使用 R22 制冷剂），使用遥控器以制冷模式开机，室内风机运行后室外风机和压缩机运行，并未听到四通阀线圈通电的声音，但系统压力逐渐上升，说明系统处于制热模式。

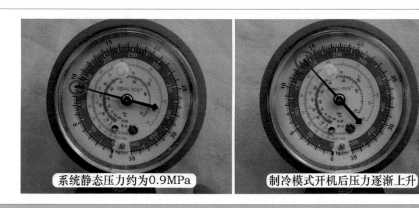

图 3-42　静态压力和系统压力上升

2. 手摸二、三通阀感觉温度和断开四通阀线圈引线

见图 3-43 左图，用手摸室外机二通阀和三通阀感觉温度，感觉三通阀温度较高，也说明系统工作在制热模式。

由于夏天系统工作在制热模式时压力较高，容易崩开加氟管，因此停机并断开空调器电源，待约 1min 系统压力平衡后取下连接三通阀检修口的加氟管，见图 3-43 右图，并取下室外机 3 号接线端子上方的四通阀线圈引线，强制断开四通阀线圈供电，再次上电开机，系统仍工作在制热模式，说明制冷和制热模式转换的四通阀内部阀块卡在制热位置。

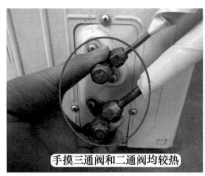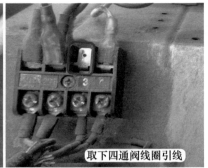

手摸三通阀和二通阀均较热　　　取下四通阀线圈引线

图 3-43　手摸二、三通阀感觉温度和断开四通阀线圈引线

3. 连续为四通阀线圈供电和断电

室外机 4 号接线端子为室外风机供电，制冷模式开机时一直供电，见图 3-44，用手拿住取下的四通阀线圈引线，并在 4 号端子约 5s，再取下 5s，再并在 4 号端子 5s，即连续多次为四通阀线圈供电和断电，看是否能将卡住的阀块在压力的转换下移动，即转回制冷模式位置，实际检修时只能听到电磁换向阀移动的"嗒嗒"声，听不到阀块在制冷和制热模式转换时的气流声，说明阀块卡住的情况比较严重。如果阀块轻微卡住，在四通阀线圈连续供电和断电后即可转换至正常的状态。

➡ 说明：在操作时一定要注意用电安全，必须将线圈引线的塑料护套罩住端子，以防触电。

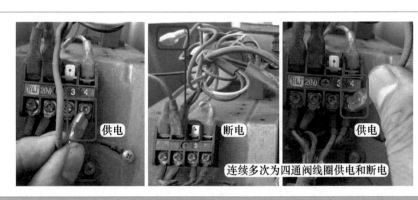

供电　　　　　　　断电　　　　　　　供电

连续多次为四通阀线圈供电和断电

图 3-44　连续为四通阀线圈供电和断电

4. 使用开水加热四通阀阀体

见图 3-45，先使用毛巾包裹四通阀阀体，再使用水壶烧开一瓶开水，并将开水浇在毛巾上面，强制加热四通阀阀体，使内部活塞和阀块轻微变形，再将空调器上电开机，并连续为四通阀线圈供电和断电，阀块仍旧卡在原位置不能移动。

取下毛巾，用大扳手敲击四通阀阀体，并同时连续为四通阀线圈供电和断电，也不能使内部阀块移动，系统仍工作在制热模式，说明本机四通阀内部阀块已卡死。

➡ 维修措施：见图 3-46，本机四通阀内部阀块卡死，经尝试后不能移动至正常位置，说明损坏只能更换，本例室外机安装在窗户的侧面墙壁，不容易更换，取下室外机至平台位置后更换新四通阀，再重新安装后排空、加 R22 制冷剂，上电试机制冷恢复正常。

使用毛巾包裹四通阀　　　　开水加热四通阀

图 3-45　毛巾包裹和开水加热四通阀阀体

四通阀阀块卡死损坏　　　　损坏的四通阀　　新更换的四通阀

图 3-46　四通阀损坏和更换

总　结：

由于四通阀更换难度比较大且有再次焊坏的风险，因此遇到内部阀块卡死故障时，应尝试维修将其复位至正常模式。

① 阀块轻微卡死故障：经连续为四通阀线圈供电和断电均能恢复至正常位置。

② 阀块中度卡死故障：使用热水加热阀体或使用大扳手敲击阀体，同时再为四通阀线圈供电和断电，通常可恢复至正常位置，如不能恢复，则只能更换四通阀。

五、　四通阀窜气，空调器不制冷

➡ **故障说明：** 三菱重工 SRC388HENF 挂式空调器，用户反映不制冷，室外机噪声大。

1. 测量系统压力和储液瓶声音大

上门检查，用户已使用空调器一段时间，用手在室内机出风口感觉为自然风，无凉风吹出。使用遥控器关机，在室外机三通阀检修口接上压力表，见图 3-47，测量系统静态（平衡）压力约为 1.1MPa（系统使用 R22 制冷剂），再次使用遥控器开机，室外风机和压缩机均开始运行，系统运行压力下降至约为 0.9MPa 时不再下降，同时室外机噪声很大，细听为压缩机储液瓶发出的气流声。

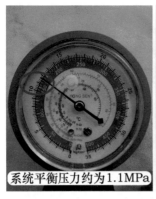

系统平衡压力约为1.1MPa　　运行压力约为0.9MPa　　储液瓶气流声很大

图 3-47　测量系统压力和储液瓶声音大

2. 断开线圈引线和手摸四通阀管道

根据运行压力下降至 0.9MPa 和压缩机储液瓶气流声很大，初步判断为四通阀窜气或压缩机窜气，见图 3-48 左图和中图，在室外机接线端子处拔下四通阀线圈的 1 根引线，系统运行压力无任何变化，用手摸压缩机外壳烫手，说明压缩机正在做功，可初步排除压缩机窜气故障。

见图 3-48 右图，用手摸四通阀的 4 根铜管，结果为连接压缩机排气管的管道烫手，连接冷凝器的管道较热，连接压缩机吸气管和三通阀的管道温热，初步判断为四通阀窜气。

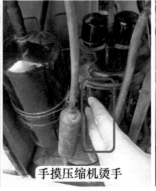

取下四通阀线圈1根引线　　手摸压缩机烫手　　手摸四通阀连接管道

图 3-48　取下线圈引线和手摸管道

3. 手摸四通阀中间管道和储液瓶感觉温度

见图 3-49 左图和中图，再次用手单独摸四通阀连接压缩机吸气管的管道，依旧为温热；用手摸压缩机储液瓶上部和下部，感觉上部温度高、下部温度低，说明温度从上方流入下方，也就是从四通阀流入压缩机，从而确定窜气部位在四通阀。

➡ 维修措施：更换四通阀。更换后检漏、排空、加氟试机，制冷恢复正常。正常运行的空调器在制冷模式下，四通阀管道温度见图 3-49 右图。

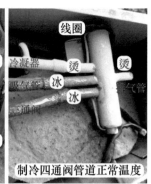

图 3-49 手摸储液瓶和四通阀感觉温度

总结：

本例故障判断四通阀窜气而非压缩机窜气的故障原因如下：

① 压缩机运行后系统压力只是稍许下降，而压缩机窜气后通常保持静态压力不变。

② 压缩机储液瓶气流声较大，而压缩机窜气后储液瓶几乎无声音。

③ 连接压缩机吸气管的四通阀中间管道温热，而压缩机窜气后由于不做功，四通阀的 4 根管道均接近于常温。

④ 压缩机储液瓶上部温度高于下部温度，而压缩机窜气后储液瓶上部和下部温度均接近常温，如果压缩机已运行了很长时间，壳体温度上升，相应储液瓶下部温度也会升高，储液瓶将会出现下部温度高于上部温度。

第四章

空调器漏水和噪声故障

Chapter **4**

第一节　漏水故障

一、 挂式空调器冷凝水流程

空调器运行在制冷模式下时，室内机蒸发器表面温度较低，低于空气露点温度时，空气中的水蒸气会在蒸发器表面凝结，形成冷凝水，在重力的作用下落入室内机接水盘，通过水管排向室外，并且湿度越大，冷凝水量也就越大。

空调器运行在制热模式下时，室内机蒸发器温度较高约为 50℃，因此蒸发器不会产生冷凝水，室外侧水管也无水流出。但在制热过程中室外机冷凝器表面结霜，在化霜时霜会变成水排向室外。

早期挂式空调器蒸发器通常为直板式或 2 折式，室内机只设 1 个接水盘，位于出风口上方，蒸发器产生的冷凝水直接流入接水盘，经保温水管和加长水管排向室外。

见图 4-1，目前挂式空调器蒸发器均为多折式，常见为 2 折、3 折甚至 4 折或 5 折，将贯流风扇包围，以获得更好的制冷效果，以顶部为分割线，蒸发器分为前部和后部，相应室内机设有主接水盘和副接水盘。蒸发器前部产生的冷凝水流入位于出风口上方的主接水盘，蒸发器后部产生的冷凝水流入位于室内机底座中部的副接水盘。

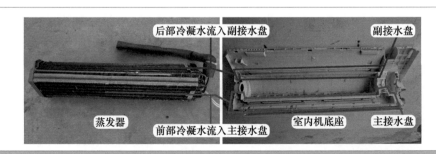

图 4-1　蒸发器和接水盘

见图 4-2，副接水盘冷凝水经专用通道流入主接水盘，主接水盘和副接水盘的冷凝水通过保温水管和加长水管排向室外。

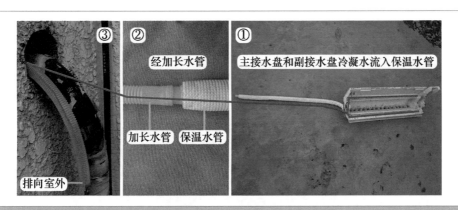

图 4-2 挂式空调器冷凝水流程

二、 柜式空调器冷凝水流程

见图 4-3，柜式空调器蒸发器均为直板式，产生的冷凝水自然下沉流入接水盘，经保温水管和加长水管排向室外。

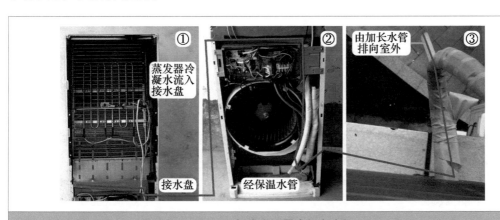

图 4-3 柜式空调器冷凝水流程

三、 常见故障

1. 出风口凝露

格力 KFR-26GW/（26557）FNDe-A3 挂式直流变频空调器，用户反映室内机漏水。

上门检查，用户正在使用空调器，查看室外侧加长水管滴水速度很快（几乎不间断），说明水路顺畅，到室内机查看，用户反映漏水状况见图 4-4 和图 4-5，为显示窗口、导风板、出风口上凝露，此种状况为正常。这是由于环境湿度比较大的时候，空气中的水分在出风口周围形成凝露，时间长了以后，形成水滴落下，使得用户反映为漏水故障。排除方法是向用户解释，待天气干燥后出风口不会再有凝露，这种状况只会出现在类似于"桑拿天"很短的几天时间里，同时建议用户设定遥控器风速为高风，使得出风口温度和房间温度的差值较小，也会减少凝露出现的概率。

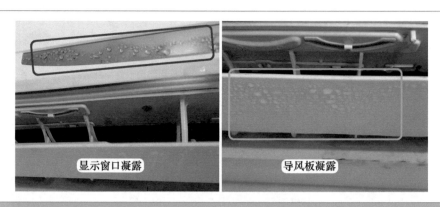

图 4-4　显示窗口和导风板凝露

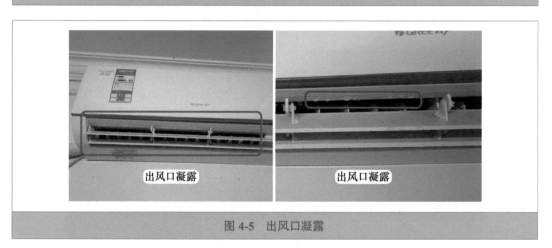

图 4-5　出风口凝露

同时空调器配套的说明书中，在假性故障一栏里也会有描述，可翻到相应页数供用户查看（一般在最后几页）。比如格力空调器相对应的"故障"现象显示为：出风口格栅上有湿气；"故障"分析为：如果空调器长时间在高湿度下运转，湿气可能会凝结在出风口格栅上并滴下。

2. 室内机安装倾斜

室内机一般要求水平安装。如果新装机或移机时室内机安装不平，见图 4-6 左图，即左低右高或左高右低，相对应接水盘也将倾斜，较低一侧的冷凝水超过接水盘，引起室内机漏水故障。

故障排除方法见图 4-6 右图，重新水平安装室内机。

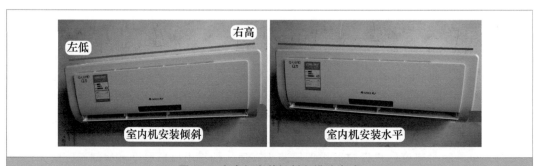

图 4-6　室内机安装倾斜和排除方法

3.水管被压扁

查看室内外机连接管道坡度正常，用饮料瓶向蒸发器倒水时，室外侧水管流水很慢，仔细检查为连接管道出墙孔处弯管角度较小，而水管又在最下边，见图 4-7 左图，导致水管被压扁，因而阻力过大，接水盘内的冷凝水不能顺利流出，超过接水盘后导致室内机漏水。

故障排除方法见图 4-7 中图和右图，将水管从连接管道底部抽出，放在铜管旁边，并握回（或捏回）水管压扁的部位。

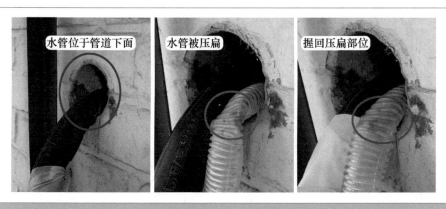

图 4-7　水管被压扁和排除方法

4.加长水管弯曲

① 格力 KFR-35GW/（35594）FNAa-A1 挂式直流变频空调器，用户反映室内机漏水。

上门检查，用遥控器以制冷模式开机，长时间运行室内机没有漏水，到室外机检查，发现加长水管安装在专用的冷凝水落水管里面，出墙孔也远高于水管安装落水孔，见图 4-8 左图，但加长水管有弯曲部分。

仔细查看加长水管，见图 4-8 右图，发现下垂处有明显的积水，而左侧上方有空气，说明水管弯曲后在最低位置处存有积水，使得加长水管中有空气存在，而蒸发器产生的冷凝水根据自然重力落入接水盘内，接水盘内冷凝水的压力很小，但由于加长水管中空气阻力较大，接水盘的冷凝水不能流入加长水管，一直在接水盘内积聚，超过接水盘的储水量（边沿）后，室内机便出现漏水故障。

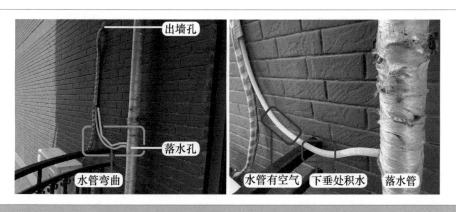

图 4-8　水管弯曲

维修方法见图4-9左图，重新调整水管位置，使水管逐步向下形成坡度，冷凝水流水顺畅，水管内的积水不能在某一位置全部堵塞水管，这样加长水管内没有空气阻力，室内机漏水故障自然排除。注意，调整后为防止水管移动再次造成漏水故障，应使用防水胶布粘牢水管。

使用饮料瓶向蒸发器内倒水，见图4-9右图，均能顺利流出，室内机不再漏水，说明试水正常。

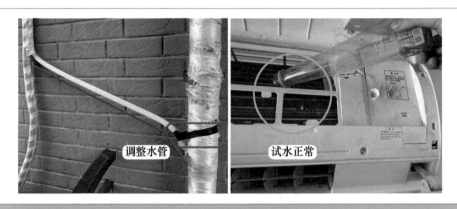

图4-9　调整水管和试水正常

② 格力 KFR-35GW/（35594）FNhAa-A1 挂式直流变频空调器，用户反映新装机未使用，待到夏天使用时室内机漏水。

上门检查，查看室内机安装水平，使用遥控器以制冷模式开启，室内机没有漏水，为缩短检修时间，掀开前面板（进风格栅），抽出过滤网，使用饮料瓶向蒸发器倒水，室内机立即漏水并且速度较快。到室外机查看，室外侧加长水管管口处没有水滴向下流，查看连接管道，见图4-10左图，发现加长水管在室外机支架下方有弯曲现象，查看最下方有明显积水并且堵塞水管，上方为空气，抽出加长水管垂直放置，管口立即有很多冷凝水流出，说明漏水原因为水管弯曲导致积水。

整理水管走向，见图4-10右图，使水管坡度逐步向下，同时为防止水管移动，使用铁丝或胶布将水管固定在室外机支架上面，再次向蒸发器倒水，均能从室外加长水管管口流出，同时室内机不再漏水，说明故障排除。

图4-10　水管弯曲和整理水管

5. 连接管道积水

格力 KFR-26GW/（26559）FNAa-A3 挂式直流变频空调器，用户反映新装机未使用，使用制冷模式时室内机漏水，将空调器关机，很长时间内依旧向下滴水。

上门检查，使用遥控器开机，一段时间室内机没有向下漏水，使用饮料瓶向室内机蒸发器内倒水用来测试排水管路，如果慢慢向蒸发器倒水，室内机不会漏水，如果倒水速度稍微快一些，室内机就会漏水，说明排水管路不顺畅。查看室内机安装水平，检查室内外机连接管道时，见图 4-11 左图，管路横平竖直，符合安装要求，但水平走向距离过长，使得冷凝水容易积聚在加长水管里面，造成阻力变大，引起室内机漏水故障。

排除方法是调整连接管道，调整后见图 4-11 右图，将管道弯曲，使内部加长水管坡度逐步向下，不再积聚冷凝水，阻力大大减小，再次向蒸发器内倒水，即使倒水速度较快，室内机也不会漏水，故障排除。

➡ 说明：关机之后依旧滴水是由于室内机安装较为水平，接水盘冷凝水溢出后，落在室内机外壳内部，存储较多的水量，即使关机也会向下滴落很长时间才会排净。

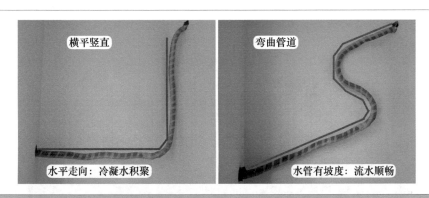

图 4-11　连接管道水平走向和调整管道

6. 接水盘和保温水管接头处渗水

空调器新装机室内机漏水，查看连接管道安装符合要求，使用饮料瓶向蒸发器内倒水时均能顺利流出，排除连接管道走向故障。取下室内机外壳，见图 4-12 左图，查看漏水故障为接水盘和保温水管接头处渗水。

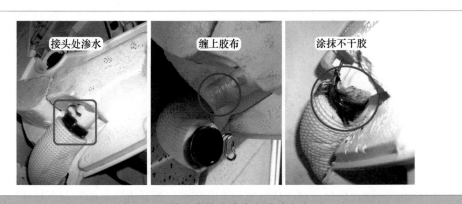

图 4-12　接水盘接头渗水和排除方法

故障排除方法见图 4-12 中图，在接水盘的接头处缠上胶布，增加厚度，再安装保温水管即可排除故障；或者见图 4-12 右图，使用卫生纸擦干冷凝水后，将不干胶涂在渗水的接头处，也能排除故障。

7. 水管穿孔或有砂眼

① 格力 KFR-72LW/（72551）FNBa-A2 圆柱柜式直流变频空调器，用户反映移机后只要空调器开机制冷，在很短的时间内室内机便开始漏水。

上门检查，用遥控器以制冷模式开机，约 10min 后查看室内机下方已经有冷凝水流出，查看连接管道坡度正常，说明加长水管坡度也正常。仔细查看漏水源头，发现不是从室内机接水盘溢出（排除水管堵塞故障），而是从加长水管流出，见图 4-13 左图，检查加长水管有一个很深的穿孔，导致冷凝水向外流出。

查看水管穿孔位置刚好处于室内机外壳的盖板位置，查看盖板，见图 4-13 中图，连接管道穿孔处有明显的毛刺，判断安装盖板时，由于连接管道没有处理好，盖板的毛刺和加长水管过近，刺穿加长水管，导致室内机漏水。

维修方法见图 4-13 右图，使用防水胶布包扎很长的一段加长水管，等运行一段时间查看穿孔处不再漏水时，再慢慢安装盖板，并防止再次刺破水管。

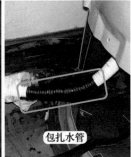

水管穿孔　　　　　盖板利齿　　　　　包扎水管

图 4-13　水管穿孔和包扎水管

② 格力 KFR-26GW/（26575）FNAa-A3 挂式直流变频空调器，用户反映新装机，长时间开机室内机漏水。

上门检查，用户正常使用空调器，漏水比较明显，室内机一直有水向下滴落，查看室内机安装水平，使用饮料瓶向蒸发器倒水时也能顺利流出，排除水管不畅故障。取下室内机外壳，见图 4-14 左图，查看漏水原因为加长水管有砂眼，查看砂眼位置为硬挤刺破所致，一般为装机时确定连接管道走向后，剪去室内机外壳的对应塑料板时，由于毛刺没有处理，安装时毛刺刺穿水管，导致使用时室内机漏水。

维修方法见图 4-14 右图，使用防水胶布将很长一段的水管全部包裹，再使用饮料瓶向蒸发器内倒水，查看砂眼处不再漏水，安装室内机外壳时要缓慢仔细安装，防止外壳的毛刺再次刺穿加长水管，然后再将连接管道尽量贴近墙壁，远离外壳的毛刺。

8. 水管脏堵

在上门维修漏水故障时，因制冷状态下蒸发器产生的冷凝水速度较慢，为检查漏水部位，见图 4-15，可使用矿泉水瓶或饮料瓶接上自来水，掀开进风格栅和取下过滤网后倒在蒸发器内，可迅速检查出漏水部位。

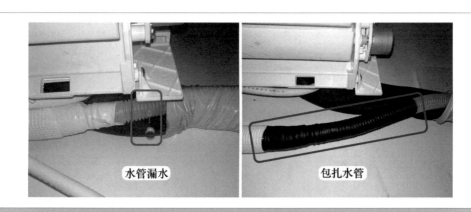

图 4-14　水管漏水和包扎水管

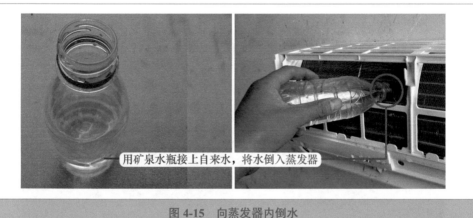

图 4-15　向蒸发器内倒水

空调器制冷正常，但室外侧水管不流水，室内机漏水很严重，取下室内机外壳，查看接水盘内冷凝水已满，说明水管堵塞，见图 4-16。

图 4-16　水管脏堵

故障排除方法见图 4-17，使用一根新水管，插入室外侧原机水管，并向新水管吸气，使水管内脏物吸出，室内机漏水故障即可排除。

注意：不要将脏水吸入到口中。维修时不要向水管内吹气，否则会将水吹向室内机主板或显示板组件出现短路故障，导致需要更换主板或显示板组件。

图 4-17　排除水管脏堵方法

9. 主接水盘和副接水盘连接处渗水

空调器使用一段时间后室内机漏水，查看连接管道符合安装要求，使用饮料瓶向蒸发器内倒水时均能顺利流出，排除连接管道走向故障。取下室内机外壳，见图 4-18，查看漏水故障为主接水盘和副接水盘连接处渗水。

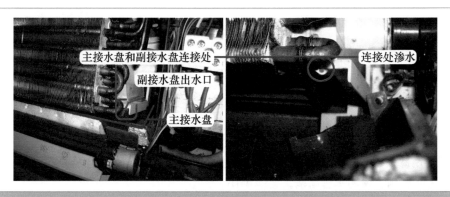

图 4-18　主接水盘和副接水盘连接处渗水

见图 4-19，找一块隔水塑料硬板，使用剪刀剪下一片合适大小的硬板，垫在连接处即主接水盘和副接水盘的中间，这样副接水盘渗透的水滴经塑料硬板直接流入主接水盘，室内机不再漏水。

10. 副接水盘脏堵

格力 KFR-50GW/（50557）FNDc-A2 挂式直流变频空调器，用户反映室内机漏水。

上门检查，使用遥控器开机，空调器开始运行，一段时间后室内机没有漏水，查看室内机安装水平，使用饮料瓶向蒸发器倒水，均能顺利流出，但用户反映室内机确定漏水，长时间开启空调器试机，室内机开始向下滴水，取下室内机外壳，查看蒸发器表面较脏，接水盘内也有很多泥土（装修墙面照白使用的腻子粉），仔细清洗蒸发器和接水盘后，室内机依旧滴水，仔细查看滴水的源头，发现由室内机后部流出，后部设有副接水盘，为测试副接水盘流水是否正常，使用饮料瓶向蒸发器的后部倒水，室内机立即有较快的水滴流出，判断副接水盘堵塞，取下室内机挂钩，查看室内机后部，见图 4-20，腻子粉形成的泥土已经将副接水盘全部堵塞。

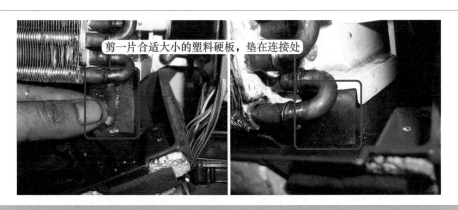

图 4-19 使用塑料硬板垫在连接处

图 4-20 副接水盘脏堵

关闭空调器，首先去掉副接水盘的泥土，再使用清水清洗，见图 4-21 左图，将副接水盘清洗干净，尤其要注意将副接水盘到主接水盘的水路清洗干净。

清洗完成后重新安装室内机，见图 4-21 右图，再次慢慢地向蒸发器后部倒水，室内机不再有水滴出，长时间试机运行正常，漏水故障排除。

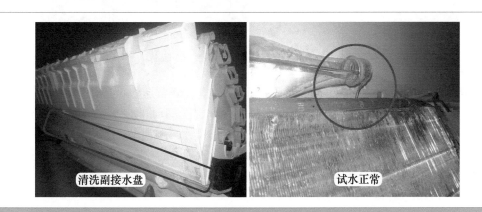

图 4-21 清洗副接水盘和试水正常

经询问用户得知，房间刚刚重新装修过，判断装修墙面时室内机没有使用塑料包裹，腻子向下滴落，堵塞副接水盘，才出现漏水故障。

11. 系统缺氟

用户反映空调器制冷效果差，同时室内机漏水。上门维修时查看连接管道符合安装要求，在开机时感觉室内机出风口温度较高，到室外机检查，见图4-22，发现二通阀结霜、三通阀干燥，在三通阀检修口接上压力表，测量系统运行压力约为0.2MPa（系统使用R22制冷剂），说明系统缺氟。

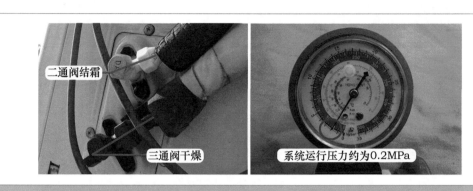

图 4-22　二通阀结霜和系统运行压力低

打开室内机前面板（进风格栅），见图4-23左图，发现蒸发器顶部结霜，判断漏水故障因系统缺氟引起，原因是系统缺氟导致结霜，霜层堵塞蒸发器翅片缝隙，使得冷凝水不能顺利流入接水盘，最终导致室内机漏水。

图 4-23　蒸发器结霜和加氟至正常压力

故障维修方法见图4-23右图，排除系统漏点并加氟至正常压力0.45MPa。

见图4-24，加氟后查看二通阀霜层融化，三通阀和二通阀均开始结露，到室内机查看，蒸发器霜层也已经融化，制冷恢复正常，蒸发器产生的冷凝水可顺利流入接水盘并排向室外。

由本例可看出，制冷系统缺氟时不但会引起制冷效果差的故障，同时也会引起室内机漏水故障，加氟后2个故障会同时排除。

12. 室内使用水桶接水

一宾馆内使用的空调器，因室外侧不能排水，将水管留在屋内，见图4-25左图，使用1个矿泉水桶接水。

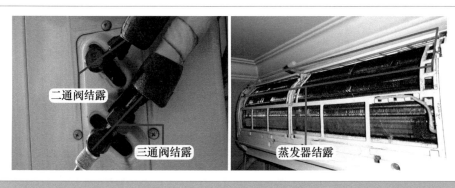

图4-24　二、三通阀和蒸发器结露

使用一段时间以后，用户反映室内机漏水。见图4-25中图，上门查看时发现水桶已接有半桶水，但水管过长至水桶底部，水管末端已淹没在水桶的积水内，使得空调器加长水管中间部分有空气，而室内机接水盘的冷凝水压力过小，不能将加长水管中间的空气从水管末端顶出，因而冷凝水积在接水盘内，最终导致漏水。

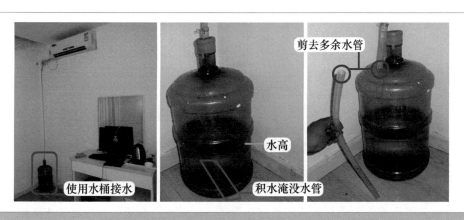

图4-25　水桶接水和剪去多余水管

故障排除方法见图4-25右图，剪去多余的加长水管，使加长水管的末端刚好在水桶的顶部，水桶的积水不能淹没加长水管的末端，加长水管的空气可顺利排出，室内机漏水故障即可排除。

从本例可以看出，即使室内机高于水桶约有2m，按常理应能顺利流出，但如果水管内有空气，室内机接水盘的冷凝水则无法流出，最终造成室内机漏水故障。

因矿泉水桶的桶口较小，如果加长水管堵塞桶口，见图4-26左图，水桶内的空气不能排出，导致加长水管内依旧有空气存在，室内机接水盘的冷凝水照样不能流入水桶内，并再次引发室内机漏水故障。

排除方法很简单，首先是保证水管不能堵塞水桶桶口，水桶内空气能顺利排出；其次是见图4-26右图，在水桶上部钻一个圆孔用于排气。

13. 连接管道室内侧低于出墙孔

安装在某医院房间的一批新空调器，用户反映室内机漏水。上门查看室内机安装在房间内，连接管道经走廊到达室外。

图 4-26　水管堵塞桶口和钻孔

见图 4-27 左图，查看连接管道室内部分走向正常。但在走廊部分的走向有故障，见图 4-27 右图，其①为连接管道贴地安装，水平距离过长；其②为出墙孔高于连接管道。这 2 点均能导致加长水管内积聚冷凝水，使水管内产生空气，最终导致室内机漏水故障。

图 4-27　连接管道室内侧低于出墙孔

此种故障常用维修方法是重新调整连接管道，使其走向有坡度，冷凝水才能顺利流出，但用户已装修完毕，不同意更改管道走向。因室内机漏水的主要原因是加长水管中有空气，维修时只要将连接管道的空气排出，室内机漏水的故障也立即排除，最简单的方法是在加长水管上开孔即剪开一个豁口。

（1）在水管处开孔

开口部位选择在连接管道的最高位置，见图 4-28 左图和中图，解开包扎带后使用偏口钳在水管的外侧剪开 1 个豁口，这样水管的空气将通过豁口排出。经长时间开机试验，室内机接水盘的冷凝水可顺利排向室外，室内机不再漏水，故障排除。

见图 4-28 右图，维修完成使用包扎带包扎连接管道时，豁口位置不要包扎，可防止因包扎带堵塞豁口。

➡ 说明：水管内侧有冷凝水流过不宜开口，否则将引起开口部位出现漏水故障。

（2）在水管上插管排空

见图 4-29，如果连接管道的最高位置为保温水管，因保温层较厚不容易开口，可将开口位置下移至加长水管。

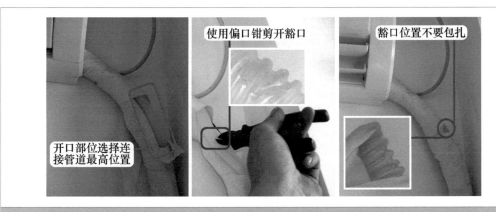

图 4-28　在连接管道最高处位置开口

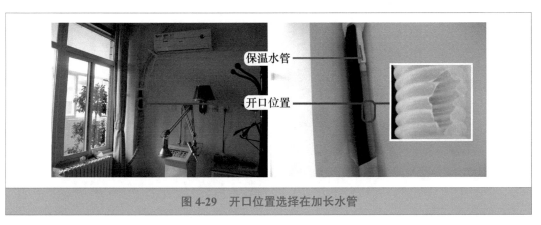

图 4-29　开口位置选择在加长水管

　　为防止开口处漏水，见图 4-30，可使用 1 根较粗的管子（早餐米粥配带的塑料吸管），插在加长水管的开口位置，并使用防水胶布包扎接头，使用包扎带包扎连接管道时，应将管口露在外面以利于排除空气。

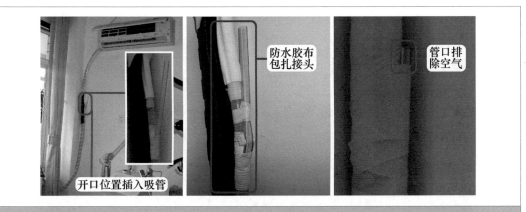

图 4-30　在开口位置插入吸管

第二节 噪声故障

一、 室内机噪声故障

1. 外壳热胀冷缩

见图 4-31，挂式或柜式空调器开机或关机后，室内机发出轻微的爆裂声音（如噼啪声），此种声音为正常现象，原因为室内机蒸发器温度变化使得塑料面板等部位产生热胀冷缩，引起摩擦的声音，上门维修时仔细向用户解释说明即可。

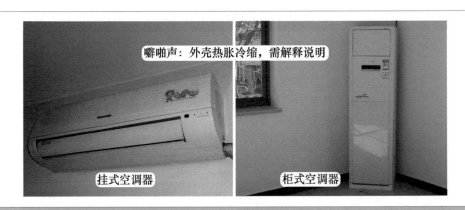

图 4-31 室内机热胀冷缩噪声

2. 变压器共振

室内机在开机后发出"嗡嗡"声，遥控器关机后故障依旧，通常为变压器故障，常见原因有变压器与电控盒外壳共振、变压器自身损坏发出嗡嗡声，见图 4-32 左图。

维修时应根据情况判断故障，见图 4-32 右图，如果为共振故障，应紧固固定螺钉（俗称螺丝）；如果为变压器损坏，应更换变压器。

图 4-32 变压器共振和排除方法

3. 室内风机共振

室内机开机后右侧发出嗡嗡声，关机后噪声消失，再次开机如果按压室内机右侧噪声消除，则故障通常为室内风机与外壳共振，见图 4-33 左图。

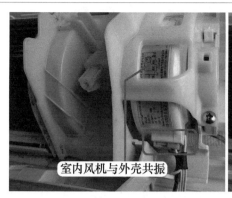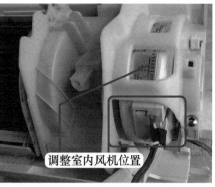

图 4-33　室内风机共振和排除方法

故障排除方法是调整室内风机位置，见图 4-33 右图，使室内风机在处于某一位置时嗡嗡声噪声消除即可，在实际维修时可能需要反复调整几次才能排除故障。

4. 导风板叶片相互摩擦

室内机在开机时出现断断续续，但声音较小的异常杂音，如果为开启上下或左右导风板功能，在上下或左右叶片转动时发出异响，停止转动时异响消失，常见原因为上下或左右叶片摩擦导致，见图 4-34 左图。

故障排除方法见图 4-34 右图，在叶片的活动部位涂抹黄油，以减少摩擦阻力。

图 4-34　风门叶片转动异响和排除方法

5. 轴套缺油

室内机在开机后或运行一段时间以后，左侧出现比较刺耳的金属摩擦声，如果随室内风机转速变化而变化，见图 4-35，常见原因为贯流风扇左侧的轴套缺油，维修时应使用耐高温的黄油（或机油）涂抹在轴套中间圆孔，即可排除故障。

注意：应使用耐高温的黄油，不得使用家用炒菜用的食用油，因其不耐高温，一段时间以后干涸，会再次引发故障。

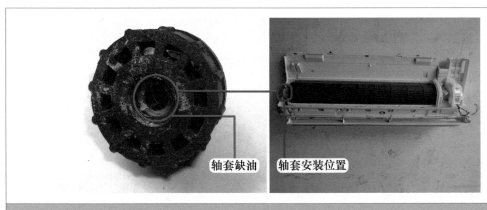

图 4-35 轴套缺油和安装位置

6. 贯流风扇碰外壳

室内机开机后或运行一段时间以后，如果左侧或右侧出现连续的塑料摩擦声，见图 4-36 左图，常见原因为贯流风扇与外壳距离较近而相互摩擦，导致异常噪声。

故障排除方法是调整贯流风扇位置，见图 4-36 右图，使其左侧和右侧与室内机外壳保持相同的距离。

➡ 说明：贯流风扇与外壳如果距离过近，摩擦阻力较大，室内风机因起动不起来而不能运行，则约 1min 后整机停机，并报出"无霍尔反馈"的故障代码。

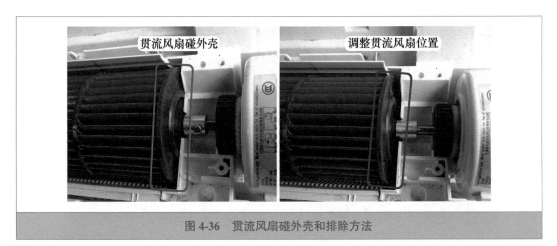

图 4-36 贯流风扇碰外壳和排除方法

7. 室内机振动大

遥控器开机，室内风机只要运行，室内机便发出很大的噪声，同时室内机上下抖动，手摸室内机时感觉振动很大，常见原因为贯流风扇翅片断裂，见图 4-37，贯流风扇不在同一个重心，运行时重力不稳导致振动和噪声均变得很大。

故障排除方法是更换贯流风扇。

8. 室内风机轴承异响

室内机右侧在开机后或运行一段时间以后，出现声音较大的金属摩擦的"嗒嗒"声，检查故障为室内风机异响，见图 4-38 左图，常见原因通常为内部轴承缺油。

故障排除方法是更换室内风机或更换轴承，见图 4-38 右图，轴承常用型号为 608Z。

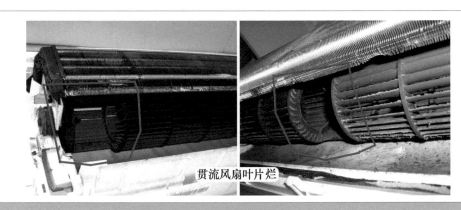

贯流风扇叶片烂

图 4-37 贯流风扇叶片烂

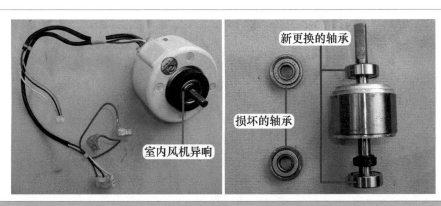

新更换的轴承

损坏的轴承

室内风机异响

图 4-38 室内风机异响和更换轴承

二、 室外机噪声故障

1. 室外机机内管道相碰

见图 4-39 左图，室外机开机后出现声音较大的金属碰撞声，通常为室外机机内管道距离过近，压缩机运行后因振动较大使得铜管相互摩擦，导致室外机噪声大故障。

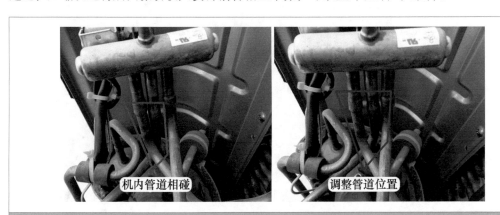

机内管道相碰

调整管道位置

图 4-39 机内管道相碰和排除方法

故障排除方法是调整室外机机内管道，见图 4-39 右图，使距离过近的铜管相互分开，在压缩机运行时不能相互摩擦或碰撞。

室外机机内管道常见故障有：四通阀的 4 根铜管相互摩擦、压缩机排气管或吸气管与压缩机摩擦、冷凝器与外壳摩擦等。

距离过近的铜管摩擦时间过长以后，容易磨破铜管，制冷系统的制冷剂全部泄漏，造成空调器不制冷故障。

2. 室外风机运行时噪声大

室外机在开机后或运行一段时间以后，如果出现较大的金属摩擦声音，即使断开压缩机供电和取下室外风扇后故障依旧，说明故障为室外风机异响，见图 4-40，故障排除方法是更换室外风机或更换室外风机轴承。

图 4-40　更换室外风机或轴承

3. 室外机振动大

室外机在开机后或运行一段时间以后，如果出现较大的声音，并且室外机振动较大，见图 4-41，故障通常为室外风扇叶片有裂纹或者断片。

故障排除方法是更换室外风扇（轴流风扇）。

图 4-41　室外风机叶片烂

4. 压缩机运行时噪声大

用户反映室外机噪声大，如果上门检查时室外机无异常杂音，只是压缩机声音较大，可向用户解释说明，一般不需要更换压缩机。

5. 室外墙壁薄

如果室外机运行后，在室内的某一位置能听到较强的"嗡嗡"声，但在室外机附近无"嗡嗡"声只有运行声音时，见图4-42，一般为室外机与墙壁共振而引起，此种故障通常出现在室外机安装在阳台、简易彩板房等墙壁较薄的位置，故障排除方法是移走室外机至墙壁较厚的位置。

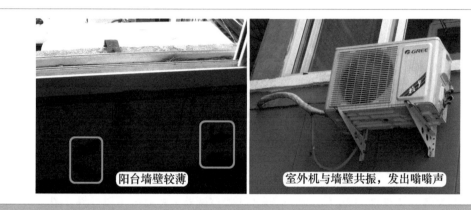

图4-42　墙壁较薄时和室外机共振

6. 室外机安装不符合要求

室外机支架距离一般要求和室外机固定孔距离相同，如果支架距离过近，见图4-43左图，室外机则不能正常安装，其中的1个螺钉孔不能安装，容易引起室外机与支架共振、出现噪声大的故障。

见图4-43右图，如果支架距离和室外机固定孔距离相同，但少安装固定螺钉，则室外机与支架同样容易引起共振、出现噪声大的故障。

图4-43　室外机支架安装不规范

定频空调器电控系统主要元器件

第一节　主板和显示板电子元器件

一、室内机电控系统组成

图 5-1 为格力 KFR-23GW/（23570）Aa-3 挂式空调器电控系统主要部件，图 5-2 为美的 KFR-26GW/DY-B（E5）挂式空调器电控系统主要部件。由图 5-1 和图 5-2 可知，一个完整的电控系统由主板和外围负载组成，包括室内机主板、变压器、室内环温和管温传感器、室内风机、显示板组件、步进电机、遥控器等。

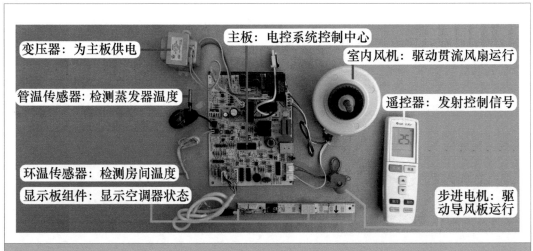

变压器：为主板供电
主板：电控系统控制中心
室内风机：驱动贯流风扇运行
管温传感器：检测蒸发器温度
遥控器：发射控制信号
环温传感器：检测房间温度
显示板组件：显示空调器状态
步进电机：驱动导风板运行

图 5-1　格力 KFR-23GW/（23570）Aa-3 空调器电控系统主要部件

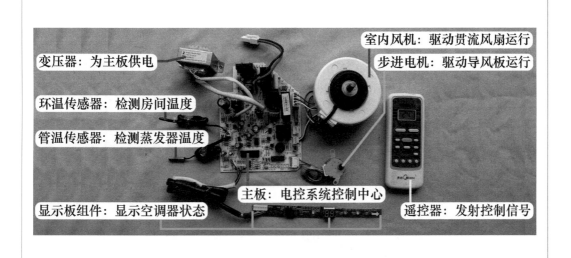

变压器：为主板供电
环温传感器：检测房间温度
管温传感器：检测蒸发器温度
显示板组件：显示空调器状态
室内风机：驱动贯流风扇运行
步进电机：驱动导风板运行
主板：电控系统控制中心
遥控器：发射控制信号

图5-2　美的 KFR-26GW/DY-B（E5）空调器电控系统主要部件

二、　主板电子元器件

图 5-3 为格力 KFR-23GW/（23570）Aa-3 挂式空调器的室内机主板主要电子元器件，图 5-4 为美的 KFR-26GW/DY-B（E5）挂式空调器的室内机主板主要电子元器件。由图 5-3 和图 5-4 可知，室内机主板主要由 CPU、晶振、2003 反相驱动器、继电器（压缩机继电器、室外风机和四通阀线圈继电器、辅助电加热继电器）、二极管（整流二极管、续流二极管、稳压二极管）、电容（电解电容、瓷片电容、独石电容）、电阻（普通电阻、精密电阻）、晶体管（PNP 型、NPN 型）、压敏电阻、熔丝管（俗称保险管）、室内风机电容、阻容元器件、按键开关、蜂鸣器、电感等组成。

➡ 说明：

① 空调器品牌或型号不同，使用的室内机主板也不相同，相对应电子元器件也不相同，比如跳线帽通常用在格力空调器主板，其他品牌的主板则通常不用。因此电子元器件应根据主板实物判断，本小节只以常见空调器的典型主板为例，对主要电子元器件进行说明。

② 主滤波电容为电解电容。

③ 阻容元器件将电阻和电容封装为一体。

④ 图中红线连接的电子元器件工作在交流 220V 强电区域，蓝线连接的电子元器件工作在直流 12V 和 5V 弱电区域。

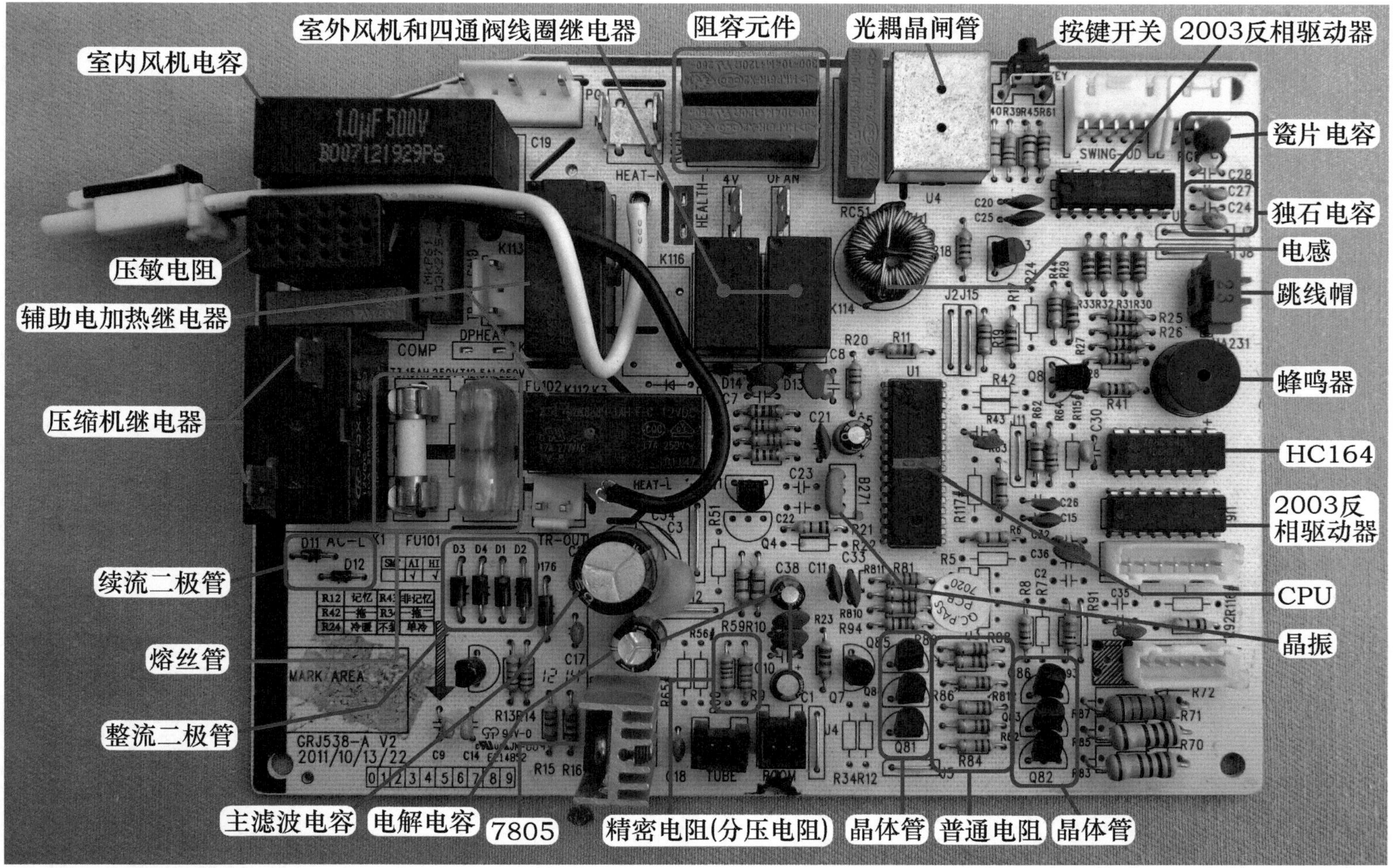

图 5-3 格力 KFR-23GW/（23570）Aa-3 空调器室内机主板

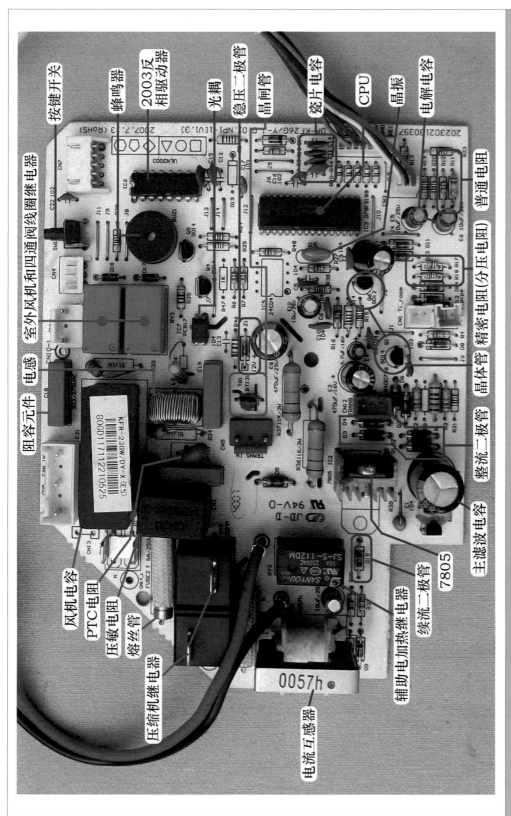

图 5-4 美的 KFR-26GW/DY-B（E5）空调器室内机主板

三、 显示板电子元器件

图 5-5 为格力 KFR-23GW/（23570）Aa-3 挂式空调器的显示板组件主要电子元器件，图
5-6 为美的 KFR-26GW/DY-B（E5）挂式空调器的显示板组件主要电子元器件。由图 5-5 和图
5-6 可知，显示板组件主要由 2 位 LED 显示屏、发光二极管（指示灯）、接收器、HC164（驱
动 LED 显示屏和指示灯）等组成。

➡ 说明：

① 格力空调器的 LED 显示屏驱动电路 HC164 设在室内机主板。

② 示例空调器采用 LED 显示屏和指示灯组合显示的方式。早期空调器的显示板组件只
使用指示灯指示，则显示板组件只设有接收器和指示灯。

③ 示例空调器按键开关设在室内机主板，部分空调器的按键开关设在显示板组件。

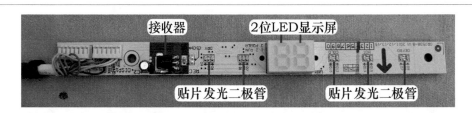

图 5-5 格力 KFR-23GW/（23570）Aa-3 空调器显示板组件

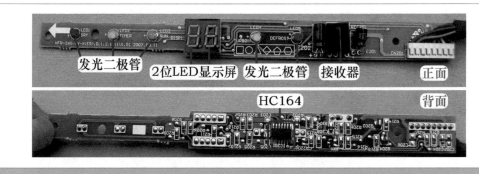

图 5-6 美的 KFR-26GW/DY-B（E5）空调器显示板组件

第二节 电气元器件

一、 遥控器

1. 结构

遥控器是一种远控机械的装置，遥控距离 ≥ 7 米，见图 5-7，由主板、显示屏、导电胶、
按键、后盖、前盖、电池盖等组成，控制电路单设有一个 CPU，位于主板背面。

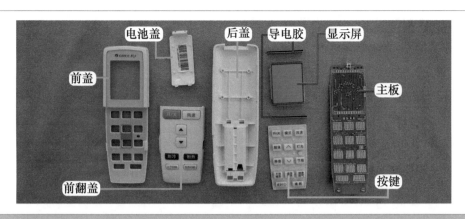

图 5-7　遥控器结构

2. 遥控器检查方法

遥控器发射的红外线信号，肉眼看不到，但手机的摄像头却可以分辨出来，检查方法是使用手机的摄像功能，见图 5-8，将遥控器发射二极管（也称为红外发光二极管）对准手机摄像头，在按压按键的同时观察手机屏幕。

① 在手机屏幕上观察到发射二极管发光，说明遥控器正常。

② 在手机屏幕上观察到发射二极管不发光，说明遥控器损坏。

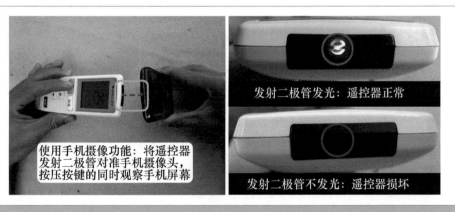

图 5-8　使用手机摄像功能检查遥控器

二、　接收器

1. 安装位置

显示板组件通常安装在前面板或室内机的右下角，格力 KFR-23GW/（23570）Aa-3 挂式空调器显示板组件使用指示灯 + 数码管的方式，见图 5-9，安装在前面板，前面板留有透明窗口，称为接收窗，接收器对应安装在接收窗后面。

2. 实物外形和引脚功能

目前接收器通常为一体化封装，实物外形和引脚功能见图 5-10。接收器工作电压为直流5V，共有 3 个引脚，功能分别为地、电源（供电 +5V）、信号（输出），外观为黑色，部分型号表面有铁皮包裹，通常和发光二极管（或 LED 显示屏）一起设计在显示板组件。常见接收器型号为 38B、38S、1838、0038。

图 5-9　安装位置

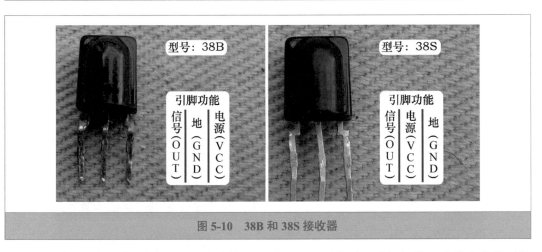

图 5-10　38B 和 38S 接收器

　　在维修时如果不知道接收器引脚功能，见图 5-11，可查看显示板组件上滤波电容的正极和负极引脚、连接至接收器引脚加以判断：滤波电容正极连接接收器电源（供电）引脚、负极连接地引脚，接收器的最后 1 个引脚为信号（输出）。

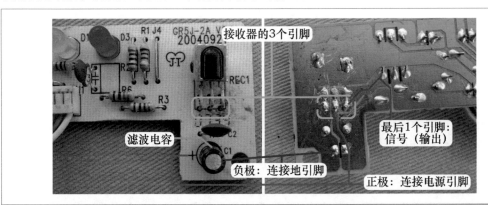

图 5-11　接收器引脚功能判断方法

3. 接收器检测方法

接收器在接收到遥控器信号（动态）时，输出端由静态电压会瞬间下降至约直流 3V，然后再迅速上升至静态电压。遥控器发射信号时间约为 1s，接收器接收到遥控器信号时输出端电压也有约 1s 的时间瞬间下降。

使用万用表直流电压挡，见图 5-12，动态测量接收器信号引脚电压，黑表笔接地引脚（GND）、红表笔接信号引脚（OUT），检测的前提是电源引脚（5V）电压正常。

① 接收器信号引脚静态电压：在无信号输入时电压应稳定约为 5V。如果电压一直在 2~4V 跳动，为接收器漏电损坏，故障表现为有时接收信号有时不能接收信号。

② 按压按键遥控器发射信号，接收器接收并处理，信号引脚电压瞬间（约为 1s）下降至约为 3V。如果接收器接收信号时，信号引脚电压不下降即保持不变，为接收器不接收遥控器信号故障，应更换接收器。

③ 松开遥控器按键，遥控器不再发射信号，接收器信号引脚电压恢复至静态电压约为 5V。

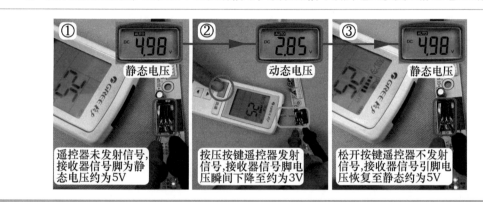

图 5-12 动态测量接收器信号引脚电压

三、 变压器

1. 安装位置和作用

见图 5-13，挂式空调器的变压器安装在室内机电控盒上方的下部位置，柜式空调器的变压器安装在电控盒的左侧或右侧位置。

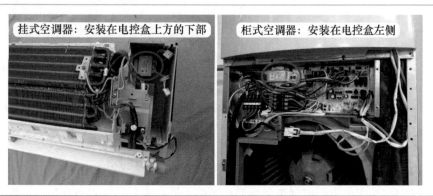

图 5-13 安装位置

变压器插座在主板上英文符号为 T 或 TRANS。变压器通常为 2 个插头,大插头为一次绕组,小插头为二次绕组。变压器工作时将交流 220V 电压降低到主板需要的电压,内部含有一次绕组和二次绕组 2 个绕组,一次绕组通过变化的电流,在二次绕组产生感应电动势,因为一次绕组匝数远大于二次绕组,所以二次绕组感应的电压为较低电压。

➡ 说明:如果主板电源电路使用开关电源,则不再使用变压器。

2. 分类

图 5-14 左图为 1 路输出型变压器,通常用于挂式空调器电控系统,二次绕组输出电压为交流 11V(额定电流为 550mA);图 5-14 右图为 2 路输出型变压器,通常用于柜式空调器电控系统,二次绕组输出电压分别为交流 12.5V(400mA)和 8.5V(200mA)。

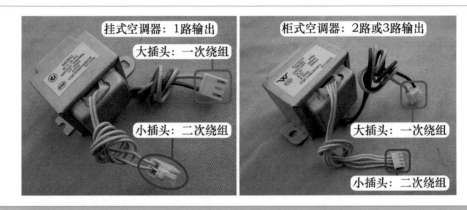

图 5-14 实物外形

3. 测量变压器绕组阻值

以格力 KFR-120LW/E(1253L)V-SN5 柜式空调器使用的 2 路输出型变压器为例,使用万用表电阻挡,测量一次绕组和二次绕组阻值。

(1)测量一次绕组阻值(见图 5-15)

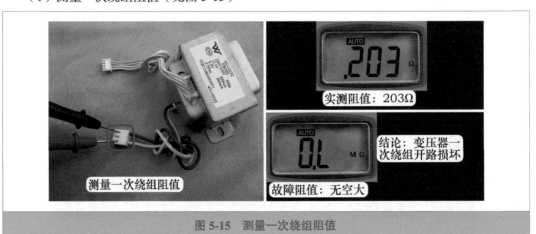

图 5-15 测量一次绕组阻值

变压器一次绕组使用的铜线线径较细且匝数较多,所以阻值较大,正常为 20~600Ω,实测阻值为 203Ω。一次绕组阻值根据变压器功率的不同,实测阻值也各不相同,柜式空调器使用的变压器功率大,实测时阻值小(本例为 200Ω);挂式空调器使用的变压器功率小,实

测时阻值大 [实测格力 KFR-23G（23570）/Aa-3 变压器一次绕组阻值约为 500Ω]。

如果实测时阻值为无穷大，说明一次绕组开路故障，常见原因有绕组开路或内部串接的温度熔丝（俗称温度保险）开路。

（2）测量二次绕组阻值（见图 5-16）

变压器二次绕组使用的铜线线径较粗且匝数较少，所以阻值较小，正常为 0.5 ~ 2.5Ω。实测直流 12V 供电支路（由交流 12.5V 提供、黄 - 黄引线）的线圈阻值为 1.1Ω，直流 5V 供电支路（由交流 8.5V 提供、白 - 白引线）的线圈阻值为 1.6Ω。

二次绕组短路时阻值和正常结果相接近，使用万用表电阻挡不容易判断是否损坏。如二次绕组短路故障，常见表现为屡烧熔丝管和一次绕组开路，检修时如变压器表面温度过高，检查室内机主板和供电电压无故障后，可直接更换变压器。

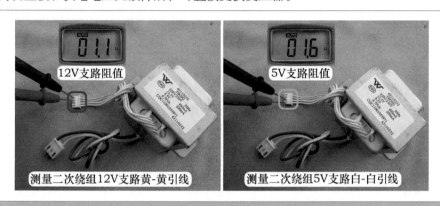

图 5-16　测量二次绕组阻值

四、　传感器

1. 挂式定频空调器传感器安装位置

常见的挂式定频空调器通常只设有室内环温和室内管温传感器，只有部分品牌或柜式空调器设有室外管温传感器。

（1）室内环温传感器

室内环温传感器固定支架安装在室内机的进风口位置，见图 5-17，作用是检测室内房间温度。

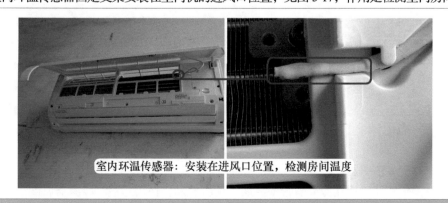

图 5-17　室内环温传感器安装位置

（2）室内管温传感器

室内管温传感器检测孔焊接在蒸发器的管壁上，见图5-18，作用是检测蒸发器温度。

室内管温传感器：安装在蒸发器管壁，检测蒸发器温度

图5-18　室内管温传感器安装位置

2. 柜式空调器传感器安装位置

2P或3P柜式空调器通常设有室内环温、室内管温、室外管温共3个传感器，5P柜式空调器通常在此基础上增加室外环温和压缩机排气传感器，共有5个传感器，但有些品牌的5P柜式空调器也可能只设有室内环温、室内管温、室外管温共3个传感器。

（1）室内环温传感器

室内环温传感器设计在室内风扇（离心风扇）罩圈即室内机进风口，见图5-19左图，作用是检测室内房间温度，以控制室外机的运行与停止。

（2）室内管温传感器

室内管温传感器设在蒸发器管壁上面，见图5-19右图，作用是检测蒸发器温度，在制冷系统进入非正常状态（如蒸发器温度过低或过高）时停机进入保护。如果空调器未设计室外管温传感器，则室内管温传感器是制热模式时判断进入除霜程序的重要依据。

室内管温传感器

室内环温传感器

图5-19　室内环温和室内管温传感器安装位置

（3）室外管温传感器

室外管温传感器设计在冷凝器管壁上面，见图5-20，作用是检测冷凝器温度，在制冷系统进入非正常状态（如冷凝器温度过高）时停机进行保护，同时也是制热模式下进入除霜程

序的重要依据。

图 5-20 室外管温传感器安装位置

（4）室外环温传感器

室外环温传感器设计在冷凝器的进风面，见图 5-21 左图，作用是检测室外环境温度，通常与室外管温传感器一起组合成为制热模式下进入除霜程序的依据。

（5）压缩机排气传感器

压缩机排气传感器设计在压缩机排气管管壁上面，见图 5-21 右图，作用是检测压缩机排气管温度（相当于检测压缩机温度），当压缩机工作在高温状态时停机进行保护。

图 5-21 室外环温和压缩机排气传感器安装位置

3. 变频空调器传感器数量

变频空调器使用的温度传感器较多，通常设有 5 个。室内机设有室内环温和室内管温传感器，室外机设有室外环温、室外管温、压缩机排气传感器。

4. 传感器特性

空调器使用的传感器为负温度系数热敏电阻，负温度系数是指温度上升时其阻值下降，温度下降时其阻值上升。

以型号 25℃/20kΩ 的管温传感器为例，测量在降温（15℃）、常温（25℃）、加热（35℃）的 3 个温度下，传感器的阻值变化情况。

① 图 5-22 左图为降温（15℃）时测量传感器阻值，实测为 31.4kΩ。

② 图 5-22 中图为常温（25℃）时测量传感器阻值，实测为 20.2kΩ。

③ 图 5-22 右图为加热（35℃）时测量传感器阻值，实测为 13.1kΩ。

凉水15℃：阻值31.4kΩ　　常温25℃：阻值20.2kΩ　　温水35℃：阻值13.1kΩ

图 5-22　测量传感器阻值

五、　电容

1. 安装位置

压缩机和室外风机安装在室外机，因此压缩机电容和室外风机电容也安装在室外机，见图 5-23，并且安装在室外机专门设计的电控盒内。

图 5-23　安装位置

2. 综述

压缩机电容和室外风机电容实物外形见图 5-24，其中电容最主要的参数是容量和交流耐压值。

① 容量：单位为微法（μF），由压缩机或室外风机的功率决定，即不同的功率选用不同容量的电容。常见使用的规格见表 5-1。

② 耐压：电容工作在交流（AC）电源且电压为 220V，因此耐压值通常为交流 450V（450VAC）。

③ CBB61（65）：为无极性的聚丙烯薄膜交流电容器，具有稳定性好、耐冲击电流、过

载能力强、损耗小、绝缘阻值高等优点。

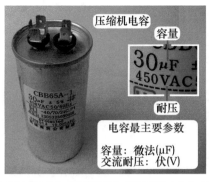

图 5-24　电容主要参数

表 5-1　常见电容使用规格

挂式室内风机电容容量：1 ~ 2.5μF	柜式室内风机电容容量：2.5 ~ 8μF
室外风机电容容量：2 ~ 8μF	压缩机电容容量：20 ~ 70μF

④ 英文符号：风机电容 FAN CAP、压缩机电容 COMP CAP。

⑤ 作用：压缩机与室外风机在起动时使用。单相电机接通电源时，首先对电容充电，使电机起动绕组中的电流超前运行绕组 90°，产生旋转磁场，电机便运行起来。

⑥ 特点：由于为无极性的电容，2 组接线端子的作用相同，使用时没有正负之分。

六、　交流接触器

交流接触器（简称交接）用于控制大功率压缩机的运行和停机，通常使用在 3P 及以上的空调器，常见有单极（双极）或三触点式。

1. 使用范围

（1）单极式（双极式）交流接触器

实物外形见图 5-25，单相供电的压缩机只需要断开 1 路 L 端相线或 N 端零线供电便停止运行，因此 3P 单相供电的空调器通常使用单极（1 路触点）或双极（2 路触点）交流接触器。

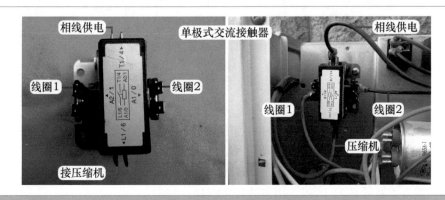

图 5-25　单极式交流接触器

（2）三触点式交流接触器

实物外形见图 5-26，三相供电的压缩机只有同时断开 2 路或 3 路供电才能停止运行，因此 3P 或 5P 三相供电的空调器使用三触点式交流接触器。

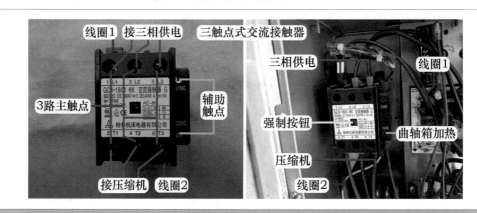

图 5-26　三触点式交流接触器

2. 内部结构和工作原理

内部结构见图 5-27 左图，工作原理见图 5-27 右图，交流接触器线圈通电后，在静铁心中产生磁通和电磁吸力，此电磁吸力克服弹簧的阻力，使得动铁心向下移动，与静铁心吸合，动铁心向下移动的同时带动动触点向下移动，使动触点和静触点闭合，静触点的 2 个接线端子导通，供电的接线端子向负载（压缩机）提供电源，压缩机开始运行。

当线圈断电或两端电压显著降低时，静铁心中电磁吸力消失，弹簧产生的反作用力使动铁心向上移动，动触点和静触点断开，压缩机因无电源而停止运行。

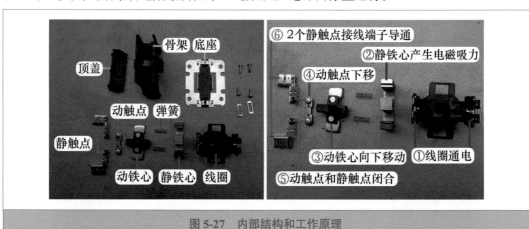

图 5-27　内部结构和工作原理

3. 测量交流接触器线圈

使用万用表电阻挡，测量线圈阻值。交流接触器触点电流（即所带负载的功率）不同，线圈阻值也不相同，符合功率大其线圈阻值小、功率小其线圈阻值大的特点。

见图 5-28，实测示例交流接触器线圈阻值约为 1.1kΩ。测量 5P 空调器使用的三触点式交流接触器线圈（型号 GC3-18/01）阻值约为 400Ω。

如果实测线圈阻值为无穷大，则说明线圈开路损坏。

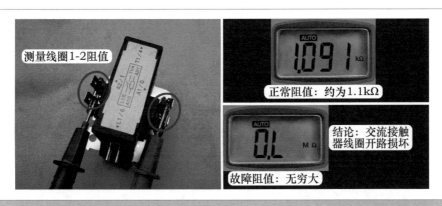

图 5-28　测量线圈阻值

七、　四通阀线圈

1. 安装位置

见图 5-29，四通阀设在室外机，因此四通阀线圈也设计在室外机，线圈在四通阀阀体上面套着。取下固定螺钉，可发现四通阀线圈共有 2 根紫线（或蓝线），英文符号为 4V、4YV、VALVE。

工作时线圈得到供电，产生的电磁力移动四通阀内部活塞衔铁，在两端压力差的作用下，带动阀块移动，从而改变制冷剂在制冷系统中的流向，使系统根据使用者的需要工作在制冷或制热模式。制冷模式下线圈工作电压为交流 0V。

➡ 说明：四通阀线圈不在四通阀上面套着时，不能给线圈通电；如果通电会发出很强的"嗡嗡"声，容易损坏线圈。

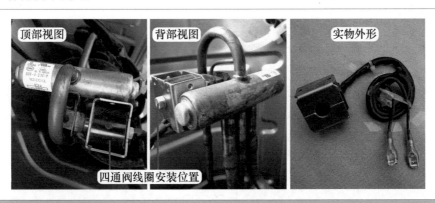

图 5-29　安装位置和实物外形

2. 测量四通阀线圈阻值

（1）在室外机接线端子处测量

格力 KFR-23GW/Aa-3 定频空调器室外机接线端子上共有 5 根引线，1 根为 N 零线公共端（1 号 - 蓝线）、1 根接压缩机（2 号 - 黑线）、1 根接四通阀线圈（4 号 - 紫线）、1 根接室外风机（5 号 - 橙线）、1 根接地线（3 号 - 黄绿线）。

使用万用表电阻挡，见图 5-30 左图，1 表笔接 1 号 N 零线公共端、1 表笔接 4 号紫线测量阻值，实测约为 2.1kΩ。

（2）取下线圈直接测量接线端子

见图 5-30 右图，表笔直接测量 2 个接线端子，实测阻值和在室外机接线端子上测量值相等，约为 2.1kΩ。

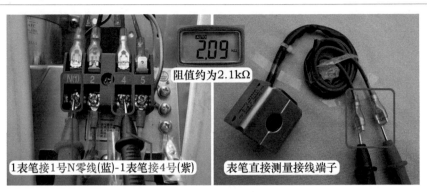

阻值约为2.1kΩ

1表笔接1号N零线(蓝)-1表笔接4号(紫)　　表笔直接测量接线端子

图 5-30　测量线圈阻值

第三节　电　机

一、步进电机

1. 安装位置和实物外形

步进电机是一种将电脉冲转化为角位移动的执行机构，通常使用在挂式空调器上面。见图 5-31 左图，步进电机设计在室内机右侧下方的位置，固定在接水盘上，作用是驱动导风板（风门叶片）上下转动，使室内风机吹出的风到达用户需要的地方。

步进电机实物外形和线圈接线图见图 5-31 右图，示例步进电机型号为 MP24AA，供电电压为直流 12V，共有 5 根引线，驱动方式为 4 相 8 拍。

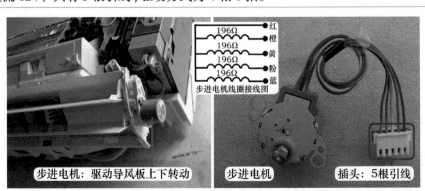

196Ω　红
196Ω　橙
196Ω　黄
196Ω　粉
　　　　蓝
步进电机线圈接线图

步进电机：驱动导风板上下转动　　步进电机　　插头：5根引线

图 5-31　安装位置和实物外形

2. 内部结构

见图 5-32，步进电机由外壳、上盖、定子、线圈、转子、变速齿轮、轴头（输出接头）、连接线、插头等组成。

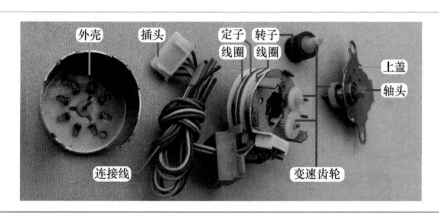

图 5-32　内部结构

二、 室内风机（PG 电机）

1. 安装位置

见图 5-33，室内风机安装在室内机右侧，作用是驱动室内风扇（贯流风扇）。制冷模式下，室内风机驱动贯流风扇运行，强制吸入房间内空气至室内机、经蒸发器降低温度后以一定的风速和流量吹出，来降低房间温度。

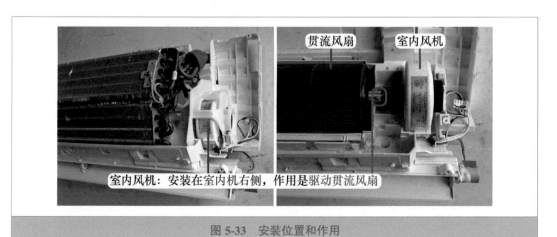

图 5-33　安装位置和作用

2. 常见形式

室内风机常见有 3 种形式。

① 抽头电机：实物外形和引线插头作用见图 5-34，通常使用在早期空调器，目前已经很少使用，交流 220V 供电。

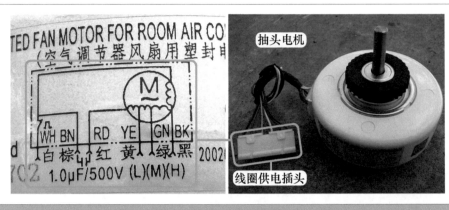

图 5-34　抽头电机和引线插头

② PG 电机：实物外形见图 5-36 左图，引线插头作用见图 5-42，使用在目前的全部定频空调器、交流变频空调器、直流变频空调器中，是使用最广泛的形式，交流 220V 供电。PG 电机是本节重点介绍的内容。

③ 直流电机：知识点见第十二章第一节第一部分内容，实物外形和引线插头作用见图 5-35，使用在全直流变频空调器或高档定频空调器中，直流 300V 供电。

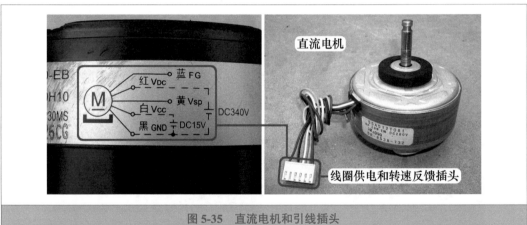

图 5-35　直流电机和引线插头

3. PG 电机和抽头电机的不同点

① 供电电压：PG 电机实际工作电压通常为交流 90～220V，抽头电机为交流 220V。

② 转速控制：PG 电机通过改变供电电压的高低来改变转速；抽头电机一般有 3 个抽头，可以形成 3 个转速，通过改变电机抽头端的供电来改变转速。

③ 控制电路：PG 电机控制转速准确，但电机需要增加霍尔元件，控制部分还需要增加霍尔反馈电路和过零检测电路，控制复杂；抽头电机控制方法简单，但电机需要增加绕组抽头，工序复杂，另外控制部分需要 3 个继电器控制 3 个转速，使用的零部件多，成本高。

④ 转速反馈：PG 电机内含霍尔元件，向主板 CPU 反馈代表实际转速的霍尔信号，CPU 通过调节光电耦合器晶闸管（俗称光耦可控硅）的触发延迟角使 PG 电机转速与目标转速相同；抽头电机无转速反馈功能。

4. 实物外形

图 5-36 左图为实物外形，PG 电机使用交流 220V 供电，最主要的特征是内部设有霍尔元件，在运行时输出代表转速的霍尔信号，因此共有 2 个插头，大插头为线圈供电，使用交流电源，作用是使 PG 电机运行；小插头为霍尔反馈，使用直流电源，作用是输出代表转速的霍尔信号。

图 5-36 右图为 PG 电机铭牌主要参数，示例电机型号为 RPG10A（FN10A-PG），使用在 1P 挂式空调器中。主要参数：工作电压交流 220V、频率 50Hz、功率 10W、极数 4 极、额定电流 0.13A、防护等级 IP20、E 级绝缘。

➡ 说明：绝缘等级按电机所用的绝缘材料允许的极限温度划分，E 级绝缘指电机采用材料的绝缘耐热温度为 120℃。

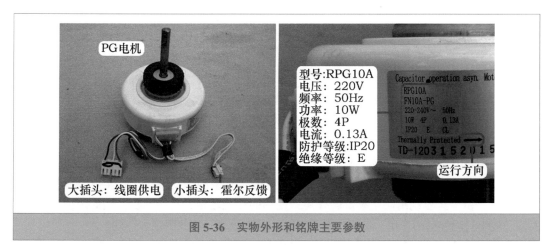

图 5-36　实物外形和铭牌主要参数

5. 内部结构

见图 5-37，PG 电机由定子（含引线和线圈供电插头）、转子（含磁环和上下轴承）、霍尔电路板（含引线和霍尔反馈插头）、上盖和下盖、上部和下部的减振胶圈组成。

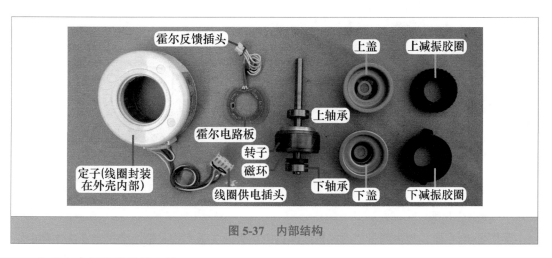

图 5-37　内部结构

6. PG 电机引线辨认方法

常见有 3 种方法，即根据室内机主板 PG 电机插座引针所接元器件、使用万用表电阻挡测量线圈引线阻值、查看 PG 电机铭牌。

（1）根据室内机主板 PG 电机插座引针所接元器件判断引线功能

见图 5-38，将 PG 电机线圈供电插头插在室内机主板，查看插座引针所接元器件：引针接光电耦合器晶闸管，对应的白线为公共端（C）；引针接电容和电源 N 端，对应的棕线为运行绕组（R）；引针只接电容，对应的红线为起动绕组（S）。

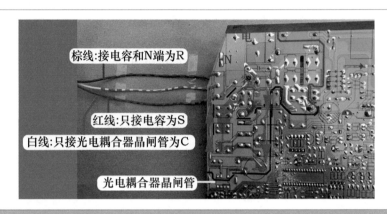

图 5-38　根据插座引针所接元器件判断引线功能

（2）使用万用表电阻挡测量线圈引线阻值

使用单相交流 220V 供电的电机，绕组设有运行绕组和起动绕组，在实际绕制铜线时，见图 5-39，由于运行绕组起主要旋转作用，使用的线径较粗，且匝数少，因此阻值小一些；而起动绕组只起起动的作用，使用的线径较细，且匝数多，因此阻值大一些。

每个绕组共有 2 个接头，2 个绕组共有 4 个接头，但在电机内部，将运行绕组和起动绕组的一端连接在一起作为公共端，只引出 1 根引线，因此电机共引出 3 根引线或 3 个接线端子。

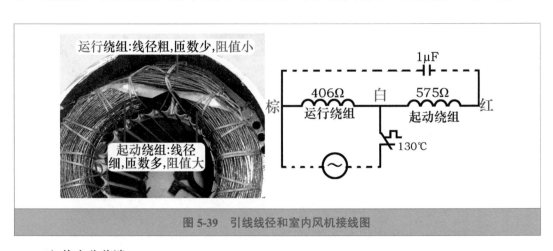

图 5-39　引线线径和室内风机接线图

1）找出公共端

见图 5-40 左图，逐个测量室内风机线圈供电插头的 3 根引线阻值，会得出 3 次不同的结果，RPG10A 电机实测阻值依次为 981Ω、406Ω、575Ω，阻值关系为 981Ω=406Ω+575Ω，即最大阻值 981Ω 为起动绕组 + 运行绕组的阻值总和。

在最大的阻值 981Ω 中，见图 5-40 右图，表笔接的引线为起动绕组（S）和运行绕组（R），空闲的 1 根引线为公共端（C），本机为白线。

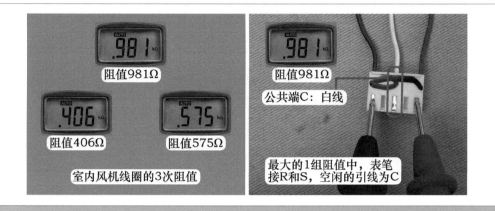

图 5-40　3 次线圈阻值和找出公共端

2）找出运行绕组和起动绕组

一表笔接公共端白线 C，另一表笔测量另外 2 根引线阻值。

阻值小（406Ω）的引线为运行绕组（R），见图 5-41 左图，本机为棕线。

阻值大（575Ω）的引线为起动绕组（S），见图 5-41 右图，本机为红线。

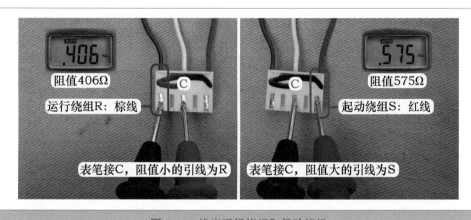

图 5-41　找出运行绕组和起动绕组

（3）查看 PG 电机铭牌

见图 5-42，铭牌标有电机的各种信息，包括主要参数以及引线颜色的作用。PG 电机设有 2 个插头，因此设有 2 组引线，电机线圈使用 M 表示，霍尔反馈电路板使用电路图表示，各有 3 根引线。

电机线圈：白线只接交流电源，为公共端（C）；棕线接交流电源和电容，为运行绕组（R）；红线只接电容，为起动绕组（S）。

霍尔反馈电路板：棕线 Vcc，为直流供电正极，本机供电电压为直流 5V；黑线 GND，为直流供电公共端地；白线 Vout，为霍尔信号输出。

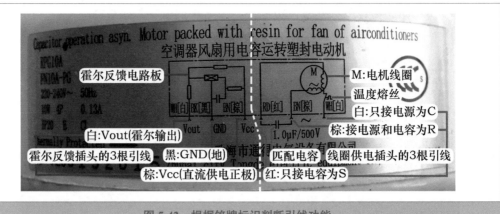

图 5-42　根据铭牌标识判断引线功能

三、 室内风机（离心电机）

1. 安装位置

见图 5-43，室内风机（离心电机）安装在柜式空调器的室内机下部，作用是驱动室内风扇（离心风扇）。制冷模式下，离心电机驱动离心风扇运行，强制吸入房间内空气至室内机、经蒸发器降低温度后以一定的风速和流量吹出，来降低房间温度。

图 5-43　离心电机安装位置和作用

2. 分类

（1）多速抽头交流电机

实物外形见图 5-44 左图，使用交流 220V 供电，运行速度根据机型设计通常分有 2 速 -3 速 -4 速等，通过改变电机抽头端的供电来改变转速，是目前柜式空调器应用最多也是最常见的离心电机形式。

图 5-44 右图为离心电机铭牌主要参数，示例电机型号 YDK60-8E，使用在 2P 柜式空调器中。主要参数：工作电压交流 220V、频率 50Hz、功率 60W、8 极、运行电流 0.4A、B 级绝缘、堵转电流 0.47A。

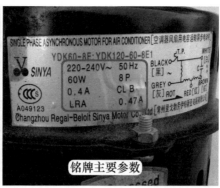

实物外形　　　　铭牌主要参数

图 5-44　多速抽头交流电机

（2）直流电机

直流电机内容见第十二章第一节第一部分内容，其使用直流 300V 供电，转速可连续宽范围调节，室内机主板 CPU 通过较为复杂的电路来控制，并可根据反馈的信号测定实时转速，通常使用在全直流柜式变频空调器或高档的定频空调器中。

3. 内部结构

见图 5-45，离心电机由上盖、下盖、转子、上轴承、下轴承、定子、线圈、连接线、插头等组成。

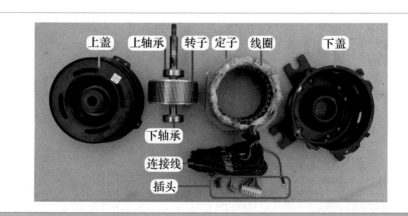

图 5-45　内部结构

四、　室外风机

1. 安装位置和作用

室外风机安装在室外机左侧的固定支架，见图 5-51 左图，作用是驱动室外风扇。制冷模式下，室外风机驱动室外风扇运行，强制吸收室外自然风为冷凝器散热，因此室外风机也称为"轴流电机"。

2. 分类

（1）单速交流电机

实物外形见图 5-48 左图，引线插头作用见图 5-50，使用交流 220V 供电，运行速度固定不可调节，是目前应用最广泛的形式，也是本小节重点介绍的机型，常见于目前的全部定频空调器、部分交流变频空调器和直流变频空调器的室外风机。

（2）多速抽头交流电机

实物外形和引线插头作用见图 5-46，使用交流 220V 供电，运行速度根据机型设计通常分有 2 速或 3 速，通过改变电机抽头端的供电来改变转速，常见于早期的部分定频空调器和变频空调器、目前的部分直流变频空调器。

图 5-46　多速抽头交流电机

（3）直流电机

实物外形和引线插头作用见图 5-47，使用直流 300V 供电，转速可连续宽范围调节，使用此电机的室外机设有电路板，CPU 通过较为复杂的电路来控制，内容见第十二章第一节第一部分内容，常用于全直流挂式或柜式变频空调器。

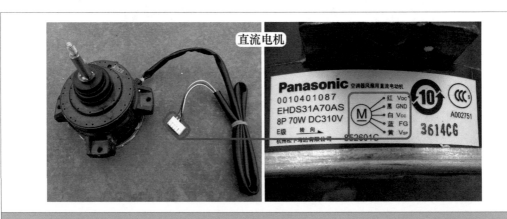

图 5-47　直流电机

3. 单速交流电机实物外形

示例电机使用在格力空调器型号为 KFR-23W/R03-3 的室外机，实物外形见图 5-48 左图，单一风速，共有 4 根引线。其中 1 根为地线，接电机外壳，另外 3 根为线圈引线。

图 5-48 右图为铭牌参数含义，型号为 YDK35-6K（FW35X）。主要参数：工作电压交

流 220V、频率 50Hz、功率 35W、额定电流 0.3A、转速 850r/min（转 / 分钟）、6 极、B 级绝缘。

➡ 说明：B 级绝缘指电机采用材料的绝缘耐热温度为 130℃。

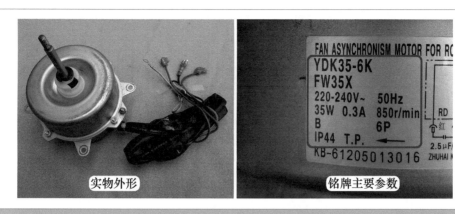

图 5-48　实物外形和铭牌主要参数

4. 线圈引线作用辨认方法

（1）根据实际接线判断引线功能

见图 5-49，室外风机线圈共有 3 根引线：黑线只接接线端子上电源 N 端（1 号），为公共端（C）；棕线接电容和电源 L 端（5 号），为运行绕组（R）；红线只接电容，为起动绕组（S）。

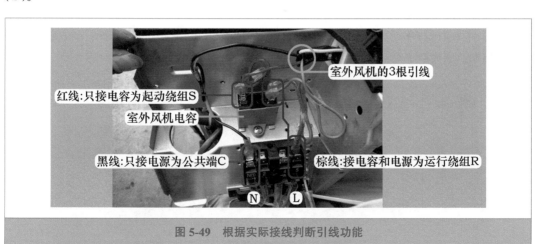

图 5-49　根据实际接线判断引线功能

（2）根据电机铭牌标识或室外机电气接线图判断引线功能

电机铭牌贴于室外风机表面，通常位于上部，检修时能直接查看。铭牌主要标识室外风机的主要信息，其中包括电机线圈引线的功能，见图 5-50 左图，黑线（BK）只接电源为公共端（C），棕线（BN）接电容和电源为运行绕组（R），红线（RD）只接电容为起动绕组（S）。

电气接线图通常贴于室外机接线盖内侧或顶盖右侧。见图 5-50 右图，通过查看电气接线图，也能区别电机线圈的引线功能：黑线只接电源 N 端为公共端（C）、棕线接电容和电源 L

端（5 号）为运行绕组（R）、红线只接电容为起动绕组 S。

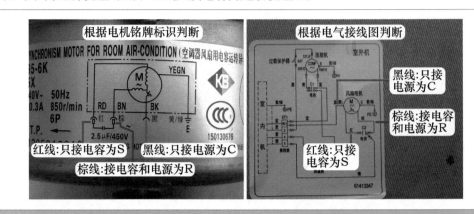

图 5-50　根据铭牌标识或室外机电气接线图判断引线功能

五、　压缩机

1. 安装位置和作用

压缩机是制冷系统的心脏，将低温低压气体压缩成为高温高压气体。压缩机由电机部分和压缩部分组成。电机通电后运行，带动压缩部分工作，使吸气管吸入的低温低压制冷剂气体变为高温高压气体。

见图 5-51 左图，压缩机安装在室外机右侧，固定在室外机底座。其中压缩机接线端子连接电控系统，吸气管和排气管连接制冷系统。

图 5-51 右图为旋转式压缩机实物外形，设有吸气管、排气管、接线端子、储液瓶（又称气液分离器、储液罐）等接口。

图 5-51　安装位置和实物外形

2. 分类

（1）按机械结构分类

压缩机常见形式有：活塞式、旋转式、涡旋式 3 种。本小节重点介绍旋转式压缩机。

（2）按气缸个数分类

旋转式压缩机按气缸个数不同，见图5-52，可分为单转子和双转子压缩机。单转子压缩机只有1个气缸，多使用在早期和目前的大多数空调器中，其底部只有1根进气管；双转子压缩机设有2个气缸，多使用在目前的高档或功率较大的空调器中，其底部设有2根进气管，双转子压缩机相对于单转子压缩机，在增加制冷量的同时又降低运行噪声。

图 5-52　单转子和双转子压缩机

（3）按供电电压分类

压缩机根据供电的不同，见图5-53，可分为交流供电和直流供电两种，而交流供电又分为交流220V和交流380V共两种。交流220V供电压缩机常见于1～3P定频空调器，交流380V供电压缩机常见于3～5P定频空调器，直流供电压缩机通常见于直流或全直流变频空调器，早期变频空调器使用交流供电压缩机。

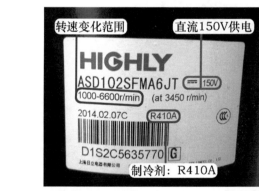
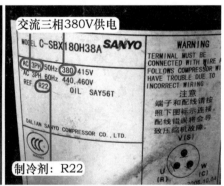

图 5-53　直流和交流供电压缩机铭牌

（4）按电机转速分类

压缩机按电机转速不同，见图5-54，可分为定频和变频两种。定频压缩机的电机一直以1种转速运行，变频压缩机转速则根据制冷系统要求按不同转速运行。

（5）按制冷剂分类

压缩机根据采用的制冷剂不同，常见分为R22和R410A，R22型压缩机常见于定频空调器中，R410A型压缩机常见于变频空调器中。

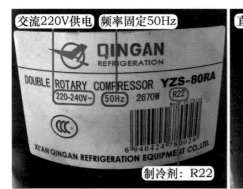
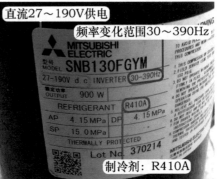

图 5-54　定频和变频压缩机铭牌

3. 剖解压缩机

本小节以剖解上海日立 SHW33TC4-U 旋转式压缩机为基础，介绍旋转式压缩机内部结构和工作原理。

（1）内部结构

见图 5-55，压缩机由储液瓶（含吸气管）、上盖（含接线端子和排气管）、定子（含线圈）、转子（上方为转子、下方为压缩部分组件）、下盖等组成。

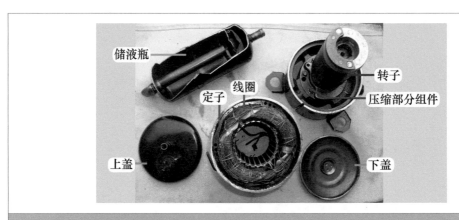

图 5-55　内部结构

（2）电机部分

电机部分包括定子和转子。见图 5-56 左图，压缩机线圈镶嵌在定子槽内，外圈为运行绕组、内圈为起动绕组，使用 2 极电机，转速约为 2900r/min。

见图 5-56 右图，转子和压缩部分组件安装在一起，转子位于上方，安装时和电机定子相对应。

（3）压缩部分组件

转子下方为压缩部分组件，压缩机电机线圈通电时，通过磁场感应使转子以约 2900 r/min 转动，带动压缩部分组件工作，将吸气管吸入的低温低压制冷剂气体，变为高温高压制冷剂气体由排气管排出。

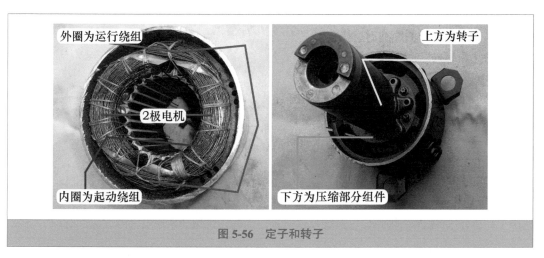

图 5-56　定子和转子

见图 5-57 和图 5-58，压缩部分主要由气缸、上气缸盖、下气缸盖、刮片、滚动活塞（滚套）、偏心轴等部件组成。

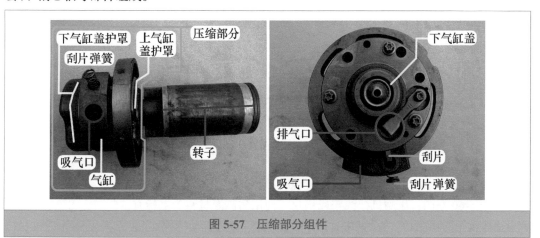

图 5-57　压缩部分组件

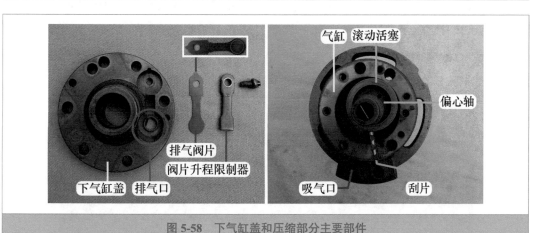

图 5-58　下气缸盖和压缩部分主要部件

排气口位于下气缸盖，设有排气阀片和排气阀片升程限制器，排出的气体经压缩机电机缸体后，和位于顶部的排气管相通，也就是说压缩机大部分区域均为高温高压状态。

吸气口设在气缸上面，直接连接储液瓶的底部铜管，和顶部的吸气管相通，相当于压缩机吸入来自蒸发器的制冷剂通过吸气管进入储液瓶分离后，使气缸的吸气口吸入均为制冷剂气体，防止压缩机出现液击。

4.引线判断方法

常见有 3 种方法，即根据压缩机实际接线、使用万用表电阻挡测量线圈引线或接线端子阻值、根据压缩机接线盖或垫片标识来判断。

（1）根据压缩机实际接线判断引线功能

压缩机定子上的线圈共有 3 根引线，上盖的接线端子也只有 3 个，因此连接电控系统的引线也只有 3 根。

见图 5-59，黑线只接线端子上电源 L 端（2 号），为公共端（C）；蓝线接电容和电源 N 端（1 号），为运行绕组（R）；黄线只接电容，为起动绕组（S）。

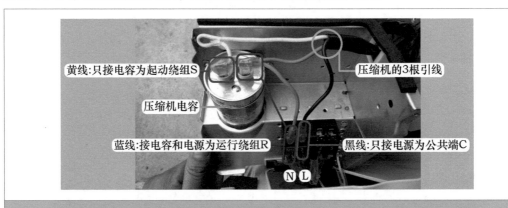

图 5-59　根据压缩机实际接线判断引线功能

（2）根据压缩机接线盖或垫片标识判断引线功能

见图 5-60 左图，压缩机接线盖或垫片（使用耐高温材料）上标有"C、R、S"字样，表示为接线端子的功能：C 为公共端、R 为运行绕组、S 为起动绕组。

将接线盖对应接线端子，或将垫片安装在压缩机上盖的固定位置，见图 5-60 右图，观察接线端子：对应标有"C"的端子为公共端、对应标有"R"的端子为运行绕组、对应标有"S"的端子为起动绕组。

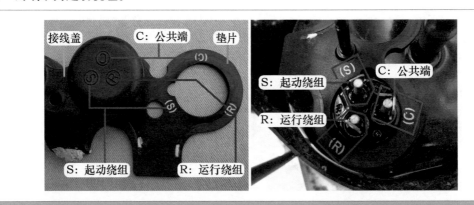

图 5-60　根据压缩机接线盖或垫片标识判断引线功能

（3）使用万用表电阻挡测量接线端子阻值判断引线功能

逐个测量压缩机的3个接线端子阻值，见图5-61左图，会得出3次不同的结果，上海日立 SD145UV-H6AU 压缩机在室外温度约为 15℃时，实测阻值依次为 7.3Ω、4.1Ω、3.2Ω，阻值关系为 7.3Ω=4.1Ω+3.2Ω，即最大阻值 7.3Ω 为运行绕组 + 起动绕组的阻值总和。

1）找出公共端。见图 5-61 右图，在最大的阻值 7.3Ω 中，表笔接的端子为起动绕组和运行绕组，空闲的 1 个端子为公共端（C）。

➡ 说明：判断接线端子的功能时，实测时应测量引线，而不用再打开接线盖、拔下引线插头去测量接线端子，只有更换压缩机或压缩机连接线，才需要测量接线端子的阻值以确定功能。

图 5-61　3 次线圈阻值和找出公共端

2）找出运行绕组和起动绕组。一表笔接公共端（C），另一表笔测量另外 2 个端子阻值，通常阻值小的端子为运行绕组（R）、阻值大的端子为起动绕组（S）。但本机实测阻值大（4.1Ω）的端子为运行绕组（R），见图 5-62 左图；阻值小（3.2Ω）的端子为起动绕组（S），见图 5-62 右图。

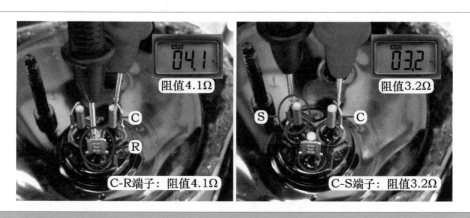

图 5-62　找出运行绕组和起动绕组

第六章

挂式空调器电控系统工作原理

第一节　典型挂式空调器电控系统

一、　主板框图和电路原理图

本章选用典型挂式空调器型号为美的 KFR-26GW/DY-B（E5），介绍电控系统组成、室内机主板框图、单元电路详解等。

注：在本章中，如非特别说明，电控系统知识内容全部选自美的 KFR-26GW/DY-B（E5）挂式空调器。

图 5-2 为典型挂式空调器［美的 KFR-26GW/DY-B（E5）］室内机电控系统组成实物图，由图可知，一个完整的电控系统由主板和外围负载组成，包括主板、变压器、传感器、室内风机、显示板组件、步进电机、遥控器、接线端子等。

主板是电控系统的控制中心，由许多单元电路组成，各种输入信号经主板 CPU 处理后通过输出电路控制负载。主板通常可分为四部分电路，即电源电路、CPU 三要素电路、输入电路、输出电路。

图 6-1 为室内机主板电路框图，图 6-2 为室内机主板电路原理图，图 6-3 为电控系统主要元器件，表 6-1 为主要元器件编号名称的说明。

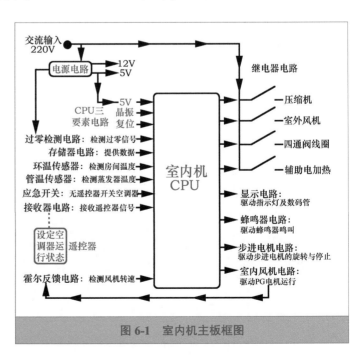

图 6-1　室内机主板框图

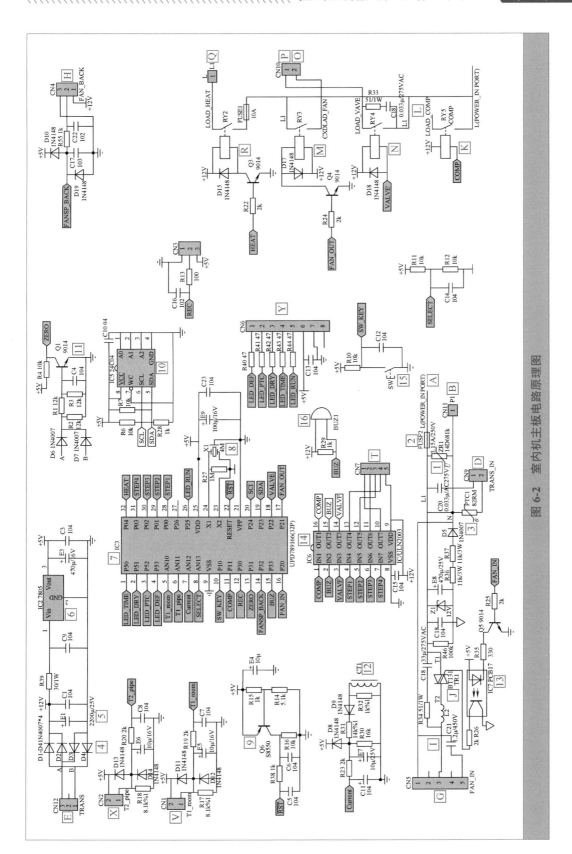

图 6-2 室内机主板电路原理图

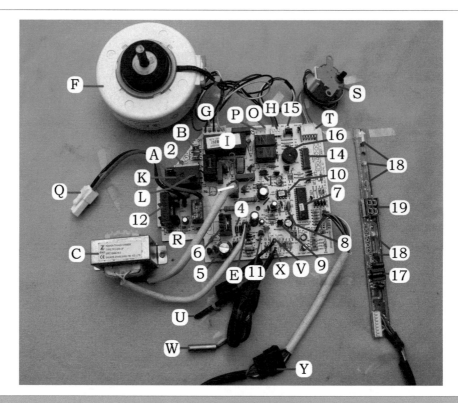

图 6-3　电控系统主要元器件

➤ 说明：在本小节中，将主板电路原理图和实物图上的元器件标号统一，并一一对应，使理论和实践相结合，且读图更方便。

表 6-1　主要元件编号名称的说明

编号	名称	编号	名称
A	电源相线 L 输入	N	四通阀线圈继电器：控制四通阀线圈的运行与停止
B	电源零线 N 输入	O	室外风机接线端子
C	变压器：将交流 220V 降低至约 13V	P	四通阀线圈接线端子
D	变压器一次绕组插座	Q	辅助电加热插头
E	变压器二次绕组插座	R	辅助电加热继电器
F	室内风机：驱动贯流风扇运行	S	步进电机：带动导风板运行
G	室内风机线圈供电插座	T	步进电机插座
H	霍尔反馈插座：检测室内风机转速	U	环温传感器：检测房间温度
I	风机电容：室内风机起动和运行时使用	V	环温传感器插座
J	晶闸管：驱动室内风机	W	管温传感器：检测蒸发器温度
K	压缩机继电器：控制压缩机的运行与停止	X	管温传感器插座
L	压缩机接线端子	Y	显示板组件对插插头
M	室外风机继电器：控制室外风机的运行与停止	1	压敏电阻：在电压过高时保护主板

（续）

编号	名称	编号	名称
2	熔丝管：在电流过大时保护主板	11	过零检测晶体管：检测过零信号
3	PTC 电阻	12	电流互感器
4	整流二极管：将交流电整流成为脉动直流电	13	光电耦合器
5	滤波电容：滤除直流电中的交流纹波成分	14	反相驱动器：反相放大后驱动继电器线圈、步进电机线圈、蜂鸣器
6	5V 稳压块 7805：输出端为稳定直流 5V	15	应急开关按键：无遥控器开关空调器
7	CPU：主板的"大脑"	16	蜂鸣器：发声代表已接收到遥控器信号
8	晶振：为 CPU 提供时钟信号	17	接收器：接收遥控器的红外线信号
9	复位晶体管	18	指示灯：指示空调器的运行状态
10	存储器：为 CPU 提供数据	19	数码管：显示温度和故障代码

二、 单元电路的作用

1. 电源电路

将交流 220V 电压降压、整流、滤波，成为直流 12V 和 5V，为主板单元电路和外围负载供电。

2. CPU 三要素电路

电源、时钟、复位称为三要素电路，其正常工作是 CPU 处理输入信号和控制输出电路的前提。

3. 输入部分电路

① 接收器（17）：对应电路为接收器电路，将遥控器发出的红外线信号处理后送至 CPU。

② 环温、管温传感器（U、W）：对应电路为传感器电路，将代表温度变化的电压送至 CPU。

③ 应急开关按键（15）：对应电路为应急开关电路，在没有遥控器时可以使用空调器。

④ 存储器（10）：对应电路为存储器电路，为 CPU 提供运行时必要的数据信息。

⑤ 过零检测晶体管（11）：对应电路为过零检测电路，提供过零信号以便 CPU 控制光电耦合器晶闸管（俗称光耦可控硅）的触发延迟角，使 PG 电机能正常运行。

⑥ 霍尔反馈插座（H）：对应电路为霍尔反馈电路，作用是为 CPU 提供室内风机（PG 电机）的实时转速。

⑦ 电流互感器（12）：对应电路为电流检测电路，作用是为 CPU 提供压缩机运行电流的参考信号。

4. 输出部分负载

① 蜂鸣器（16）：对应电路为蜂鸣器电路，用来提示 CPU 已处理遥控器发送的信号。

② 指示灯（18）和数码管（19）：对应电路为指示灯和数码管显示电路，用来显示空调器的当前工作状态或故障代码。

③ 步进电机（S）：对应电路为步进电机控制电路，调整室内风机吹风的角度，使之能够均匀送到房间的各个角落。

④ 室内风机（F）：对应电路为 PG 电机电路，用来控制室内风机的工作与停止。制冷模式下开机后就一直工作（无论室外机是否运行）；制热模式下受蒸发器温度控制，只有蒸发器温度高于一定温度后才开始运行，即使在运行中，如果蒸发器温度下降，室内风机也会停止工作。

⑤ 辅助电加热继电器（R）：对应电路为辅助电加热继电器电路，用来控制辅助电加热继电器的工作与停止，在制热模式下提高出风口温度。

⑥ 压缩机继电器（K）：对应电路为继电器电路，用来控制压缩机的工作与停止。制冷模式下，压缩机受 3min 延时电路保护、蒸发器温度过低保护、过电流检测电路等控制；制热模式下，受 3min 延时电路保护、蒸发器温度过高保护、电流检测电路等控制。

⑦ 室外风机继电器（M）：对应电路为继电器电路，用来控制室外风机的工作与停止。受保护电路同压缩机。

⑧ 四通阀线圈继电器（N）：对应电路为继电器电路，用来控制四通阀线圈的工作与停止。制冷模式下无供电停止工作；制热模式下有供电开始工作，只有除霜过程中断电，其他过程一直供电。

第二节　电源电路和 CPU 三要素电路

一、　电源电路

电源电路原理图见图 6-4，实物图见图 6-5，关键点电压见表 6-2。电路作用是将交流 220V 电压降压、整流、滤波、稳压后转换为直流 12V 和 5V 为主板供电。

1. 工作原理

电容 C20 为高频旁路电容，用以旁路电源引入的高频干扰信号。FUSE2(3.15A 熔丝管)、ZR1（压敏电阻）组成过电压保护电路，输入电压正常时，对电路没有影响；而当电压高于交流约 680V，ZR1 迅速击穿，将前端 FUSE2 熔断，从而保护主板后级电路免受损坏。

交流电源 L 端经熔丝管 FUSE2、N 端经 PTC 电阻 PTC1 分别送至变压器一次绕组插座，这样变压器一次绕组输入电压和供电插座的交流电源相等。PTC1 为正温度系数热敏电阻，阻值随温度变化而变化，作用是保护变压器绕组。

变压器、D1 ~ D4（整流二极管）、E1（主滤波电容）、C1 组成降压、整流、滤波电路，变压器将输入电压交流 220V 降低至约交流 12V 从二次绕组输出，至由 D1 ~ D4 组成的桥式整流电路，变为脉动直流电（其中含有交流成分），经 E1 滤波，滤除其中的交流成分，成为纯净的约 12V 直流电压，为主板 12V 负载供电。

R39 为保护电阻，当负载短路引起电流过大时，其开路断开直流 12V 供电，从而保护变压器绕组。

IC2、E3、C3 组成 5V 电压产生电路；IC2（7805）为 5V 稳压块，输入端为直流 12V，经 7805 内部电路稳压，输出端输出稳定的直流 5V 电压，为 5V 负载供电。

➡️ 说明：本电路没有使用 7812 稳压块，因此直流 12V 电压实测为直流 11～16V，随输入的交流 220V 电压变化而变化。

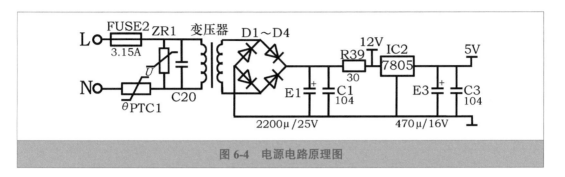

图 6-4　电源电路原理图

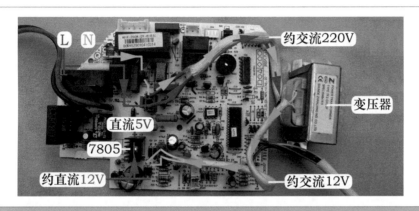

图 6-5　电源电路实物图

表 6-2　电源电路关键点电压

变压器插座		7805		
一次绕组	二次绕组	①脚输入端	②脚地	③脚输出端
约交流 220V	约交流 12V	约直流 14V	直流 0V	直流 5V

2. 直流 12V 和 5V 负载

（1）直流 12V 负载

直流 12V 取自主滤波电容正极，见图 6-6，主要负载为 7805 稳压块、继电器线圈、PG 电机内部的霍尔反馈电路板、步进电机线圈、反相驱动器、蜂鸣器。

➡️ 说明：PG 电机内部的霍尔反馈电路板一般为直流 5V 供电；美的空调器例外，使用直流 12V 供电。

（2）直流 5V 负载

直流 5V 取自 7805 的③脚输出端，见图 6-7，主要负载为 CPU、存储器、光电耦合器、传感器电路、显示板组件上接收器、数码管、指示灯等。

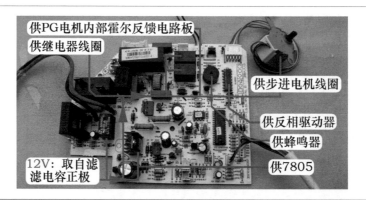

图 6-6　直流 12V 负载

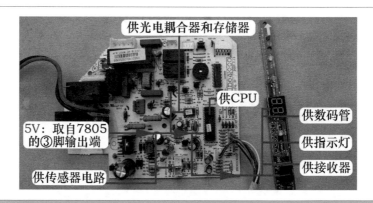

图 6-7　直流 5V 负载

二、　CPU 三要素电路

1. CPU 简介

CPU 是一个大规模的集成电路，整个电控系统的控制中心，内部写入了运行程序（或工作时调取存储器中的程序）。根据引脚方向分类，常见有两种，见图 6-8，即两侧引脚和四面引脚。

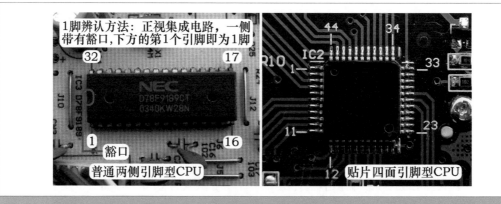

图 6-8　CPU

　　CPU 的作用是接收使用者的操作指令，结合室内环温、管温传感器等输入部分电路的信号进行运算和比较，确定空调器的运行模式（如制冷、制热、抽湿、送风），通过输出部分电路控制压缩机、室内外风机、四通阀线圈等部件，使空调器按使用者的意愿工作。

　　CPU 是主板上体积最大、引脚最多的器件。现在主板 CPU 的引脚功能都是空调器厂家结合软件来确定的，也就是说同一型号的 CPU 在不同空调器厂家主板上引脚作用是不一样的。

　　美的 KFR-26GW/DY-B（E5）空调器室内机主板 CPU 使用 NEC 公司产品，型号为 D78F9189CT，共有 32 个引脚，主要引脚功能见表 6-3。

表 6-3　D78F9189CT 引脚功能

输入部分电路			输出部分电路		
引脚	英文代号	功能	引脚	英文代号	功能
10	SW-KEY	按键开关	1、2、3、4、26	LED、LCD	驱动指示灯和数码管
12	REC	遥控器信号	28、29、30、31	STEP	步进电机
5	room	环温	15	BUZ	蜂鸣器
6	pipe	管温	16	FAN-IN	室内风机
13	ZERO	过零检测	32	HEAT	辅助电加热
14	FANSP-BACK	霍尔反馈	11	COMP	压缩机
7	Current、CT	电流	17	FAN-OUT	室外风机
8 脚为机型选择，27 脚为空脚，21 脚接地			18	VALVE	四通阀线圈
19	SDA	数据	20	SCL	时钟	存储器电路
25	VDD	供电	23	X2	晶振	
9	VSS	地	24	X1	晶振	CPU 三要素电路
			22	RST	复位	

2. 工作原理

　　CPU 三要素电路原理图见图 6-9，实物图见图 6-10，关键点电压见表 6-4。

　　电源、复位、时钟称为三要素电路，是 CPU 正常工作的前提，缺一不可，否则会死机引起空调器上电无反应故障。

　　① CPU 的㉕脚是电源供电引脚，由 7805 的③脚输出端直接供给。滤波电容 E9、C23 的作用是使 5V 供电更加纯净和平滑。

　　② 复位电路能使内部程序处于初始状态。CPU 的㉒脚为复位引脚，由外围元器件滤波电容 E4、瓷片电容 C6 和 C5、PNP 型晶体管 Q6（9012）、电阻 (R14、R15、R16、R38) 组成低电平复位电路。初始上电时，5V 电压首先对 E4 充电，同时对 R15 和 R14 组成的分压电路分压，当 E4 充电完成后，R15 分得的电压约为 0.8V，使得 Q6 充分导通，5V 经 Q6 发射极、集电极、R38 至 CPU 的㉒脚，由于电容 E4 正极电压由 0V 逐渐上升至 5V，因此 CPU 的㉒脚电压、相对于电源引脚㉕脚要延时一段时间（一般为几十毫秒），将 CPU 内部程序清零，对各个端口进行初始化。

　　③ 时钟电路提供时钟频率。CPU 的㉓、㉔脚为时钟引脚，内部电路与外围元器件 X1（ 晶

振）、电阻 R27 组成时钟电路，提供 4MHz 稳定的时钟频率，使 CPU 能够连续执行指令。

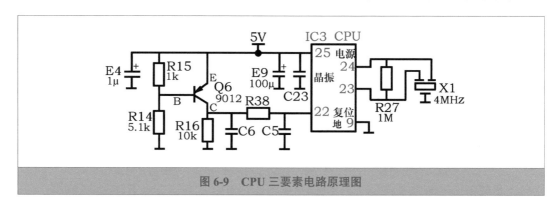

图 6-9　CPU 三要素电路原理图

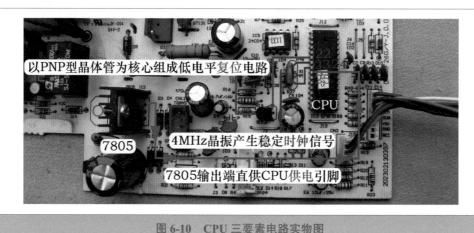

图 6-10　CPU 三要素电路实物图

表 6-4　CPU 三要素电路关键点电压

㉕脚电源	⑨脚地	Q6：E	Q6：B	Q6：C	㉒脚复位	㉓脚晶振	㉔脚晶振
5V	0V	5V	4.3V	5V	5V	2.8V	2.5V

第三节　输入部分单元电路

一、　存储器电路

存储器电路原理图见图 6-11，实物图见图 6-12，关键点电压见表 6-5，电路作用是向 CPU 提供工作时所需要的数据。

室内机主板使用的存储器型号为 24C04，通信过程采用 I²C 总线方式，即 IC 与 IC 之间的双向传输总线，它有两条线，即串行时钟（SCL）线和串行数据（SDA）线。时钟线传递的时钟信号由 CPU 输出，存储器只能接收；数据线传送的数据是双向的，CPU 可以向存储器发送信号，存储器也可以向 CPU 发送信号。

使用万用表直流电压挡，测量 24C04 存储器引脚电压，实测⑤脚电压为 5V，⑥脚电压为 0V，说明在测量电压时 CPU 并没有向存储器读取数据，也就是说 CPU 未向存储器发送时钟信号。

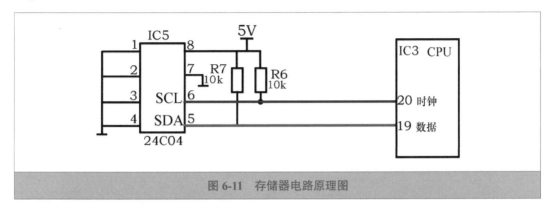

图 6-11　存储器电路原理图

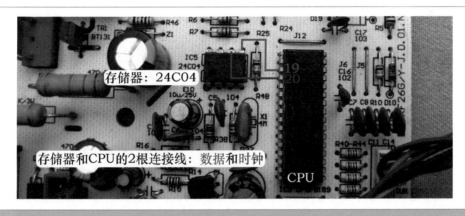

图 6-12　存储器电路实物图

表 6-5　存储器电路关键点电压

24C04 存储器引脚				CPU 引脚	
①-②-③-④-⑦脚	⑧脚	⑤脚	⑥脚	⑲脚	⑳脚
0V	5V	5V	0V	5V	0V

二、　应急开关电路

应急开关电路原理图见图 6-13，实物图见图 6-14，按键状态与 CPU 引脚电压的对应关系见表 6-6，电路作用是无遥控器时可以开启或关闭空调器。

强制制冷功能、强制自动功能共用一个按键，CPU 的⑩脚为应急开关按键检测引脚，正常时为高电平直流 5V，应急开关按下时为低电平 0V，CPU 根据低电平的次数进入各种控制程序。

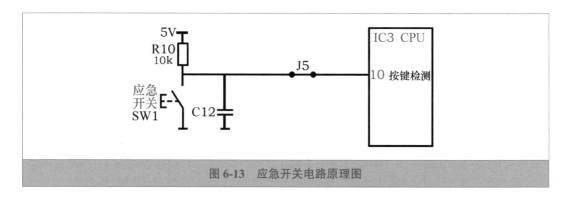

图 6-13　应急开关电路原理图

图 6-14　应急开关电路实物图

控制程序：按压第 1 次按键，空调器将进入强制自动模式，按键之前若为关机状态，按键之后将转为开机状态；按压第 2 次按键，将进入强制制冷状态；按压第 3 次按键，空调器关机。按压按键使空调器运行时，在任何状态下都可用遥控器控制，转入按遥控器设定的运行状态。

表 6-6　按键状态与 CPU 引脚电压对应关系

	CPU 的⑩脚电压
应急开关按键未按下时	5V
应急开关按键按下时	0V

三、　遥控器信号接收电路

遥控器信号接收电路（即接收器电路）原理图见图 6-15，实物图见图 6-16，遥控器状态与 CPU 引脚电压的对应关系见表 6-7，电路作用是接收遥控器发送的红外线信号、处理后送至 CPU 引脚。

遥控器发射含有经过编码的调制信号以 38kHz 为载波频率，发送至位于显示板组件上的接收器 REC201，REC201 将光信号转换为电信号，并进行放大、滤波、整形，经 R13 送至 CPU 的⑫脚，CPU 内部电路解码后得出遥控器的按键信息，从而对电路进行控制；CPU 每接收到遥控器信号后会控制蜂鸣器响一声给予提示。

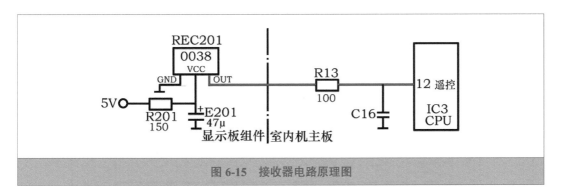

图 6-15　接收器电路原理图

图 6-16　接收器电路实物图

接收器在接收到遥控器信号时，输出端由静态电压会瞬间下降至约 3V，然后再迅速上升至静态电压。遥控器发射信号时间约为 1s，接收器接收到遥控器信号时输出端电压也有约 1s 的时间瞬间下降。

表 6-7　遥控器状态与 CPU 引脚电压对应关系

	接收器输出端电压	CPU 的⑫脚电压
遥控器未发射信号	4.96V	4.96V
遥控器发射信号	约 3V	约 3V

四、　传感器电路

1. 工作原理

传感器电路原理图见图 6-17，实物图见图 6-18。室内环温传感器向 CPU 提供房间温度，与遥控器设定温度相比较，控制空调器的运行与停止；室内管温传感器向 CPU 提供蒸发器温度，在制冷系统进入非正常状态时保护停机。

环温传感器 room、下偏置电阻 R17（8.1kΩ 精密电阻）、二极管 D11 和 D12、电解电容

E5 和瓷片电容 C7、电阻 R19、CPU 的⑤脚组成环温传感器电路；管温传感器 pipe、下偏置电阻 R18（8.1kΩ 精密电阻）、二极管 D13 和 D14、电解电容 E6 和瓷片电容 C8、电阻 R20、CPU 的⑥脚组成管温传感器电路。

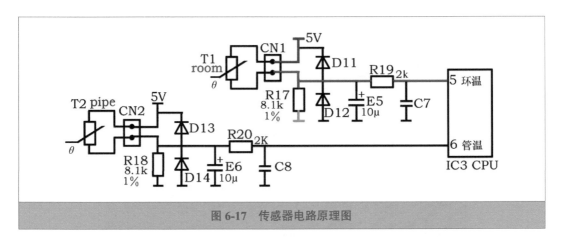

图 6-17 传感器电路原理图

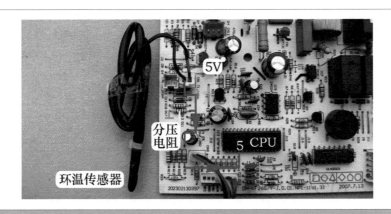

图 6-18 环温传感器电路实物图

环温和管温传感器电路工作原理相同，以环温传感器为例。环温传感器（负温度系数热敏电阻）和电阻 R17 组成分压电路，R17 两端电压即 CPU 的⑤脚电压的计算公式为：5×R17/（环温传感器阻值 +R17）；环温传感器阻值随房间温度的变化而变化，CPU 的⑤脚电压也相应变化。环温传感器在不同的温度有相应的阻值，CPU 的⑤脚有相应的电压值，房间温度与 CPU 的⑤脚电压为成比例的对应关系, CPU 根据不同的电压值计算出实际房间温度。

美的空调器的环温和管温传感器使用型号均为 25℃ /10kΩ，传感器在 25℃时阻值为 10kΩ，在 15℃时阻值为 16.1kΩ，传感器温度阻值与 CPU 引脚电压对应关系见表 6-8。

表 6-8　传感器温度阻值与 CPU 引脚电压对应关系

温度 /℃	-10	0	5	15	25	30	50	60	70
阻值 /kΩ	62.2	35.2	26.8	16.1	10	8	3.4	2.3	1.6
CPU 电压 /V	0.57	0.93	1.16	1.67	2.23	2.51	3.52	3.89	4.17

2. 测量传感器插座电压

由于环温传感器和管温传感器使用型号相同，分压电阻阻值也相同，因此在同一温度下分压点电压即 CPU 引脚电压应相同或接近。

在房间温度约为 25℃时，见图 6-19，使用万用表直流电压挡测量传感器电路插座电压，实测公共端电压约为 5V，环温传感器分压点电压约为 2.2V，管温传感器分压点电压约为 2.1V。

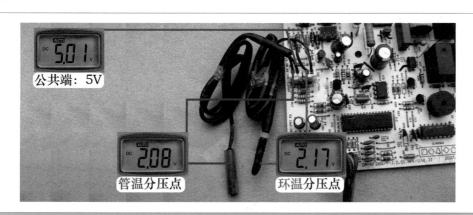

图 6-19　测量传感器插座电压

五、 电流检测电路

1. 电流互感器

电流互感器其实就相当于一个变压器，见图 6-20，一次绕组为在中间孔穿过的电源引线（通常为压缩机引线），二次绕组安装在互感器上。

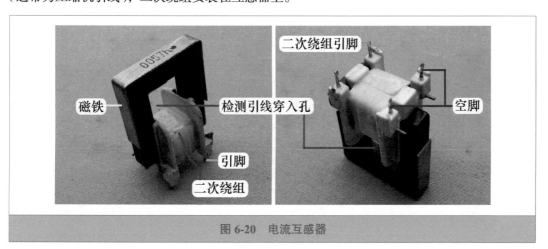

图 6-20　电流互感器

2. 检测压缩机引线

美的 KFR-26GW/DY-B（E5）室内机主板上，电流互感器中间孔穿入压缩机引线，见图 6-21，说明 CPU 检测为压缩机电流；如果电流互感器中间孔穿入电源相线 L 输入棕线，则 CPU 检测为整机运行电流。

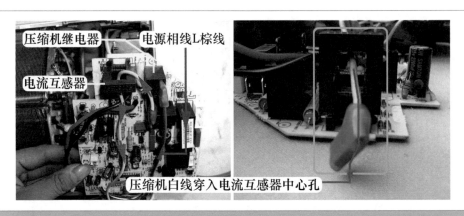

图 6-21 检测压缩机引线

3. 工作原理

电流检测电路原理图见图 6-22, 实物图见图 6-23, 压缩机运行电流与 CPU 引脚电压的对应关系见表 6-9。

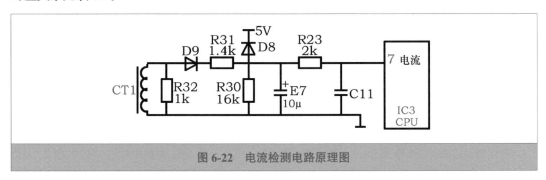

图 6-22 电流检测电路原理图

图 6-23 电流检测电路实物图

当压缩机引线 (相当于一次绕组) 有电流通过时, 在二次绕组感应出成比例的电压, 经 D9 整流、E7 滤波、R31 和 R30 分压, 经 R23 送至 CPU 的⑦脚 (电流检测引脚)。CPU 的⑦脚根据电压值计算出压缩机实际运行电流值, 再与内置数据相比较, 即可计算出压缩机工作是否正常, 从而对其进行控制。

表 6-9 压缩机运行电流与 CPU 引脚电压对应关系

压缩机运行电流 /A	CT1 二次绕组交流电压 /V	CPU 的⑦脚直流电压 /V	压缩机运行电流 /A	CT1 二次绕组交流电压 /V	CPU 的⑦脚直流电压 /V
3.5	1.1	0.63	5.5	1.78	1.14
6.8	2.2	1.5	8.5	2.75	2

第四节　输出部分单元电路

一、显示电路

1. 显示方式

美的 KFR-26GW/DY-B（E5）空调器使用指示灯 + 数码管的方式进行显示，室内机主板和显示板组件由一束 8 根的引线连接。

见图 6-24，显示板组件共设有 5 个指示灯：智能清洁、定时、运行、强劲、预热 / 化霜；使用 1 个 2 位数码管，可显示设定温度、房间温度、故障代码等，由 HC164 集成块驱动 5 个指示灯和数码管。

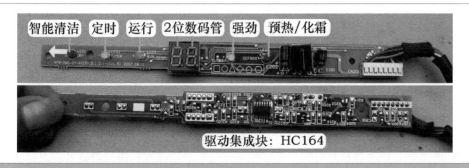

图 6-24　显示板组件主要元器件

2. 工作原理

（1）HC164 引脚功能

HC164 为 8 位串行移位寄存器，共有 14 个引脚，其中⑭脚为 5V 供电、⑦脚为地；①脚和②脚为数据输入（DATA），2 个引脚连在一起接主板 CPU 的①脚；⑧脚为时钟输入（CLK），接主板 CPU 的②脚；⑨脚为复位，实接直流 5V；③、④、⑤、⑥、⑩、⑪、⑫、⑬脚共 8 个引脚为输出，接指示灯和数码管。

（2）室内机主板和显示板组件的 8 根连接引线功能

见表 6-10。其中 COM1-2 和 COM3 为显示板组件上数码管 5V 供电引脚的控制引线。

表 6-10　室内机主板和显示板组件的 8 根连接引线功能

编号	1	2	3	4	5	6	7	8
颜色	黑	白	红	灰	黑	棕	绿	蓝
功能	接收器 REC	地 GND	5V 供电 VCC	供电控制 COM1-2	数据 DATA	时钟 CLK	供电控制 COM3	空
接 CPU 引脚	⑫			㉖	①	②	③	④

（3）控制流程

控制流程见图 6-25，主板 CPU 的②脚向显示板组件上 IC201（HC164）发送时钟信号，CPU 的①脚向 HC164 发送显示数据的信息，HC164 处理后驱动指示灯和数码管；CPU 的③脚和㉖脚输出信号控制数码管 5V 供电的接通与断开。

CPU输出显示命令，HC164放大信号后驱动指示灯和数码管

图 6-25　显示屏和指示灯驱动流程

二、　蜂鸣器电路

蜂鸣器电路原理图见图 6-26，实物图见图 6-27，电路作用是 CPU 接收到遥控器信号且已处理，驱动蜂鸣器发出"滴"声响一次予以提示。

CPU 的⑮脚是蜂鸣器控制引脚，正常时为低电平；当接收到遥控器信号时引脚变为高电平，反相驱动器 IC6 的输入端②脚也为高电平，输出端⑮脚则为低电平，蜂鸣器发出预先录制的音乐。由于 CPU 输出高电平时间很短，万用表不容易测出电压。

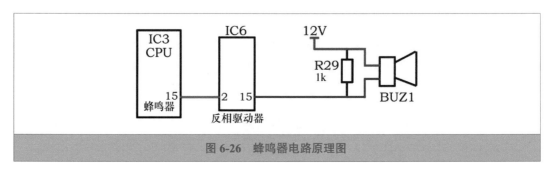

图 6-26　蜂鸣器电路原理图

图 6-27 蜂鸣器电路实物图

三、 步进电机电路

步进电机线圈驱动方式为4相8拍，共有4组线圈，电机每转一圈需要移动8次。线圈以脉冲方式工作，每接收到一个脉冲或几个脉冲，电机转子就移动一个位置，移动距离可以很小。

步进电机电路原理图见图6-28，实物图见图6-29，CPU引脚电压与步进电机状态的对应关系见表6-11。

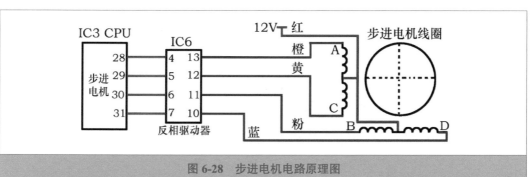

图 6-28 步进电机电路原理图

图 6-29 步进电机电路实物图

CPU 的㉘、㉙、㉚、㉛脚输出步进电机驱动信号，至反相驱动器 IC6 的输入端④、⑤、⑥、⑦脚，IC6 将信号放大后在⑬、⑫、⑪、⑩脚反相输出，驱动步进电机线圈，步进电机按 CPU 控制的角度开始转动，带动导风板上下摆动，使房间内送风均匀，到达用户需要的地方。

室内机主板 CPU 经反相驱动器放大后将驱动脉冲加至步进电机线圈，如供电顺序为 A-AB-B-BC-C-CD-D-DA-A…，电机转子按顺时针方向转动，经齿轮减速后传递到输出轴，从而带动导风板摆动；如供电顺序转换为 A-AD-D-DC-C-CB-B-BA-A…，电机转子按逆时针方向转动，带动导风板朝另一个方向摆动。

表 6-11　CPU 引脚电压与步进电机状态对应关系

CPU：㉘-㉙-㉚-㉛	IC6：④-⑤-⑥-⑦	IC6：⑬-⑫-⑪-⑩	步进电机状态
1.8V	1.8V	8.6V	运行
0V	0V	12V	停止

四、　辅助电加热电路

空调器使用热泵式制热系统，即吸收室外的热量转移到室内，以提高室内温度，如果室外温度低于 0℃，空调器的制热效果将明显下降，辅助电加热电路就是为提高制热效果而设计的。

辅助电加热电路原理图见图 6-30，实物图见图 6-31，CPU 引脚电压与辅助电加热状态的对应关系见表 6-12。

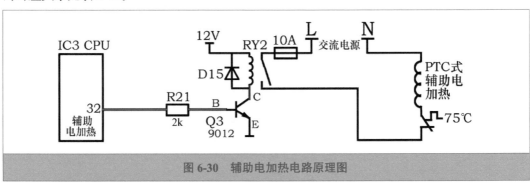

图 6-30　辅助电加热电路原理图

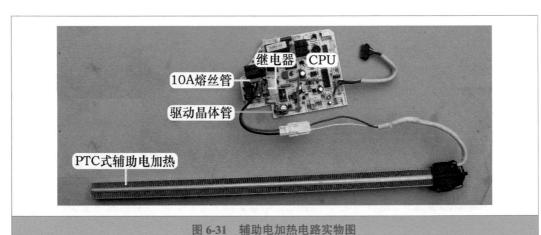

图 6-31　辅助电加热电路实物图

CPU 的㉜脚、电阻 R21、晶体管 Q3、二极管 D15、继电器 RY2 组成辅助电加热继电器电路，工作原理和室外风机继电器电路相同。当 CPU 的㉜脚为高电平 5V 时，晶体管 Q3 导通，继电器 RY2 触点闭合，辅助电加热开始工作；当 CPU 的㉜脚为低电平 0V 时，Q3 截止，RY2 触点断开，辅助电加热停止工作。

表 6-12 CPU 引脚电压与辅助电加热状态对应关系

CPU 的㉜脚	Q3 : B	Q3 : C	RY2 线圈电压	触点状态	负载
5V	0.8V	0.1V	11.9V	闭合	辅助电加热工作
0V	0V	12V	0V	断开	辅助电加热停止

五、 室外机负载电路

图 6-32 为室外机负载电路原理图，图 6-33 为压缩机继电器触点闭合过程，图 6-34 为压缩机继电器触点断开过程，CPU 引脚电压与压缩机状态的对应关系见表 6-13，CPU 引脚电压与四通阀线圈状态的对应关系见表 6-14，CPU 引脚电压与室外风机状态的对应关系见表 6-15。

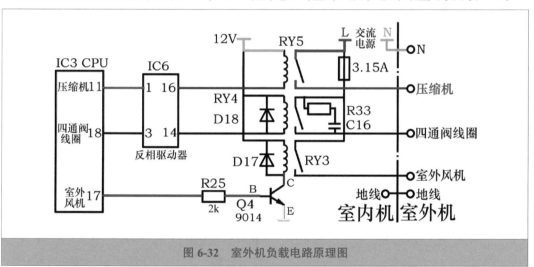

图 6-32 室外机负载电路原理图

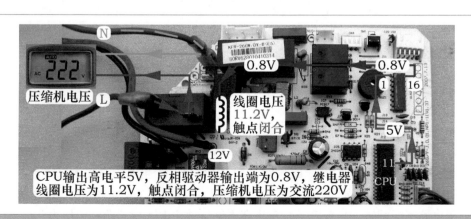

图 6-33 压缩机继电器触点闭合过程

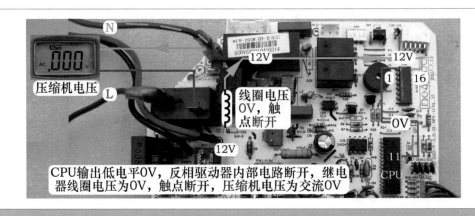

图 6-34　压缩机继电器触点断开过程

室外机负载电路的作用是向压缩机、室外风机、四通阀线圈提供或断开交流 220V 电源，使制冷系统按 CPU 控制程序工作。

表 6-13　CPU 引脚电压与压缩机状态对应关系

CPU 的⑪脚	IC6 的①脚	IC6 的⑯脚	RY5 线圈电压	触点状态	负载
5V	5V	0.8V	11.2V	闭合	压缩机工作
0V	0V	12V	0V	断开	压缩机停止

表 6-14　CPU 引脚电压与四通阀线圈状态对应关系

CPU 的⑱脚	IC6 的③脚	IC6 的⑭脚	RY4 线圈电压	触点状态	负载
5V	5V	0.8V	11.2V	闭合	四通阀线圈工作
0V	0V	12V	0V	断开	四通阀线圈停止

表 6-15　CPU 引脚电压与室外风机状态对应关系

CPU 的⑰脚	Q4：B	Q4：C	RY3 线圈电压	触点状态	负载
5V	0.8V	0.1V	11.9V	闭合	室外风机工作
0V	0V	12V	0V	断开	室外风机停止

1. 压缩机和四通阀线圈继电器电路工作原理

CPU 的⑪脚、反相驱动器 IC6 的①脚和⑯脚、继电器 RY5 组成压缩机继电器电路；CPU 的⑱脚、IC6 的③脚和⑭脚、二极管 D18、继电器 RY4、电阻 R33、电容 C16 组成四通阀线圈继电器电路。

压缩机和四通阀线圈继电器驱动工作原理完全相同，以压缩机继电器为例。当 CPU 的⑪脚为高电平 5V 时，IC6 的①脚输入端也为高电平 5V，内部电路翻转，对应⑯脚输出端为低电平约 0.8V，继电器 RY5 线圈得到约 11.2V 供电，产生电磁力使触点闭合，接通压缩机 L 端电压，压缩机开始工作；当 CPU 的⑪脚为低电平 0V 时，IC6 的①脚也为低电平 0V，内部电路不能翻转，其对应⑯脚输出端不能接地，RY5 线圈两端电压为 0V，触点断开，压缩机停止工作。

D18 为继电器线圈续流二极管，电阻 R33 和电容 C16 组成消火花电路，消除继电器 RY4 触点闭合或断开时瞬间产生的火花。

2. 室外风机继电器电路工作原理

室外风机继电器电路实物图见图 6-35，以 NPN 型晶体管为核心，其作用与反相驱动器相同；由 CPU 的⑰脚、电阻 R25、晶体管 Q4、二极管 D17、继电器 RY3 组成。

当 CPU 的⑰脚为高电平 5V 时，经电阻 R25 降压后送至晶体管 Q4 的基极（B），电压约为 0.8V，Q4 的集电极（C）和发射极（E）深度导通，C 极电压约为 0.1V，继电器 RY3 线圈下端接地，两端电压约为 11.9V，产生电磁吸力使得触点闭合，接通 L 端电源，室外风机开始工作；当 CPU 的⑰脚为低电平 0V 时，Q4 的 B 极电压为 0V，C 极和 E 极截止，继电器线圈下端不能接地，即构不成回路，线圈电压为 0V，触点断开，室外风机停止工作。

图 6-35　室外风机电路实物图

3. 室外机接线端子上接线规律

① N 为公共端，供电电压由电源插头的 N 端直接供给室外机。

② 室内机主板控制压缩机、室外风机、四通阀线圈的方法是：在电源插头的 L 端分三路支线由三个继电器单独控制，因此三个负载工作时相互独立。

③ 压缩机供电不通过 3.15A 熔丝管，所以线圈短路或卡缸引起过电流过大时不会烧坏熔丝管，一般表现为断路器跳闸；而室外风机或四通阀线圈发生短路故障时则会将熔丝管烧断。

六、　室外机电路

1. 连接引线

室外机电控系统的负载有压缩机、室外风机、四通阀线圈共 3 个，室外机电路将 3 个负载连接在一起。

室外机接线端子共有 4 个，分别为 1 号接压缩机线圈公共端 C、2 号为公用零线 N、3 号接四通阀线圈、4 号接室外风机线圈公共端 C；其中 2 号公用零线 N 通过引线分别接压缩机线圈和室外风机线圈的运行绕组 R、四通阀线圈其中的 1 根引线，地线直接固定在室外机电控盒的铁皮上面。

2. 工作原理

室外机电气接线图见图6-36，实物图见图6-37。

（1）制冷模式

室内机主板的压缩机和室外风机继电器触点闭合，从而接通 L 端供电，与电容共同作用使压缩机和室外风机起动运行，系统工作在制冷状态，此时 3 号四通阀线圈的引线无交流220V 供电。

（2）制热模式

室内机主板的压缩机、室外风机、四通阀线圈继电器触点闭合，从而接通 L 端供电，为 1 号压缩机、3 号四通阀线圈、4 号室外风机提供交流 220V 电源，压缩机、四通阀线圈、室外风机同时工作，系统工作在制热状态。

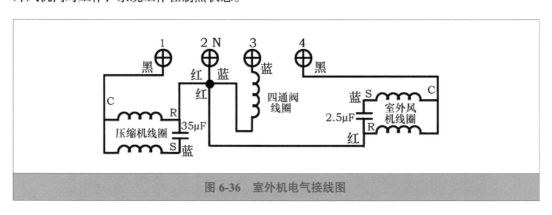

图 6-36 室外机电气接线图

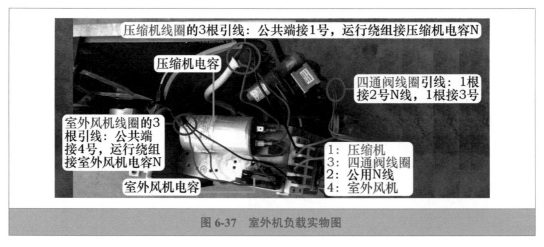

图 6-37 室外机负载实物图

第五节　室内风机单元电路

目前生产的定频、交流变频、直流变频的挂式空调器室内风机，基本上全部使用 PG 电机，由 2 个输入部分的单元电路和 1 个输出部分的单元电路组成。本节以美的 KFR-26GW/DY-B（E5）定频空调器为例，简单介绍室内风机电路。

室内机主板上电后，首先通过过零检测电路检查输入交流电源的零点位置，检查正常后，再通过 PG 电机电路驱动电机运行；PG 电机运行后，内部输出代表转速的霍尔信号，送至室内机主板的霍尔反馈电路供 CPU 检测实时转速，并与内部数据相比较，如有误差（即转速高于或低于正常值），通过改变晶闸管（俗称可控硅）的触发延迟角，改变 PG 电机工作电压，PG 电机转速也随之改变。

一、 过零检测电路

1. 作用

过零检测电路的作用可以理解为给 CPU 提供一个标准，起点是零电压，晶闸管触发延迟角的大小就是依据这个标准。也就是说 PG 电机高速、中速、低速、微速均对应一个触发延迟角，而每个触发延迟角的导通时间是从零电压开始计算的，导通时间不一样，触发延迟角的大小就不一样，因此电机的转速就不一样。

2. 工作原理

过零检测电路原理图见图 6-38，实物图见图 6-39，关键点电压见表 6-16，由 CPU 的⑬脚、二极管 D6 和 D7、电容 C4、晶体管 Q1、电阻 R1-R2-R3-R4 组成。

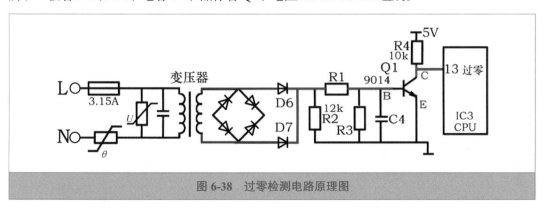

图 6-38 过零检测电路原理图

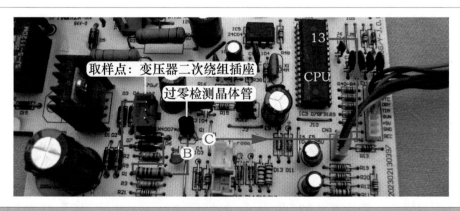

图 6-39 过零检测电路实物图

取样点为变压器二次绕组插座的约交流 12V 电压，经 D6 和 D7 全波整流、电阻 R1-R2-R3 分压、电容 C4 滤除高频成分，送至晶体管 Q1 的基极（B）。当交流电源位于正半周时，

B 极电压高于 0.7V，Q1 的集电极（C）和发射极（E）导通，CPU 的⑬脚为低电平约 0.1V；当交流电源位于负半周时，B 极电压低于 0.7V，Q1 的 C 极和 E 极截止，CPU 的⑬脚为高电平约 5V；通过晶体管 Q1 的反复导通、截止，在 CPU 的⑬脚形成 100Hz 脉冲波形，CPU 通过计算，检测出输入交流电源电压的零点位置。

表 6-16　过零检测电路关键点电压

变压器二次绕组插座	D6 和 D7 负极	Q1：B	Q1：C	CPU 的⑬脚
约交流 12V	直流 10.2V	直流 0.67V	直流 0.49V	直流 0.49V

二、 PG 电机电路

PG 调速塑封电机，简称为 PG 电机，是单相异步电容运转电机，通过晶闸管调压调速的方法来调节转速。见图 6-40，共有 2 个插头，1 个为线圈供电插头，1 个为霍尔反馈插头。

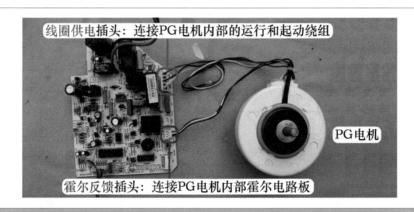

图 6-40　PG 电机插头和主板插座

1. 晶闸管调速原理

晶闸管调速是用改变晶闸管触发延迟角的方法来改变电机端电压的波形，从而改变电机端电压的有效值，达到调速的目的。

当晶闸管触发延迟角 α_1=180° 时，电机端电压波形为正弦波，即全导通状态；当晶闸管触发延迟角 α_1 <180° 时，即非全导通状态，电压有效值减小；α_1 越小，导通状态越少，则电压有效值越小，所产生的磁场越小，则电机的转速越低。由以上的分析可知，采用晶闸管调速，其电机转速可连续调节。

2. 工作原理

PG 电机电路原理图见图 6-41，实物图见图 6-42。

整流二极管 D5、降压电阻 R37 和 R36、滤波电容 E8、12V 稳压二极管 Z1 和 R46 组成降压、整流、滤波、稳压电路，在电容 E8 两端产生直流 12V，通过光电耦合器 IC7（PC817）向双向晶闸管 TR1（BT131）提供门极电压。

➡ 说明：此直流 12V 取自交流 220V，为 PG 电机电路专用，和室内机主板的直流 12V 各自相对独立，2 路直流 12V 电压的负极也不相通。

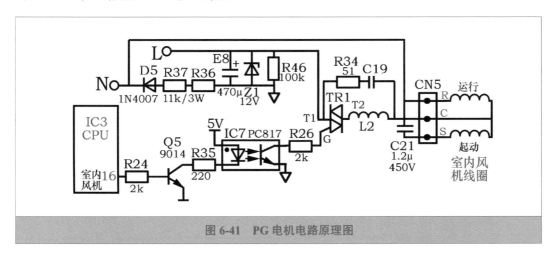

图 6-41　PG 电机电路原理图

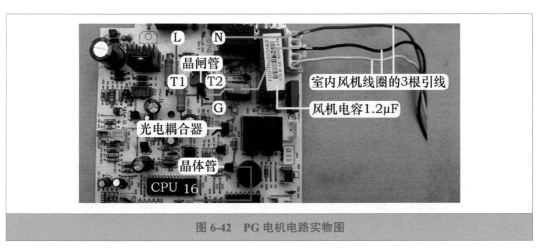

图 6-42　PG 电机电路实物图

CPU 的⑯脚为室内风机控制引脚，输出的驱动信号经电阻 R24 送至晶体管 Q5 的基极（B），Q5 放大后送至光电耦合器 IC7 初级发光二极管的负极，IC7 次级导通，为双向晶闸管 TR1 的门极（G）提供门极电压，TR1 的 T1 和 T2 导通，交流电源 L 端经 T1→T2→扼流线圈 L2 送至 PG 电机线圈公共端，和交流电源 N 端构成回路，PG 电机转动，带动贯流风扇运行，室内机开始吹风。

CPU 的⑯输出的驱动信号经 Q5 放大后，通过改变光电耦合器 IC7 初级发光二极管的电压，改变次级光电晶体管的导通程度，改变双向晶闸管 TR1 的门极电压大小，从而改变 TR1 的触发延迟角，PG 电机工作的交流电压也随之改变，运行速度也随之改变，室内机吹风量也随之改变。

假如 CPU 需要控制 PG 电机转速加快：CPU 的⑯脚驱动信号电压↑、晶体管 Q5 的基极（B）电压↑、Q5 的集电极（C）和发射极（E）导通程度增加（相当于 CE 结电阻↓）、光电耦合器 1C7 初级电压↑、IC7 次级导通程度增加、TR1 门极电压↑（相当于触发延迟角↑）、PG 电机线圈交流电压↑、PG 电机转速上升。

霍尔反馈电路

1. 转速检测原理

霍尔是一种基于霍尔效应的磁传感器，见图 6-43，常用型号有 44E、40AF 等，引脚功能和作用相同，特性是可以检测磁场及其变化，应用在各种与磁场有关的场合。使用在 PG 电机中时，霍尔安装在内部独立的电路板（霍尔电路板）上。

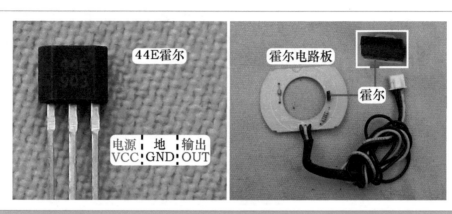

图 6-43　44E 霍尔和安装位置

见图 6-44，PG 电机内部的转子上装有磁环，霍尔电路板上的霍尔与磁环在空间位置上相对应。

PG 电机转子旋转时带动磁环转动，霍尔将磁环的感应信号转化为高电平或低电平的脉冲电压，由输出脚输出至主板 CPU；转子旋转一圈，霍尔会输出一个脉冲信号电压或几个脉冲信号电压（厂家不同，脉冲信号数量不同），CPU 根据脉冲电压（即霍尔信号）计算出电机的实际转速，并与目标转速相比较，如有误差，则改变光电耦合器晶闸管的触发延迟角，从而改变 PG 电机的转速，使实际转速与目标转速相对应。

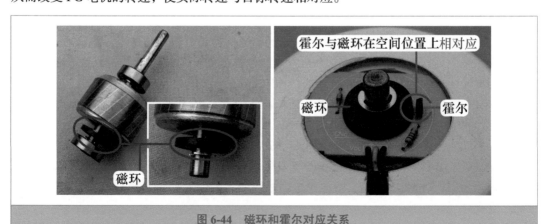

图 6-44　磁环和霍尔对应关系

2. 工作原理

霍尔反馈电路原理图见图 6-45，实物图见图 6-46，霍尔输出引脚电压与 CPU 引脚电压的对应关系见表 6-17，电路作用是向 CPU 提供 PG 电机的实际转速。PG 电机内部电路板通过 CN4 插座和室内机主板连接，共有 3 根引线，即供电直流 12V、霍尔反馈输出、地。

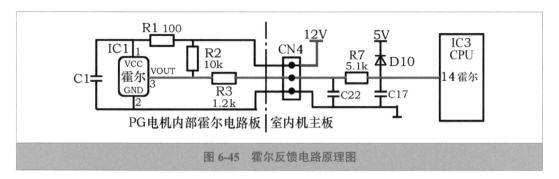

图 6-45 霍尔反馈电路原理图

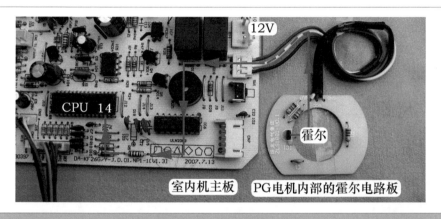

图 6-46 霍尔反馈电路实物图

PG 电机开始转动时，内部电路板霍尔 IC1 的③脚输出代表转速的信号（即霍尔信号），经电阻 R3、R7 送至 CPU 的⑭脚，CPU 通过霍尔数量计算出 PG 电机的实际转速，并与内部数据相比较，如转速高于或低于正常值即有误差，CPU 的⑯脚输出信号通过改变晶闸管的触发延迟角，改变 PG 电机线圈插座的供电电压，从而改变 PG 电机的转速，使实际转速与目标转速相同。

待机状态下用手拨动贯流风扇时霍尔输出引脚会输出高电平或低电平，表中数值为直流 12V 电压实测为 12V 时测得，如果直流 12V 上升至直流 15V，则各个引脚的电压也相应升高。

表 6-17 霍尔输出引脚电压与 CPU 引脚电压对应关系

	IC1：①脚供电	IC1：③脚输出	CN4 反馈引线	CPU：⑭脚霍尔
IC1 输出低电平	11.4V	0V	0V	0V
IC1 输出高电平	11.4V	8V	7.6V	5.6V
正常运行	11.4V	4V	3.8V(3.5～3.9V)	2.7V(2.5～3V)

第七章

柜式空调器电控系统基础知识

一、电控系统组成

本小节以美的 KFR-51LW/DY-GA（E5）柜式空调器电控系统为基础，对柜式空调器的电控系统作简单介绍。电控系统主要由室内机主板、显示板、传感器、变压器、室内风机、同步电机等主要元器件组成。

1. 电控盒主要部件

电控盒位于室内风扇（离心风扇）上方，见图 7-1，设有室内机主板、变压器、室内风机电容、压缩机继电器、辅助电加热继电器（2 个）、室内外机接线端子等。

➡ 说明：压缩机继电器和辅助电加热继电器设计位置根据机型不同而不同，大部分品牌空调器通常安装在室内机主板上面。

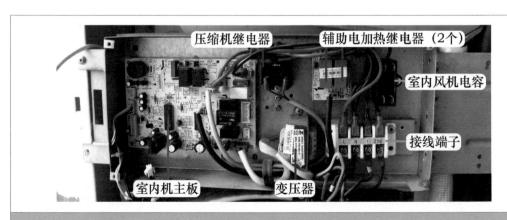

图 7-1　电控盒主要部件

2. 室内机主板主要元器件和插座

室内机主板主要元器件和插座见图 7-2。

　　主要元器件：CPU、晶振（图中未标出）、反相驱动器、7805、整流二极管、滤波电容、蜂鸣器、5A熔丝管（俗称保险管）、压敏电阻、PTC电阻（图中未标出）、室外风机继电器、四通阀线圈继电器、同步电机继电器、室内风机继电器。

　　插座：变压器一次绕组插座、变压器二次绕组插座、显示板插座、室内环温和管温传感器插座、室外管温传感器插座、外接压缩机继电器线圈插座、外接辅助电加热继电器线圈插座、室外风机接线端子、四通阀线圈接线端子、电源相线 L 和零线 N 接线端子（即图中简称 L 和 N 接线端子）、室内风机插座、同步电机插座。

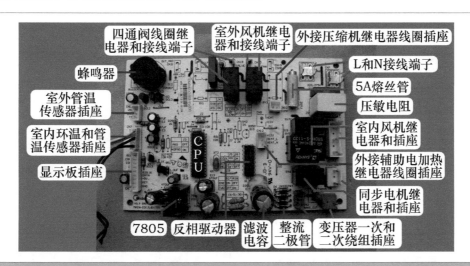

图 7-2　室内机主板主要元器件和插座

3. 显示板主要元器件和插座

显示板主要元器件和插座见图 7-3。

主要元器件：接收器、显示屏、按键、显示屏驱动芯片。

插座：只有 1 个，连接室内机主板。

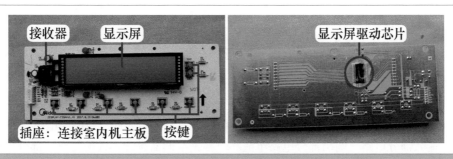

图 7-3　显示板主要元器件和插座

二、　室内机主板电路框图

　　柜式空调器室内机主板和挂式空调器主板一样，均由单元电路组成。图 7-4 为室内机主板电路框图，主板通常可分为四部分电路。

① 电源电路。

② CPU 三要素电路。

③ 输入部分单元电路：包括传感器电路（室内环温、室内管温、室外管温）、按键电路、接收器电路。

④ 输出部分单元电路：包括显示电路、蜂鸣器电路、继电器电路（室内风机、同步电机、辅助电加热、压缩机、室外风机、四通阀线圈）。

➡ 说明：单元电路根据空调器电控系统设计不同而不同，如部分柜式空调器室内机主板输入部分还设有电流检测电路、存储器电路等。

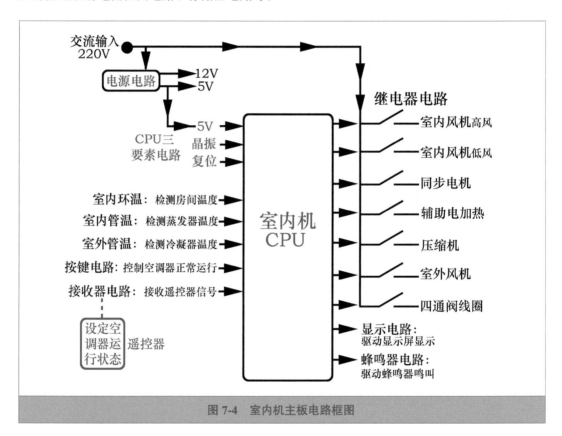

图 7-4　室内机主板电路框图

三、　柜式和挂式空调器单元电路对比

虽然柜式空调器和挂式空调器的室内机主板单元电路基本相同，由电源电路、CPU 三要素电路、输入部分电路、输出部分电路组成，但根据空调器设计形式的特点，部分单元电路还有一些不同之处。

1. 按键电路

挂式空调器由于安装时挂在墙壁上，离地面较高，因此主要使用遥控器控制，按键电路通常只设 1 个应急开关，见图 7-5 左图。

柜式空调器就安装在地面上，可以直接触摸得到，因此使用遥控器和按键双重控制，见图 7-5 右图，电路设有 6 个或以上按键，通常只使用按键即能对空调器进行全面的控制。

2. 显示方式

见图7-5，早期挂式空调器通常使用指示灯，柜式空调器通常使用显示屏，而目前的空调器（挂式和柜式）则通常使用显示屏或显示屏＋指示灯的形式。

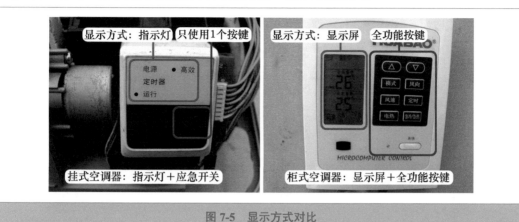

图7-5 显示方式对比

3. 室内风机

挂式空调器室内风机普遍使用PG电机，见图5-36左图，转速由光电耦合器晶闸管通过改变交流电压有效值来实现，因此设有过零检测电路、PG电机电路、霍尔反馈电路共3个单元电路。

柜式空调器室内风机（离心电机）普遍使用抽头电机，见图5-44，转速由继电器通过改变电机抽头的供电来实现，因此只设有继电器电路1个单元电路，取消了过零检测和霍尔反馈2个单元电路。

4. 风向调节

见图7-6左图，挂式空调器通常使用步进电机控制导风板的上下转动，左右导风板只能手动调节，步进电机为直流12V供电，由反相驱动器驱动。

而柜式空调器则正好相反，见图7-6右图，使用同步电机控制导风板的左右转动，上下导风板只能手动调节，同步电机为交流220V供电，由继电器驱动。

➡ 说明：目前新型柜式空调器通常使用直流12V供电的步进电机，驱动上下和左右导风板旋转运行。

图7-6 风向调节对比

5. 辅助电加热

见图 7-7，挂式空调器辅助电加热功率小，为 400 ~ 800W；而柜式空调器使用的辅助电加热功率通常比较大，为 1200 ~ 2500W。

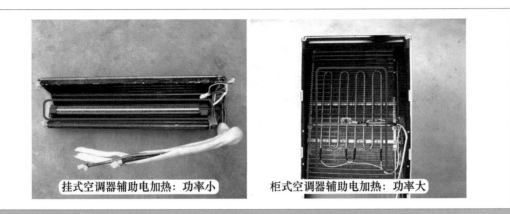

挂式空调器辅助电加热：功率小　　　柜式空调器辅助电加热：功率大

图 7-7　辅助电加热对比

第二节　三相供电空调器电控系统

一、 特点

1. 三相供电

1P ~ 3P 空调器通常为单相 220V 供电，见图 7-8 左图，供电引线共有 3 根：1 根相线（棕线）、1 根零线（蓝线）、1 根地线（黄绿线），相线和零线组成 1 相（单相 L-N）供电即交流 220V。

部分 3P 或全部 5P 空调器为三相 380V 供电，见图 7-8 右图，供电引线共有 5 根：3 根相线、1 根零线、1 根地线。3 根相线组成三相（L1-L2、L1-L3、L2-L3）供电即交流 380V。

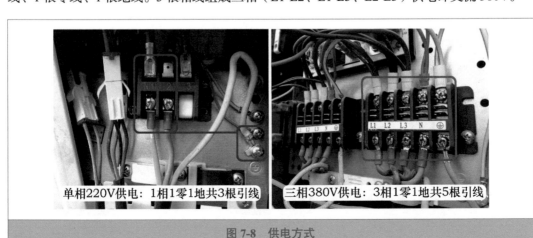

单相 220V 供电：1 相 1 零 1 地共 3 根引线　　三相 380V 供电：3 相 1 零 1 地共 5 根引线

图 7-8　供电方式

2. 压缩机供电和起动方式

见图7-9左图，单相供电空调器1P～2P压缩机通常由室内机主板上继电器触点供电、3P压缩机由室外机单触点或双触点交流接触器（简称交接）供电，压缩机均由电容起动运行。

见图7-9右图，三相供电空调器均由三触点交流接触器供电，且为直接起动运行，不需要电容辅助起动。

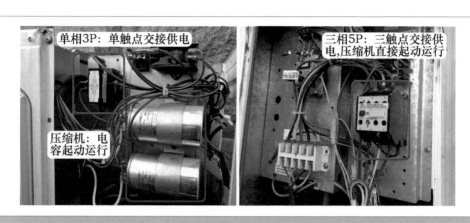

图 7-9　起动方式

3. 三相压缩机

（1）实物外形

部分3P和5P柜式空调器使用三相电源供电，对应压缩机有活塞式和涡旋式两种，实物外形见图7-10，活塞式压缩机只使用在早期的空调器中，目前空调器基本上全部使用涡旋式压缩机。

图 7-10　活塞式和涡旋式压缩机

（2）端子标号

见图7-11，三相供电涡旋式压缩机及变频空调器压缩机的线圈均为三相供电，压缩机引出3个接线端子，标号通常为T1-T2-T3或U-V-W或R-S-T或A-B-C。

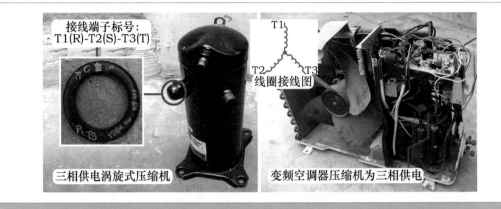

图 7-11　三相压缩机

（3）测量接线端子阻值

三相供电压缩机线圈内置 3 个绕组，3 个绕组的线径和匝数相同，因此 3 个绕组的阻值相等。

使用万用表电阻挡测量 3 个接线端子之间的阻值，见图 7-12，T1-T2、T1-T3、T2-T3 阻值相等，即 T1-T2 阻值 = T1-T3 阻值 = T2-T3 阻值，均为 3Ω 左右。

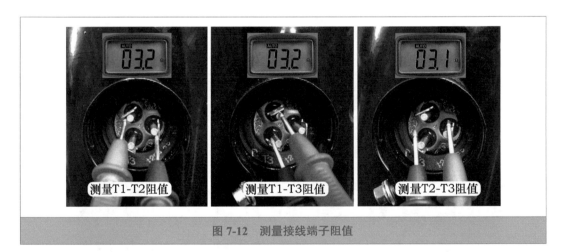

图 7-12　测量接线端子阻值

4. 相序保护电路

因为涡旋式压缩机不能反转运行，所以电控系统均设有相序保护电路。相序保护电路由于知识点较多，见本节第三部分（相序板工作原理）和第四部分（相序检测和调整）内容。

5. 保护电路

由于三相供电空调器压缩机功率较大，为使其正常运行，通常在室外机设计了很多保护电路。

（1）电流检测电路

电流检测电路的作用是为了防止压缩机长时间运行在大电流状态，见图 7-13 左图，根据品牌不同，设计方式也不相同：如格力空调器通常检测 2 根压缩机引线，美的空调器检测 1 根压缩机引线。

（2）压力保护电路

压力保护电路的作用是为了防止压缩机运行时高压压力过高或低压压力过低，见图 7-13 右图，根据品牌不同，设计方式也不相同：如格力或目前海尔空调器同时设有压缩机排气管压力开关（高压开关）和吸气管压力开关（低压开关），美的空调器通常只设有压缩机排气管压力开关。

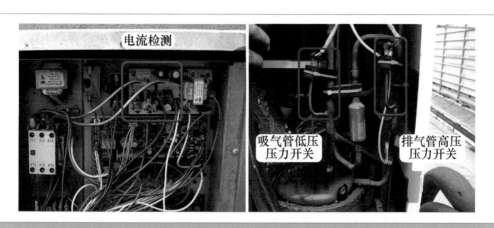

图 7-13 电流检测和压力开关

（3）压缩机排气温度开关或排气传感器

见图 7-14，压缩机排气温度开关或排气传感器的作用是为了防止压缩机在温度过高时长时间运行，根据品牌不同，设计方式也不相同：美的空调器通常使用压缩机排气温度开关，在排气管温度过高时其触点断开进行保护；格力空调器通常使用压缩机排气传感器，CPU 可以实时监控排气管实际温度，在温度过高时进行保护。

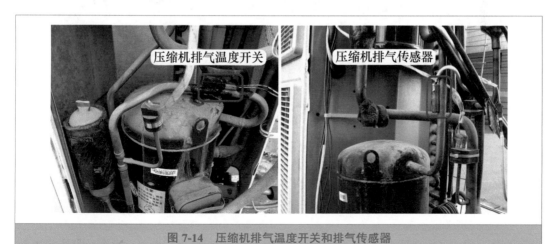

图 7-14 压缩机排气温度开关和排气传感器

6. 室外风机形式

室外机通风系统中，见图 7-15，1P ~ 3P 空调器通常使用单风扇吹风为冷凝器散热，5P 空调器通常使用双风扇散热，但部分品牌的 5P 室外机也有使用单风扇散热。

图 7-15　室外风机形式

二、　电控系统常见形式

1. 主控 CPU 位于显示板

见图 7-16，早期或目前格力空调器的电控系统中主控 CPU 位于显示板，CPU 和弱电信号电路均位于显示板，是整个电控系统的控制中心；室内机主板只是提供电源电路、继电器电路、保护电路等。

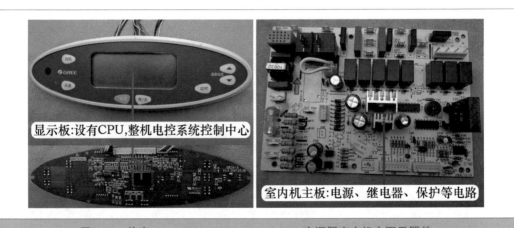

图 7-16　格力 KFR-120LW/E(1253L)V-SN5 空调器室内机主要元器件

见图 7-17，室外机设有相序板（检测相序）、电流检测板（检测电流）、交流接触器（为压缩机供电）等器件。

2. 主控 CPU 位于主板

见图 7-18，电控系统中主控 CPU 位于主板，CPU 和弱电信号电路、电源电路、继电器电路等均位于主板，是电控系统的控制中心。

显示板只是被动显示空调器的运行状态，根据品牌或机型不同，可使用指示灯或显示屏显示。

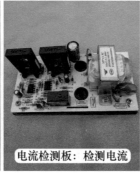

相序板：检测相序　　电流检测板：检测电流　　交流接触器：为压缩机供电

图 7-17　格力 KFR-120LW/E(1253L)V-SN5 空调器室外机主要元器件

3. 主控 CPU 位于室内机主板和室外机主板

由于主控 CPU 位于室内机主板或室内机显示板，室内机和室外机需要使用较多的引线（格力某型号 5P 空调器除电源线外还使用 9 根），来控制室外机负载和连接保护电路。

因此目前空调器通常在室外机主板设有 CPU，见图 7-19，且为室外机电控系统的控制中心；同时在室内机主板也设有 CPU，且为室内机电控系统的控制中心；室内机和室外机的电控系统只使用 4 根连接线（不包括电源线）。

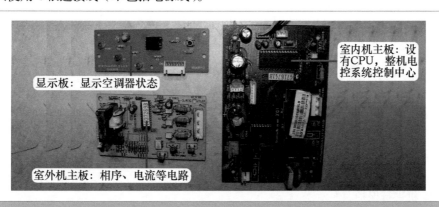

显示板：显示空调器状态

室内机主板：设有CPU，整机电控系统控制中心

室外机主板：相序、电流等电路

图 7-18　美的 KFR-120LW/K2SDY 空调器电控系统

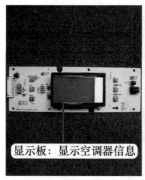

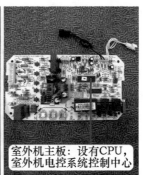

显示板：显示空调器信息　　室内机主板：设有CPU，室内机电控系统控制中心　　室外机主板：设有CPU，室外机电控系统控制中心

图 7-19　美的 KFR-72LW/SDY-GAA（E5）空调器电控系统

三、 相序板工作原理

1. 应用范围

活塞式压缩机由于体积大、能效比低、振动大、高低压阀之间容易窜气等缺点,逐渐减少使用,多见于早期的空调器。因为电机运行方向对制冷系统没有影响,所以使用活塞式压缩机的三相供电空调器室外机电控系统不需要设计相序保护电路。

涡旋式压缩机由于振动小、效率高、体积小、可靠性高等优点,使用在目前全部 5P 及部分 3P 的三相供电空调器中。但由于涡旋式压缩机不能反转运行,其运行方向要与电源相位一致,因此使用涡旋式压缩机的空调器,均设有相序保护电路,所使用的电路板通常称为相序板。

2. 安装位置和作用

(1) 安装位置

相序板在室外机的安装位置见图 7-20。

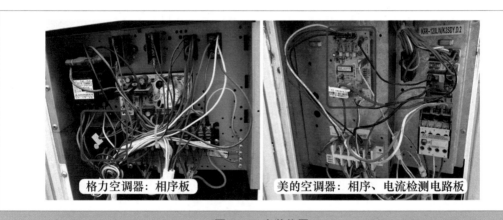

格力空调器:相序板　　美的空调器:相序、电流检测电路板

图 7-20　安装位置

(2) 作用

相序板的作用是在三相电源相序与压缩机运行供电相序不一致或断相时断开控制电路,从而对压缩机进行保护。

相序板按控制方式一般有 2 种,见图 7-21 和图 7-22,即使用继电器触点和使用微处理器(CPU)控制光电耦合器次级,输出端子一般串接在交流接触器的线圈供电回路或保护回路中,当遇到相序不一致或断相时,继电器触点断开(或光电耦合器次级断开),交流接触器的线圈供电随之被断开,从而保护压缩机;如果相序板串接在保护回路中,则保护电路断开,室内机 CPU 接收后对整机停机,同样可以保护压缩机。

3. 继电器触点式相序板工作原理

(1) 电路原理图和实物图

拆开格力空调器使用相序板的外壳,见图 7-24,可发现电路板由 3 个电阻、5 个电容、1 个继电器组成。外壳共有 5 个接线端子,R-S-T 为三相供电检测输入端,A-C 为继电器触点输出端。

继电器触点式相序保护电路原理图见图 7-23,实物图见图 7-24,三相供电相序与压缩机状态的对应关系见表 7-1。

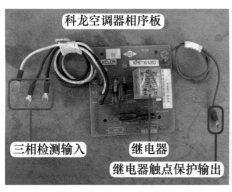

图 7-21 科龙和格力空调器相序板

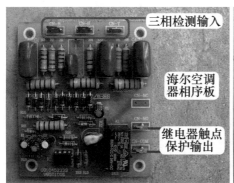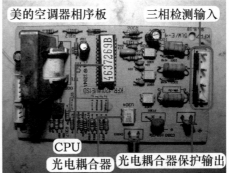

图 7-22 海尔和美的空调器相序板

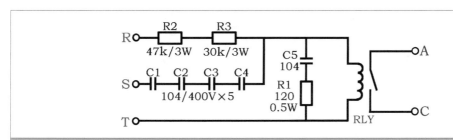

图 7-23 继电器触点式相序保护电路原理图

当三相供电 L1-L2-L3 相序与压缩机工作相序一致时，继电器 RLY 线圈两端电压约为交流 220V，线圈中有电流通过，产生吸力使触点 A-C 导通；当三相供电相序与压缩机工作相序不一致或断相时，继电器 RLY 线圈电压低于交流 220V 较多，线圈通过的电流所产生的电磁吸力很小，触点 A-C 断开。

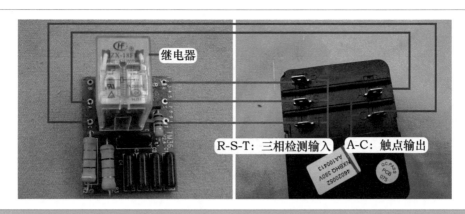

图 7-24　继电器触点式相序保护电路实物图

表 7-1　三相供电相序与压缩机状态的对应关系

	RLY 线圈交流电压	触点 A-C 状态	交流接触器线圈电压	压缩机状态
相序正常	195V	导通	交流 220V	运行
相序错误	51V	断开	交流 0V	停止
断相	断 R：78V，断 S：94V，断 T：0V	断开	交流 0V	停止

（2）相序保护电路输入侧检测引线

见图 7-25，断路器（俗称空气开关）的电源引线送至室外机整机供电接线端子，通过 5 根引线与去室内机供电的接线端子并联，相序保护电路输入端的引线接三相供电 L1-L2-L3 端子。

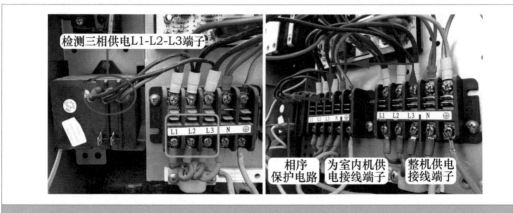

图 7-25　输入侧检测引线

（3）相序保护电路输出侧保护方式

涡旋式压缩机由交流接触器触点供电，三相供电触点的导通与断开由交流接触器线圈控制，交流接触器线圈工作电压为交流 220V，见图 7-26，室内机主板输出相线 L 端压缩机黑线直供交流接触器线圈一端，交流接触器线圈 N 端引线接相序保护电路，经内部继电器触点接室外机接线端子上 N 端。

当相序保护电路检测三相供电顺序（相序）符合压缩机线圈供电顺序时，内部继电器触点闭合，压缩机才能得电运行。

当相序保护电路检测三相供电相序错误，内部继电器触点断开，即使室内机主板输出 L 端供电，但由于交流接触器线圈不能与 N 端构成回路，交流接触器线圈电压为交流 0V，三相供电触点断开，压缩机因无供电而不能运行，从而保护压缩机免受损坏。

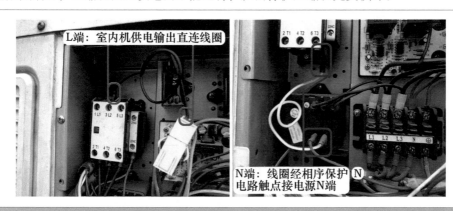

图 7-26　输出侧保护方式

4. 微处理器（CPU）方式

美的 KFR-120LW/K2SDY 柜式空调器室外机 CPU 方式相序保护电路原理简图见图 7-27，电路由光电耦合器、CPU、电阻等元器件组成。

三相供电 U（A）、V（B）、W（C）经光电耦合器（PC817）分别输送到 CPU 的 3 个检测引脚，由 CPU 进行分析和判断，当检测三相供电相序与内置程序相同（即符合压缩机运行条件）时，控制光电耦合器（MOC3022）次级侧导通，相当于继电器触点闭合；当检测三相供电相序与内置程序不同时，控制光电耦合器次级截止，相当于继电器触点断开。

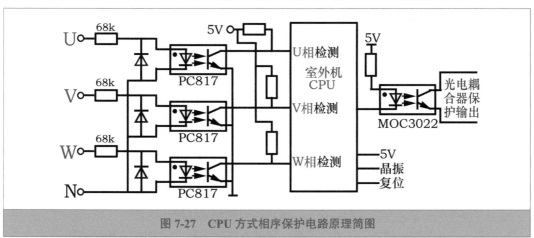

图 7-27　CPU 方式相序保护电路原理简图

5. 各品牌空调器出现相序保护时的故障现象

三相供电相序与压缩机运行相序不同时，电控系统会报出相应的故障代码或出现压缩机不运行的故障，根据空调器设计不同所出现的故障现象也不相同，以下是几种常见品牌的空调器相序保护串接形式。

① 海信、海尔、格力（早期）：相序保护电路大多串接在压缩机交流接触器线圈供电回路中，所以相序错误时室外风机运行，压缩机不运行，空调器不制冷，室内机不报故障代码。

② 格力（目前）：室外机设有主板，由 CPU 检测相序是否正常，当相序错误时室外机不运行，室内机显示故障代码 E7，含义为"逆断相保护"。

③ 美的：相序保护电路串接在室外机保护回路中，所以相序错误时室外风机与压缩机均不运行，室内机报故障代码为"室外机保护"。

④ 科龙：早期柜式空调器相序保护电路串接在室内机供电回路中，所以相序错误时室内机主板无供电，上电后室内机无反应。

由此可见，同为相序保护，由于厂家设计不同，表现的故障现象差别也很大，实际检修时要根据空调器电控系统设计原理，检查故障根源。

四、 相序检测和调整

相序保护电路具有检测三相供电断相和相序功能，判断三相供电相序是否符合涡旋式压缩机线圈供电顺序时，应首先测量三相供电电压，再按压交流接触器强制按钮检测相序是否正常。

1. 测量接线端子三相供电电压

（1）测量三相相线之间的电压

使用万用表交流电压挡，分 3 次测量三相供电电压，即 L1-L2 端子、L1-L3 端子、L2-L3 端子，3 次实测电压应均为交流 380V，才能判断三相供电正常。如实测时出现 1 次电压为交流 0V 或交流 220V 或低于交流 380V 较多，均可判断为三相供电电压异常，相序保护电路检测后可能判断为相序异常或供电断相，控制继电器触点断开。

（2）测量三相相线与 N 端零线电压

测量三相供电电压，除了测量三相 L1-L2-L3 端子之间的电压，还应测量三相与 N 端子电压辅助判断，即 L1-N 端子、L2-N 端子、L3-N 端子，3 次实测电压应均为交流 220V，才能判断三相供电以及零线供电正常。如实测时出现 1 次电压为交流 0V 或交流 380V 或低于交流 220V 较多，均可判断三相供电电压或零线异常。

2. 判断三相供电相序

三相供电电压正常，为判断三相供电相序是否正确时，可使用螺钉旋具（俗称螺钉刀）头等物品按压交流接触器上强制按钮，强制为压缩机供电，根据压缩机运行声音、吸气管和排气管温度、系统压力来综合判断。

（1）相序错误

三相供电相序错误时，压缩机由于反转运行，因此并不做功，见图 7-28，主要表现如下：

1）压缩机运行声音沉闷。

2）手摸吸气管不凉、排气管不热，温度接近常温即无任何变化。

3）压力表指针轻微抖动，但并不下降，维持在平衡压力（即静态压力不变化）。

➡ 说明：涡旋式压缩机反转运行时，容易击穿内部阀片（窜气故障）造成压缩机损坏，在反转运行时，测试时间应尽可能缩短。

（2）相序正常

由于供电正常，压缩机正常做功（运行），见图 7-29，主要表现如下：

1）压缩机运行声音清脆。

2）吸气管和排气管温度迅速变化，手摸吸气管很凉、排气管烫手。

3）系统压力由静态压力迅速下降至正常值约 0.45MPa（R22 制冷剂）。

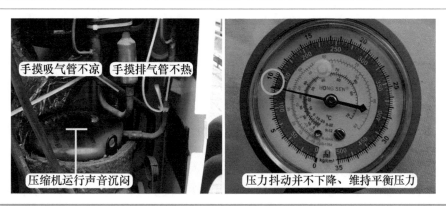

图 7-28 相序错误时故障现象

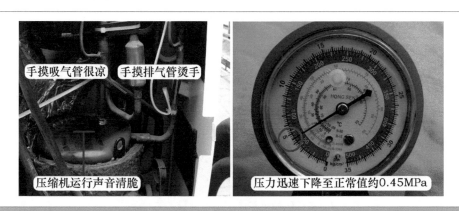

图 7-29 相序正常时现象

3. 相序错误时调整方法

任意对调电源接线端子 2 根相线引线位置，见图 7-30，对调 L1 和 L2 引线（黑线和棕线），三相供电相序即可符合压缩机运行相序。在实际维修时，或对调 L1 和 L3 引线，或对调 L2 和 L3 引线均可排除故障。

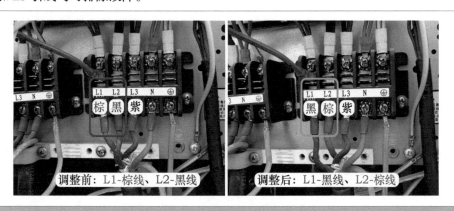

图 7-30 对调电源接线端子上引线顺序

第三节 格力空调器 E1 故障电路原理和检修流程

一、 电路原理和主要元器件

1. 电路原理

E1：系统高压保护。当 CPU 连续 3s 检测到高压保护（大于 3MPa）时，关闭除灯箱外的所有负载，屏蔽所有按键及遥控器信号，指示灯闪烁并显示 E1。如果显示板组件只使用指示灯，表现为运行指示灯灭 3s/ 闪 1 次。

格力 KFR-120LW/E(1253L)V-SN5 柜式空调器高压保护电路原理图见图 7-31，实物图见图 7-32，高压保护电路电压与整机状态的对应关系见表 7-2。高压保护电路由室外机电流检测板、高压压力开关（高压开关）、室内外机连接线、室内机主板、室内机显示板组成。

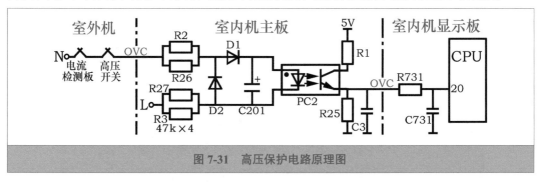

图 7-31 高压保护电路原理图

表 7-2 高压保护电路电压与整机状态的对应关系

电流检测板触点状态	高压开关触点状态	主板 OVC 与 L 端电压	PC2 初级侧电压	PC2 次级侧状态	主板 OVC 引线与 CPU 的⑳脚电压	整机状态
闭合	闭合	AC 220V	DC 1.1V	导通	DC 4.6V	正常
闭合	断开	AC 0V	DC 0.8V	断开	DC 0V	E1
断开	闭合	AC 0V	DC 0.8V	断开	DC 0V	E1

空调器上电后，室外机电流检测板上继电器触点闭合，高压开关的触点也处于闭合状态。室外机接线端子上 N 端蓝线经继电器触点至高压开关，输出黄线经室内外机连接线中的黄线送至室内机主板上 OVC 端子（黄线），此时为零线 N，与主板 L 端（接线端子上 L1）形成交流 220V，经电阻 R2、R26、R27、R3 降压、二极管 D1 整流、电容 C201 滤波，在光电耦合器 PC2 初级侧形成约直流 1.1V 电压，PC2 内部发光二极管发光，次级侧光电晶体管导通，5V 电压经电阻 R1、PC2 次级送到主板 CN6 插座中 OVC 引线，为高电平约直流 4.6V，经室内机主板和显示板的连接线送至显示板，经电阻 R731 送到 CPU 的⑳脚，CPU 根据高电平 4.6V 判断高压保护电路正常，处于待机状态。

待机或开机状态下由于某种原因（如高压开关触点断开），即 N 端零线开路，室内机主板 OVC 端子与 L 端不能形成交流 220V 电压，光电耦合器 PC2 初级侧电压约直流 0.8V，PC2 发光二极管不能发光，次级侧断开，5V 电压经电阻 R1 断路，室内机主板 CN6 插座中

OVC 引线经电阻 R25 接地为低电平 0V，经连接线送至 CPU 的⑳脚，CPU 根据低电平 0V 判断高压保护电路出现故障,3s 后立即关闭所有负载，报出 E1 的故障代码，指示灯持续闪烁。

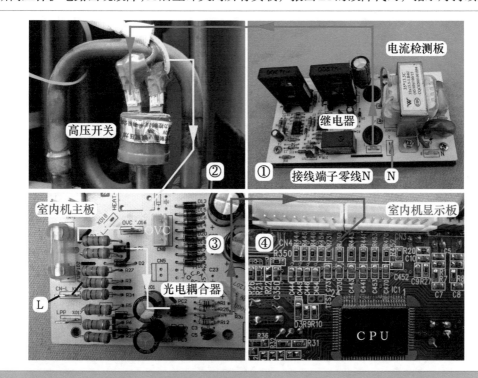

图 7-32　高压保护电路实物图

2. 室外机电流检测板

压缩机线圈共有 3 根引线，室外机电流检测板检测其中的 2 根引线电流。当检测电流过大时，控制继电器触点断开，高压保护电路随之断开，室内机显示板 CPU 检测后控制停机并显示 E1 代码，从而保护压缩机。电流检测板实物外形见图 7-33。

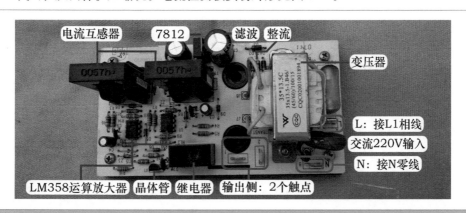

图 7-33　电流检测板

① 共有 4 个接线端子。其中 L 与 N 为供电，为电路板提供交流 220V 电源，相当于输入侧；1 和 2 为继电器触点，串接在高压保护电路中，相当于输出侧。

② 供电：设有变压器（二次绕组输出交流 13V）、桥式整流电路、滤波电容、7812 稳压块等元器件，为电路板提供稳定的直流 12V 电压。

③ 电路板设有 2 个电流互感器和 2 个 LM358 运算放大器，组成 2 路相同的电流检测电路，2 路电路并联，共同驱动 1 个晶体管。待机状态或运行状态电流处于正常范围内时，晶体管导通，继电器线圈得到直流 12V 供电，继电器触点处于闭合状态；当 2 路中任意 1 路电流超过额定值，均可控制晶体管截止，继电器线圈电压为直流 0V，触点断开，高压保护电路断开，CPU 检测后停机并显示 E1 代码。

3. 高压压力开关

实物外形见图 7-34，压力开关（压力控制器）是将压力转换为触点接通或断开的器件，高压压力开关的作用是检测压缩机排气管的压力。5P 柜式空调器室外机使用型号为 YK-3.0MPa 的压力开关，主要参数如下：

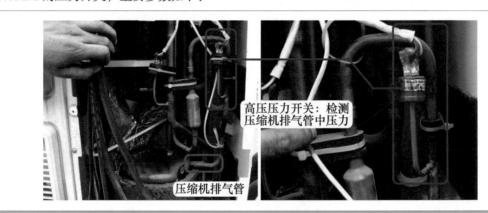

图 7-34　高压压力开关

① 动作压力为 3.0MPa、恢复压力为 2.4MPa，即压缩机排气管压力高于 3.0MPa 时压力开关的触点断开、低于 2.4MPa 时压力开关的触点闭合。

② 压力开关触点最高工作电压为交流 250V、最大电流为 3A。

二、　区分室内机或室外机故障

由于高压保护电路由室外机电控、室内机电控、室内外机连接线组成，任何一部分出现问题，均可出现 E1 代码，因此在维修时应首先区分是室内机或室外机故障，以缩小故障部位，直至检查出故障根源。常见有 3 种区分方法。

1. 测量 OVC 黄线和 L 端子电压

使用万用表交流电压挡，见图 7-35，红表笔接室内机主板上电源相线 L 端（或接室内机接线端子上 L1 端子），黑表笔接室内机主板上高压保护（OVC）端子上的黄线。

正常电压为交流 220V，说明室外机电流检测板继电器触点闭合、高压开关触点闭合且室内外机连接线接触良好，故障在室内机，进入本节第三部分"室内机故障检修流程"查看。

故障电压为交流 0V，说明室外机 N 线未传送至室内机主板，故障在室外机或室内外机的连接线，进入本节第四部分"室外机故障检修流程"查看。

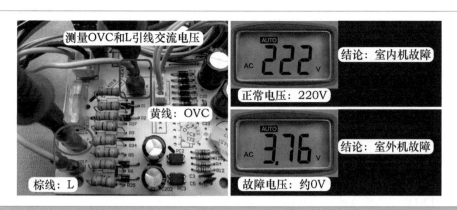

图 7-35　测量 OVC 黄线与 L 端子电压

2. 短接 OVC 和 N 端子

见图 7-36，拔下室内机主板上 OVC 端子上的黄线，同时再自备 1 根引线，两端接上插头。

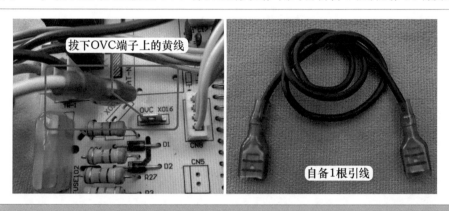

图 7-36　拔下 OVC 端子上的黄线和自备引线

　　见图 7-37，自备引线一端直接插在室内机主板上和 N 相通的端子（或插在室内机接线端子上 N 端子），另一端插在主板 OVC 端子，短接高压保护电路的室外机电控部分，以区分出是室内机或室外机故障，并再次上电。

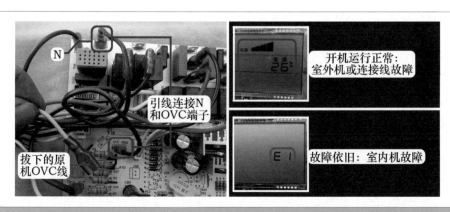

图 7-37　使用引线短接 OVC 和 N 端子

正常时空调器开机，说明室内机主板和显示板正常，故障在室外机或室内外机连接线。故障时空调器不能开机，仍显示"E1"故障代码或上电无反应，故障在室内机。

3. 断电测量 OVC 黄线与 N 端阻值

断开空调器电源，使用万用表电阻挡，测量方形对接插头中 OVC 黄线与室内机接线端子上 N 端阻值。

三相 5P 空调器室外机设有电流检测板，其继电器触点在未上电时为断开状态，见图 7-38 左图，正常阻值为无穷大。

见图 7-38 右图，单相 3P 空调器室外机高压保护电路中只有高压开关，正常阻值为 0Ω。

也就是说，测量 5P 空调器如实测阻值为无穷大时，不能直接判断室外机高压保护电路损坏，应辅助其他测量方法再确定故障部位；而测量 3P 空调器阻值为无穷大时，可直接判断室外机有故障。

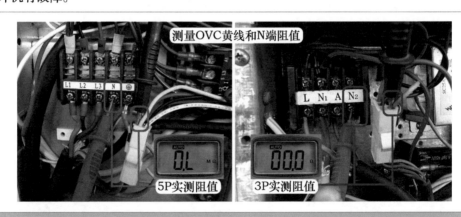

图 7-38 测量 OVC 黄线和 N 端阻值

三、 室内机故障检修流程

室内机电控部分由室内机主板和显示板组成，如果确定故障在室内机，即室外机和室内外机连接线正常，应做进一步检查，判断故障是在室内机主板还是在显示板，常见有 3 种测量方法。

（1）测量 OVC 和 GND 引线直流电压

使用万用表直流电压挡，见图 7-39，黑表笔接 CN6 插座上 GND 引线即地线，红表笔接 OVC 引线，测量高压保护电路电压。

正常电压为直流 4.6V，说明光电耦合器 PC2 次级侧已经导通，故障在显示板，可更换显示板试机。

故障电压为直流 0V，说明光电耦合器 PC2 次级侧未导通，故障在室内机主板，可更换室内机主板试机。

（2）短路光电耦合器次级引脚

见图 7-40，使用万用表的表笔尖直接短接光电耦合器 PC2 次级侧的 2 个引脚，并再次上电。

正常时空调器开机，说明显示板正常，故障在室内机主板的高压保护电路，即光电耦合器次级侧未导通，可更换室内机主板试机。

故障时空调器不能开机,说明室内机主板的光电耦合器次级已导通,故障在显示板或显示板和室内机主板的连接线未导通。

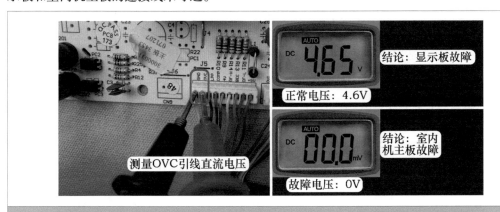

图 7-39 测量 OVC 和 GND 引线直流电压

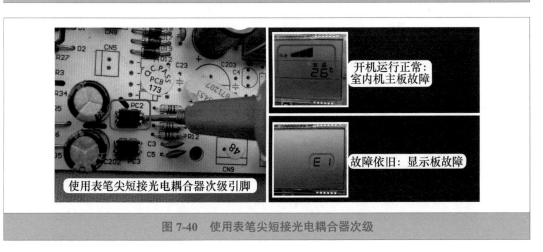

图 7-40 使用表笔尖短接光电耦合器次级

(3)短接 OVC 和 +5V 引线

找一段引线,并在两端剥开适当长度的接头,见图 7-41,短接室内机主板 CN6 插座上 OVC(黑线)和 +5V(棕线)引线,并再次上电。

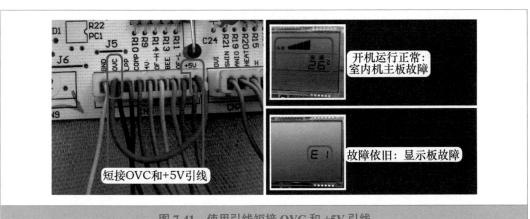

图 7-41 使用引线短接 OVC 和 +5V 引线

正常时空调器开机，说明显示板正常，故障在室内机主板的高压保护电路，可更换室内机主板试机。

故障时空调器不能开机，说明室内机主板正常，故障在显示板或显示板和室内机主板的连接线未导通。

➡️ 说明：本方法也适用于室内机主板上高压保护电路损坏需更换室内机主板，但暂时无配件更换，而用户又着急使用空调器的应急措施。

四、 室外机故障检修流程

1. 测量室外机黄线电压

使用万用表交流电压挡，见图 7-42，红表笔接方形对接插头中的 OVC 黄线，黑表笔接室外机接线端子上 L1 端子。

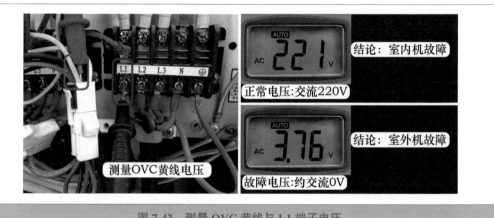

图 7-42　测量 OVC 黄线与 L1 端子电压

正常电压为交流 220V，说明室外机电流检测板继电器触点闭合、高压开关触点闭合，即室外机正常。如此时室内机 OVC 端子和 L 端子电压为交流 0V，应检查室内外机的连接线是否正常。

故障电压约为交流 0V，说明故障在室外机，应检查电流检测板和高压开关，进入第 2 检修流程（电流检测板检修流程）。如为 3P 空调器，因未设置计电流检测板，应直接检查高压开关，进入第 3 检修流程（检查高压开关）。

2. 电流检测板检修流程

见图 7-43 左图，电流检测板检测压缩机线圈 2 相电流。

输出侧即继电器触点的 2 个端子，见图 7-43 右图，其中 1 端直接连接室外机接线端子上零线 N，1 端输出至高压开关。

使用万用表交流电压挡，见图 7-44，黑表笔接电流检测板输出蓝线（零线）、红表笔接电流检测板上输入侧 L 端棕线（或接室外机接线端子上 L1 端），测量输出蓝线电压。

正常电压为交流 220V，说明继电器触点闭合，可判断电流检测板正常，应检查高压开关阻值。

故障电压约为交流 0V，说明继电器触点断开，可判断为电流检测板损坏。

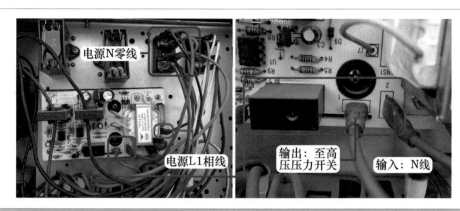

图 7-43　电流检测板继电器输出端子引线

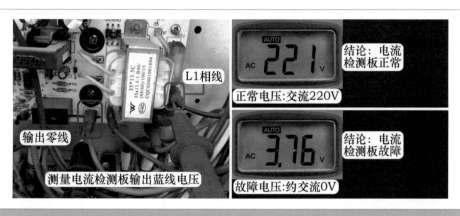

图 7-44　测量输出蓝线和 L1 端子电压

3. 检查高压开关

判断高压开关故障，常见有两种检查方法。

（1）测量触点阻值

断开空调器电源，使用万用表电阻挡，见图 7-45，测量高压开关阻值。

图 7-45　测量高压压力开关阻值

正常阻值为 0Ω，说明高压开关正常。

故障阻值为无穷大，说明高压开关损坏。

（2）短接引线

如果暂时没有万用表或由于其他原因无法测量，可直接短接 2 根引线，见图 7-46，即短接高压开关，再次上电开机。

正常时空调器开机，说明高压开关损坏。

故障时空调器不能开机，依旧显示 E1 代码，说明高压开关正常，应检查高压保护电路中其他部位。

➡ 说明：此方法也适用于确定高压开关损坏，但暂时无法更换，而用户又着急使用空调器时，在确定制冷系统无其他故障的前提下，可应急使用。

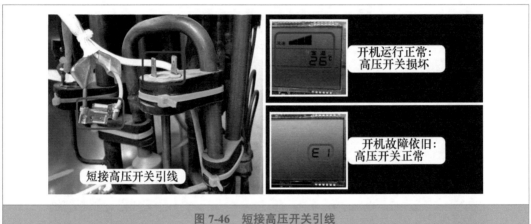

图 7-46　短接高压开关引线

第四节　美的空调器 E6 故障电路原理和检修流程

一、电路原理和主要元器件

表 7-3 为美的空调器"室外机保护"故障代码与机型、生产时间汇总。

表 7-3　美的空调器"室外机保护"故障代码与机型对应

机型与系列	生产时间	代码显示方式	代码含义
C1、E、F、F1、K、K1、H、I	2004 年以前	E04	室外机保护或室外机故障
星河 F2、星海 K2	2004 年以前	定时、运行、化霜 3 个指示灯同时以 5Hz 闪烁	
S、H1	2004 年左右		
S1、S2、S3、S6、Q1、Q2、Q3	2004 年以后	E6	

1. 工作原理

室外机保护电路原理图见图 7-47，实物图见图 7-48，室外机保护状态与室内机 CPU 引脚电压的对应关系见表 7-4。

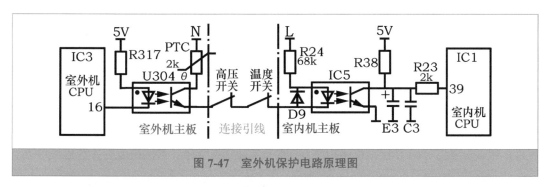

图 7-47　室外机保护电路原理图

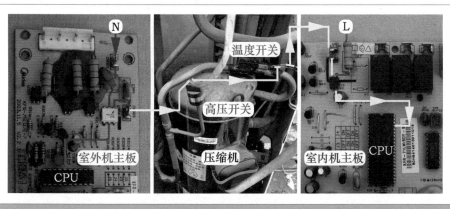

图 7-48　室外机保护电路实物图

表 7-4　室外机保护状态与室内机 CPU 引脚电压对应关系

IC3 的⑯脚电压	U304 初级电压	U304 次级状态	室内机主板的保护端子	IC5 初级电压	IC5 次级状态	IC1 的㊴脚电压	空调器状态
低电平	DC 1.1V	导通	电源 N 端	直流 1.1V	导通	DC 0.1V	正常待机
高电平	DC 0V	断开	与 N 端不通	直流 0V	断开	DC 5V	保护停机

　　空调器整机上电后，室内机主板产生 5V 电压经连接线送到室外机主板，为室外机主板提供电源，室外机 CPU（IC3）开始工作，首先对三相电源的相序和断相进行检测，如全部正常即三相供电符合压缩机运行要求，IC3 的⑯脚输出低电平，光电耦合器 U304 初级发光二极管得到供电，使得次级导通，室外机零线 N 经 PTC 电阻（2kΩ）→光电耦合器 U304 次级→压缩机排气管温度开关（温度开关）→压缩机排气管压力开关（高压开关），再由室内外机连接线中黄线送到室内机主板 OUT PRO（室外机保护）接线端子。

　　室外机保护黄线正常时为电源 N 端，室内机主板 L 端经 R24（68kΩ）电阻降压，和保护黄线的电源 N 端一起为光电耦合器 IC5 初级供电，初级二极管发光使次级导通，室内机 CPU 的㊴脚通过电阻 R23、IC5 次级接地，电压为低电平（约直流 0.1V），室内机 CPU（IC1）判断室外机保护电路正常，处于待机状态。

　　如果上电时三相电源相序错误或断相，室外机 CPU 检测后⑯脚变为高电平，光电耦合器 U304 次级断开，室内机主板上的 OUT PRO 端子与电源 N 端不相通，电源 L 端经电阻 R24 降压后与 N 端不能构成回路，光电耦合器 IC5 初级无供电，使得次级断开，5V 电压经电阻 R38、R23 为室内机 CPU 的㊴脚供电，为高电平 5V，CPU 检测后判断室外机保护电路出现故障，立即报出"室外机保护"的故障代码，并不再接收遥控器和按键信号。

空调器上电以后或运行过程中，如 1h 内室内机 CPU 的㊴脚检测到 4 次高电平即直流 5V，则会停机进行保护，并报出"室外机保护"的故障代码。

2. 室外机主板

见图 7-49，室外机主板输入侧连接室外机接线端子上电源供电的 4 根引线（3 根相线 A-B-C 和 1 根零线 N），作用是检测相序；同时设有电流互感器，检测压缩机 A 相红线电流。

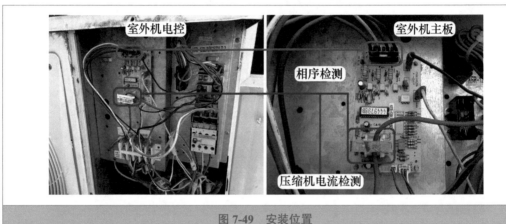

图 7-49 安装位置

室外机主板实物外形见图 7-50，可大致分为 7 路单元电路。

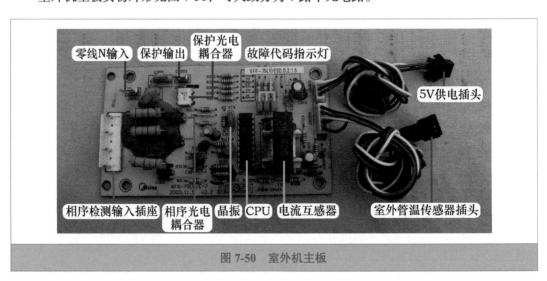

图 7-50 室外机主板

① 5V 供电：室外机未设置变压器和电源电路，室外机主板使用的直流 5V 电压由室内机主板经连接线提供。

② 室外管温传感器：只设有插头，转接到室内外机连接线直流 5V 供电插头中的红线。

③ CPU 电路：为室外机主板的控制中心。

④ 电流互感器：向室外机 CPU 提供压缩机运行电流信号。

⑤ 相序检测电路：室外机 CPU 通过此电路检测输入三相电源的相序是否正确及是否断相。

⑥ 指示灯：设有 3 个，显示室外机 CPU 检测的工作状态，也可显示故障代码。

⑦ 保护光电耦合器：为室外机主板 CPU 的输出部分，次级侧串接在"室外机保护"的黄线中。

3. 压缩机排气管高压开关和温度开关

美的部分 3P 的三相柜式空调器，室外机未设置压缩机排气管高压开关和温度开关，室外机主板"保护输出"端子的黄线，经室内外机连接线直接送至室内机主板上的 OUT PRO 端子。

美的部分 3P 和全部 5P 的三相柜式空调器，见图 7-51，室外机设有压缩机排气管高压开关和温度开关。室外机主板"保护输出"端子的黄线，经串联高压开关和温度开关的引线后，经室内外机连接线送至室内机主板上的 OUT PRO 端子，即 2 个开关引线串接在 OUT PRO 黄线之中。

压缩机排气管高压开关的作用是检测排气管压力，当检测压力高于 3.0MPa 时其触点断开，当检测压力低于 2.4MPa 时其触点恢复闭合。

压缩机排气管温度开关的作用是检测排气管温度，当检测温度约高于 120℃时其内部触点断开，当检测温度约低于 100℃时其内部触点恢复闭合。

图 7-51 高压开关和温度开关

二、 故障分析和区分部位

1. 显示代码原因

不论任何原因使保护黄线中断，室内机主板都会显示代码保护。

① 室内外机弱电信号连接线松脱，室内机主板向室外机主板供电的直流 5V 中断，室外机主板不工作，光电耦合器断开。

② 三相供电相序错误或者断相，室外机主板 CPU 控制室外机光电耦合器断开。

③ 运行过程中压缩机排气管高压压力过高，高压开关断开，室内机主板光电耦合器次级侧无法导通。

④ 运行过程中压缩机排气管温度过高，温度开关断开，室内机主板光电耦合器次级侧无法导通。

⑤ 运行过程中压缩机电流过大，室外机主板 CPU 控制室外机光电耦合器断开。

⑥ 室内外机连接线因被老鼠咬断等原因断开，室内机主板光电耦合器次级侧不能导通。

⑦ 室内机主板 N 与 L 供电线插反，室内机主板光电耦合器次级侧无法导通。

⑧ 室内机或室外机主板损坏，CPU 工作不正常。

2. 区分故障点方法

检修时可以根据显示代码时间的长短来区分故障点。如果空调器上电即显示代码，则为电控故障，重点检查①、②、⑥、⑦、⑧项；如运行一段时间显示代码，重点检查③、④、⑤项。

原理为室内机主板 CPU 在上电后一直在检测室外机保护电压，如出现异常，则立即显示代码，重点检查电控部分；如果在运行过程中 CPU 在 1h 内连续检测到 4 次室外机保护电压断开，则停机保护，并显示代码，重点检查系统部分，如运行压力，电流，系统是否缺氟，室外机冷凝器是否过脏，室外风机转速是否正常等。

3. 区分室内机和室外机故障

由于室外机保护电路由室外机电控系统、室内机电控系统、室内外机连接线组成，任何一部分出现问题，均可出现 E6 保护，因此在维修时应首先区分是室内机或室外机故障，以缩小故障部位，直至检查出故障根源，常见有以下两种方法。

（1）测量室内机 L 端和对接插头黄线电压

使用万用表交流电压挡，见图 7-52，红表笔接室内机接线端子上电源相线 A 端（或 B 端或 C 端或室内机主板上 L 端），黑表笔接室内外机连接线对接插头中室外机保护黄线测量电压。

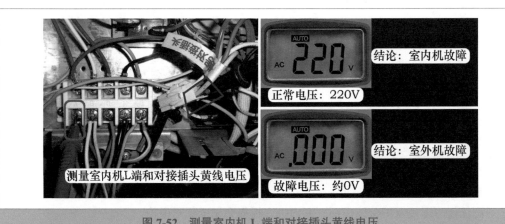

图 7-52　测量室内机 L 端和对接插头黄线电压

正常电压为交流 220V，说明室外机主板光电耦合器次级导通、高压开关和温度开关触点闭合且室内外机连接线接触良好，故障在室内机，进入本小节第四部分"室内机主板故障检修流程"查看。

故障电压为交流 0V，说明室外机 N 线未接至室内机主板，故障在室外机或室内外机的连接线。

➡ 说明：出现室外机保护故障时，实测室外机保护黄线和 L 端交流电压通常是接近 0V，而不是标准的 0V，图片显示 0V 只是示意。

（2）使用引线短接保护端子和 N 端

见图 7-53，拔下室内机主板"OUT PRO"端子即室外机保护黄线，同时再自备 1 根引线，按图所示接好插头。

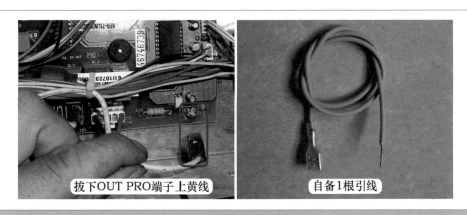

图 7-53　拔下黄线和准备引线

见图 7-54，引线 1 端接在室内机接线端子上 N 端（或插在室内机主板上和 N 端相通的端子），另 1 端插在主板室外机保护 OUT PRO 端子，短接保护电路的室外机电控部分，以区分出是室内机或室外机故障。

再次上电，如空调器正常开机，说明室内机主板正常，故障在室外机或连接线；如空调器故障依旧，仍显示"E6"故障代码或 3 个指示灯同时闪，故障在室内机主板。

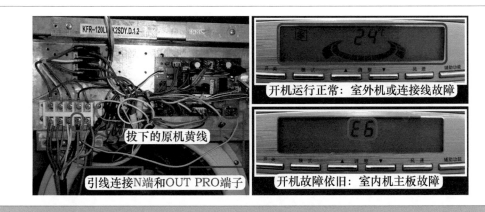

图 7-54　使用引线短接 N 端和 OUT PRO 端子

4. 室内机主板故障检修流程

区分出故障在室内机主板后，见图 7-55，可使用万用表表笔尖直接短接光电耦合器次级的 2 个引脚，并再次上电。

上电后正常开机，说明 CPU 相关电路正常，故障在室内机主板前级保护电路，即光电耦合器次级侧未导通，可检查光电耦合器、68kΩ 降压电阻等，或直接更换室内机主板。

上电后故障依旧，说明室内机主板的光电耦合器次级已导通，故障在 CPU 相关电路，可直接更换室内机主板试机。

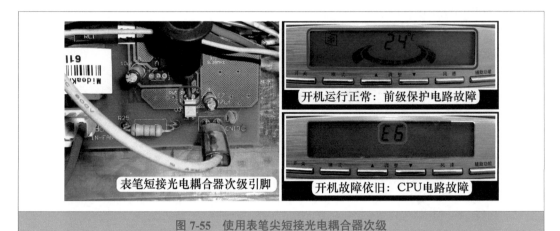

图 7-55　使用表笔尖短接光电耦合器次级

第八章

Chapter **8**

安装和代换挂式空调器主板

第一节　安装挂式空调器原装主板

主板的安装方法有两种：一种是根据空调器的电气接线图，上面标注有室内机主板插座代号所连接的外围元器件；另一种是根据外围元器件插头和主板插座的特点，将插头安装在主板插座上，这也是本节介绍的重点。本节以美的 KFR-26GW/DY-B（E5）挂式空调器为基础，着重介绍根据插头和元器件特点安装主板的步骤和方法。

一、 主板电路设计特点

① 主板根据工作电压不同，设计为两个区域：交流 220V 为强电区域，直流 5V 和 12V 为弱电区域。图 8-1、图 8-2 为主板强电 - 弱电区域分布的正面视图和反面视图。

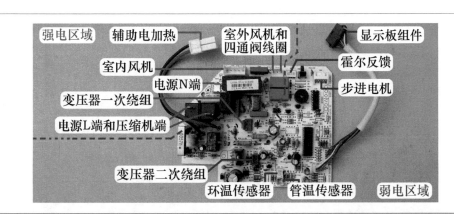

图 8-1　主板强电 - 弱电区域分布正面视图

② 强电区域插座设计特点：大 2 针插座且与压敏电阻并联接变压器一次绕组，最大的 3 针插座接室内风机，压缩机继电器上方端子（如下方焊点接熔丝管）接 L 端供电，另 1 个端子接压缩机引线，另外 2 个继电器的接线端子接室外风机和四通阀线圈引线。

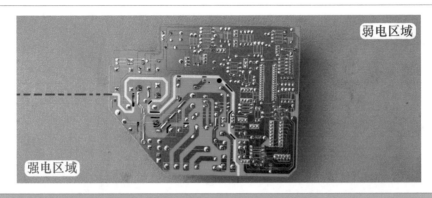

图 8-2　主板强电 - 弱电区域分布反面视图

③ 弱电区域插座设计特点：2 针插座（在整流二极管附近）接变压器二次绕组，小 2 针插座接传感器，3 针插座接室内风机霍尔反馈，5 针插座接步进电机，多针插座接显示板组件。

④ 通过指示灯可以了解空调器的运行状态，通过接收器则可以改变空调器的运行状态，两者都是 CPU 与外界通信的窗口，因此通常将指示灯和接收器、应急开关等单独设计在一块电路板上，称为显示板组件（也可称为显示电路板）。

⑤ 应急开关是在没有遥控器的情况下能够使用空调器，通常有两种设计方法：一种是直接焊在主板上，另一种是与指示灯、接收器一起设计在显示板组件上面。

⑥ 空调器工作电源交流 220V 供电 L 端是通过压缩机继电器上方的接线端子输入，而 N 端则是直接输入。

⑦ 室外机负载（压缩机、室外风机、四通阀线圈）均为交流 220V 供电，3 个负载共用 N 端，由电源插头通过室内机接线端子和室内外机连接线直接供给；每个负载的 L 端供电则是主板通过控制继电器触点闭合或断开来完成。

二、　根据室内机接线图安装主板的方法

室内机电气接线图上标注外围元器件的插头或引线插在主板插座的代号，见图 8-3 左图，根据这些代号可以完成更换主板的工作；室内机电气接线图一般贴在外壳内部，需要将外壳拆下后才能看到。

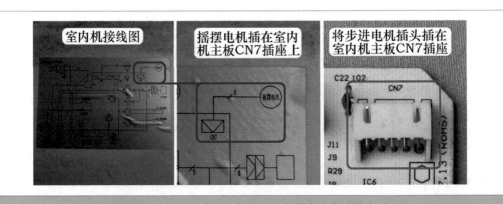

图 8-3　根据室内机电气接线图安装步进电机插头

例如：见图 8-3 中图和右图，根据接线图标识，摇摆电机（本书统称为步进电机）共有 5 根引线，插在主板上代号 CN7 的插座上，安装时找到步进电机插头，插在 CN7 插座上即可。

三、 根据插头特点安装主板的步骤

1. 电控盒插头和主板实物外形

图 8-4 左图为电控盒内主板上所有的插头，图 8-4 右图为室内机主板实物外形。电控盒内主要有电源引线、变压器插头、传感器插头等。

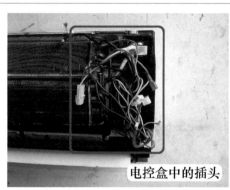

图 8-4 电控盒插头和室内机主板

2. 电源供电引线

供电引线连接电源插头，见图 8-5 左图，共有 3 根引线：棕线为 L 端相线、蓝线为 N 端零线、黄 / 绿线为地线，其中地线直接固定在蒸发器上面，更换主板时不需要安装。

见图 8-5 右图，室内机主板强电区域压缩机继电器上方的端子中：电源 L 端与熔丝管（俗称保险管）相通接棕线、与熔丝管不相通的端子接压缩机引线。标有"N"的端子接电源 N 端蓝线。

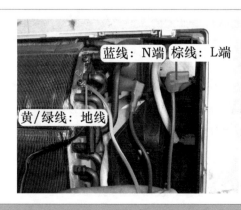

图 8-5 电源引线和接线端子标识

见图 8-6，将棕线（L 端）安装在压缩机继电器上与熔丝管相通的端子，将蓝线（N 端）安装在标有"N"的端子。

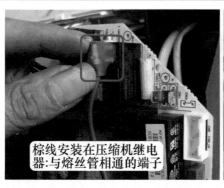

图 8-6　安装电源供电引线

3. 室内外机连接线中压缩机引线和地线位置

室内外机使用 1 束 5 根的连接线，见图 8-7 左图：白线为压缩机、黑线为 N 端零线、插头的 2 根引线为室外风机和四通阀线圈、黄 / 绿线为地线。

见图 8-7 右图，室内外机连接线中的黄 / 绿线地线已经安装在蒸发器的地线固定位置，和电源引线的"地线"相连，更换主板时不需要安装地线。

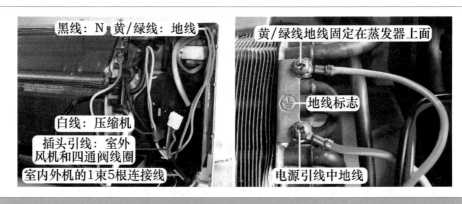

图 8-7　室内外机连接线和地线标识

见图 8-8，首先将白线（压缩机）穿入电流互感器的中间孔，再将插头安装在压缩机继电器端子上；将黑线（N）安装在标有"N"的端子，和电源引线蓝线 N 直接相连。

➡ 说明：由于室外风机和四通阀线圈插头的引线在室内机部分较短，只有在主板安装到电控盒卡槽后，才能安装连接线的插头。

4. 环温和管温传感器插头

室内机共设有环温和管温 2 个传感器，见图 8-9 左图，使用独立的插头。

见图 8-9 右图，室内机主板弱电区域环温传感器标识为 room，管温传感器标识为 pipe。

图 8-8　安装压缩机引线和 N 线

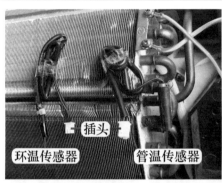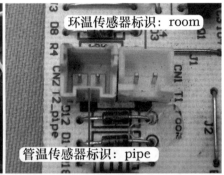

图 8-9　传感器和插座标识

见图 8-10，将环温传感器插头安装在主板标有"room"的插座，将管温传感器插头安装在主板标有"pipe"的插座。2 个传感器插头不一样，插反时插不进去。

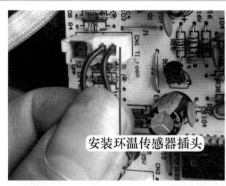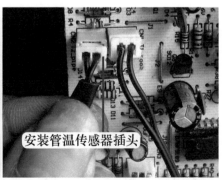

图 8-10　安装传感器插头

5. 变压器插头

变压器共有 2 个插头，见图 8-11 左图，大插头为一次绕组，小插头为二次绕组。

见图 8-11 右图，室内机主板上一次绕组插座标有"TRANS-IN"，位于强电区域；二次绕组插座标有"TRANS",位于弱电区域。

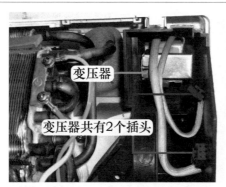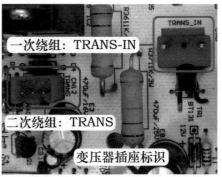

图 8-11　变压器和插座标识

见图 8-12,将变压器二次绕组插头插在主板标有"TRANS"的插座,将一次绕组插头插在主板标有"TRANS-IN"的插座。

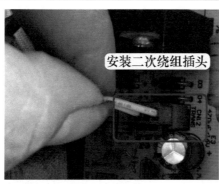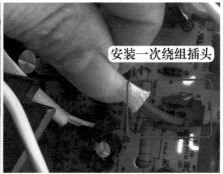

图 8-12　安装变压器插头

6. 室外风机和四通阀线圈引线插头

见图 8-13,将室内机主板安装在电控盒的卡槽内,再找到室外风机和四通阀线圈引线插头,插在位于主板强电区域的插座上。

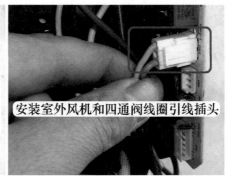

图 8-13　安装主板和引线插头

7. 室内风机（PG 电机）插头

室内风机共有 2 个插头，从电控盒底部引出，见图 8-14，大插头为线圈供电，小插头为霍尔反馈。室内机主板线圈供电插座上标有 "FAN-IN"。

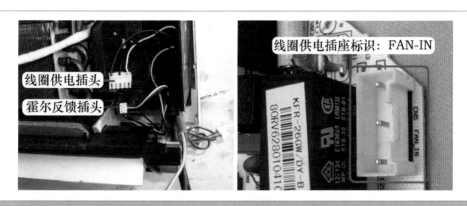

图 8-14 室内风机插头和插座标识

见图 8-15，将线圈供电插头插在主板强电区域标有 "FAN-IN" 的插座上，将霍尔反馈插头插在位于弱电区域的插座上。

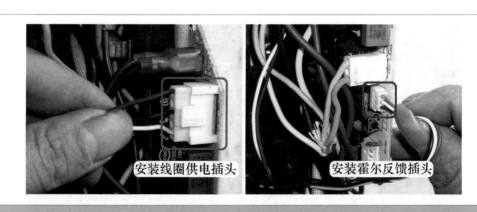

图 8-15 安装室内风机插头

8. 步进电机插头

见图 8-16，步进电机位于接水盘上，只有 1 个插头，共有 5 根引线，在室内机主板弱电区域中只有 1 个 5 针的插座就是步进电机插座，将插头安装在插座上。

9. 辅助电加热插头

辅助电加热安装在蒸发器的下部，因此引线从蒸发器下部引出，见图 8-17 左图，使用对接插头。

室内机主板对接插头的引线焊接在强电区域，见图 8-17 右图，将对接插头安装到位。

10. 显示板组件插头

此机显示板组件安装在室内机外壳中部，见图 8-18，引线使用对接插头，在室内机主板弱电区域引出 1 束引线组成的插头即为显示板组件插头，将对接插头安装到位。

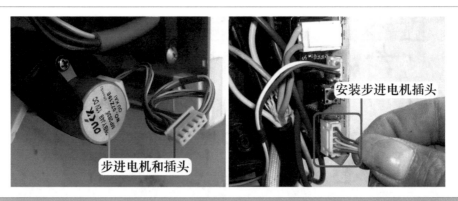

图 8-16　安装步进电机插头

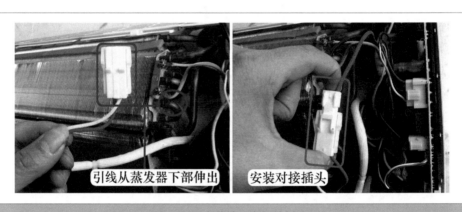

图 8-17　安装辅助电加热插头

图 8-18　显示板组件和安装插头

11. 安装完成

　　至此，室内机主板上所有的插座和接线端子、对应的引线全部安装完成，见图 8-19，电控盒内没有多余的引线，室内机主板没有多余的接线端子或插座。

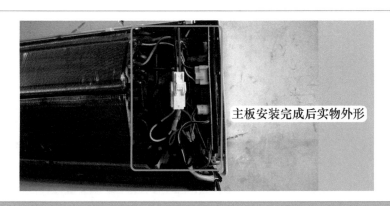

图 8-19　安装完成

第二节　代换挂式空调器通用板

目前挂式空调器室内风机绝大部分使用 PG 电机，工作电压为交流 90~220V，如果主板损坏且配不到原装主板或修复不好，这时需要代换主板，常见有两种方法：一种是选用其他品牌空调器厂家使用 PG 电机的主板（或原品牌其他型号的主板），另一种是使用通用板。

目前挂式空调器的通用板按室内风机驱动方式分为两种：一种是使用继电器，对应安装在早期室内风机使用抽头电机的空调器中；另一种是使用光电耦合器 + 晶闸管（俗称可控硅），对应安装在目前室内风机使用 PG 电机的空调器中。

本节着重介绍使用光电耦合器 + 晶闸管的通用板代换方法，示例机型选用海尔 KFR-32GW/Z2 挂式空调器，是目前最常见的电控系统设计形式。

一、通用板设计特点

1. 实物外形

图 8-20 左图为某品牌的通用板套件，由通用板、变压器、遥控器、接线插等组成，设有环温和管温 2 个传感器，显示板组件设有接收器、应急开关按键、指示灯。从图 8-20 右图可以看出，室内风机驱动电路主要由光电耦合器和晶闸管组成。通用板特点如下：

① 外观小巧，基本上都能装在代换空调器的电控盒内。

② 室内风机驱动电路由光电耦合器 + 晶闸管组成，和原机相同。

③ 自带遥控器、变压器、接线插，方便代换。

④ 自带环温和管温传感器且直接焊在通用板上面，无需担心插头插反。

⑤ 步进电机插座为 6 根引针，两端均为直流 12V。

⑥ 通用板上使用汉字标明接线端子作用，使代换过程更为简单。

2. 接线端子功能

通用板的主要接线端子：见图 8-21，电源相线 L 输入、电源零线 N 输入、变压器、室内风机、压缩机、四通阀线圈、室外风机、步进电机。另外，显示板组件和传感器的引线均直接焊在通用板上，自带的室内风机电容容量为 1μF。

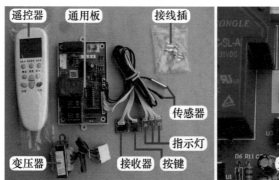

图 8-20　挂式空调器通用板

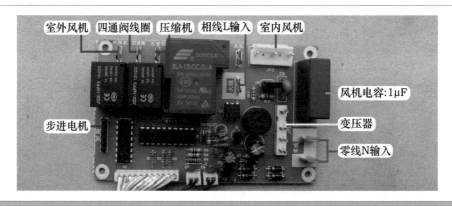

图 8-21　接线端子

二、　代换步骤

1. 拆除原机电控系统

见图 8-22，拆除原机主板、变压器、接线端子引线，保留显示板组件。

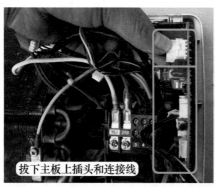
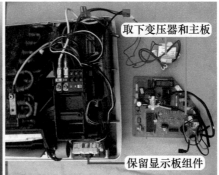

图 8-22　拆除原机主板

2. 安装电源供电引线

见图 8-23，原主板与接线端子上的零线 N 引线、室外风机和四通阀线圈引线，使用 1 个插头连接，而通用板使用接线端子连接，因此应将引线的插头改为接线插。

（1）制作接线插

常用有两种方法：使用钳子夹紧和使用烙铁焊接。使用钳子夹紧制作的接线插方法简单，但容易接触不良，且有时会很轻松地将引线拉出来；使用烙铁焊接制作的接线插则比较牢固，但操作起来比较复杂。

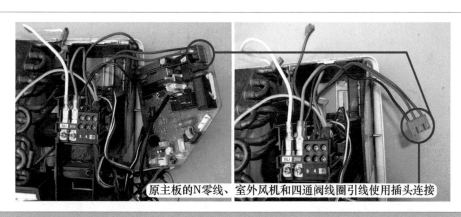

原主板的N零线、室外风机和四通阀线圈引线使用插头连接

图 8-23　原主板 N 线使用插头

1）使用钳子夹紧制作接线插

首先将引线穿入塑料护套，见图 8-24，并将引线绝缘层剥开适当的长度，放在接线插里面，使用钳子夹紧接线插，再装好塑料护套。

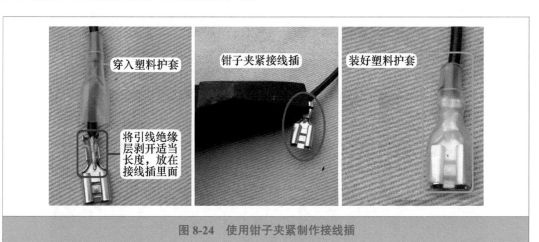

穿入塑料护套　　钳子夹紧接线插　　装好塑料护套

将引线绝缘层剥开适当长度，放在接线插里面

图 8-24　使用钳子夹紧制作接线插

2）使用烙铁焊接制作接线插

将引线穿入塑料护套，见图 8-25，并将引线绝缘层剥开适当的长度，使用烙铁镀上焊锡；将接线插上部也镀上焊锡，再使用烙铁将引线焊在接线插上面，最后装好塑料护套。

（2）安装引线

见图 8-26，将电源相线 L 棕线插头插在通用板标有"火线（即相线）"的端子，将电源零线 N 黑线插头插在标有"零线"的端子。

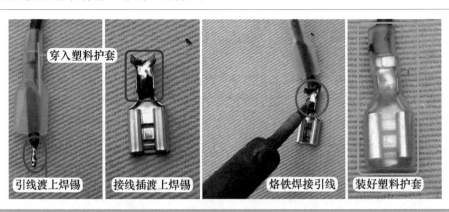

图 8-25　使用烙铁焊接制作接线插

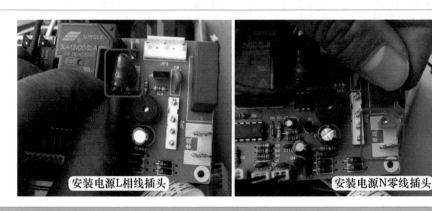

图 8-26　安装电源供电引线

3. 安装变压器插头

（1）变压器实物外形

见图 8-27，通用板配备的变压器只有 1 个插头，即将一次绕组和二次绕组的引线固定在 1 个插头上面，为防止安装错误，在插头和通用板均设有空当标识，如安装错误，则安装不进去。

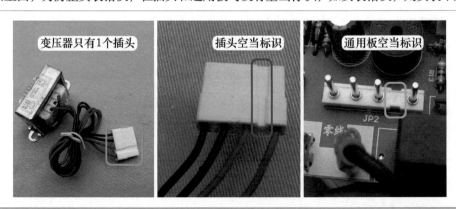

图 8-27　变压器和插头插座空当标识

（2）安装插头

见图 8-28，将配备的变压器固定在原变压器位置，并拧紧固定螺钉，再将插头插在通用板的变压器插座。

图 8-28 固定变压器和安装插头

4. 安装室内风机（PG 电机）插头

（1）线圈供电插头引线与插座引针功能不对应

见图 8-29 左图，PG 电机线圈供电插头的引线顺序从左到右：1 号红线为运行绕组 R、2 号白线为起动绕组 S、3 号黑线为公共端 C；而通用板室内风机插座的引针顺序从左到右：1 号为公共端 C、2 号为运行绕组 R、3 号为起动绕组 S。从对比可以发现，PG 电机线圈供电插头的引线和通用板室内风机插座的引针功能不对应，应调整 PG 电机线圈供电插头的引线顺序。

引线取出方法：见图 8-29 右图，使用万用表表笔尖向下按压引线挡针，同时向外拉引线即可取下。

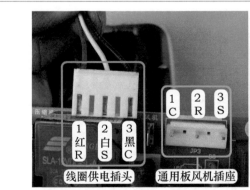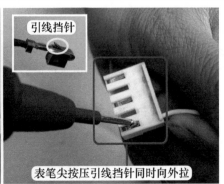

图 8-29 室内风机引线与引针功能不对应和向外拉引线

（2）调整引线顺序并安装插头

见图 8-30，将引线拉出后，再将引线按通用板插座的引针功能对应安装，使调整后的插头引线和插座的引针功能相对应，再将插头安装至通用板插座。

图 8-30　调整引线顺序和安装插头

（3）更换室内风机电容

见图 8-31，查看通用板风机电容容量为 1μF，而原机主板风机电容容量为 1.2μF，为防止更换成通用板后室内风机转速下降，将原机主板的风机电容换至通用板。

➡ 说明：如果没有携带烙铁，风机电容不用更换也可以。

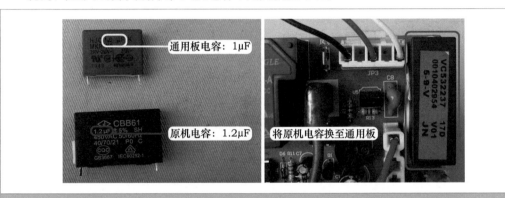

图 8-31　更换室内风机电容

（4）霍尔反馈插头

见图 8-32，室内风机还有 1 个霍尔反馈插头，作用是输出代表转速的霍尔信号，但通用板未设置霍尔反馈插座，因此将霍尔反馈插头舍弃不用。

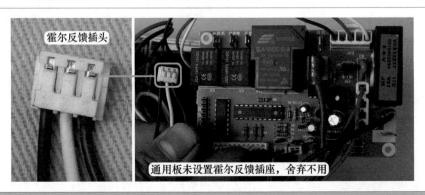

图 8-32　霍尔反馈插头不再安装

5. 安装步进电机插头

（1）步进电机插头

见图 8-33 左图，步进电机插头共有 5 根引线：1 号红线为公共端，2 号橙线、3 号黄线、4 号蓝线、5 号灰线共 4 根引线为驱动。

见图 8-33 右图，通用板步进电机插座设有 6 个引针，其中左右 2 侧的引针相连均为直流 12V，中间的 4 个引针为驱动。由于本机步进电机使用小插头，不能直接安装至通用板的插座。

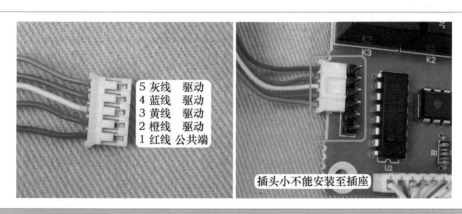

图 8-33　步进电机插头

（2）焊接引线

见图 8-34，剪掉步进电机插头，使用烙铁将引线按顺序直接焊在插座的引针上面，再将空调器接通电源，导风板应当自动复位即处于关闭状态。

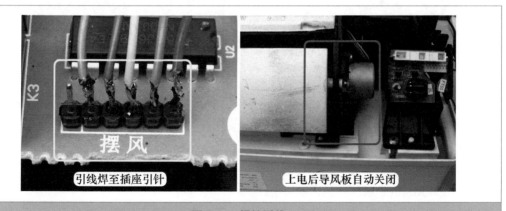

图 8-34　焊接引线

（3）反方向运行调整方法

见图 8-35，将引线焊在插座，驱动顺序为 5-4-3-2，假如上电试机导风板复位时为自动打开，而开机后为自动关闭，说明步进电机为反方向运行，应当调整 4 根驱动引线的首尾顺序：1 号公共端不动，将 4 根引线的驱动顺序改为 2-3-4-5，再次上电导风板复位时就会自动关闭，开机后为自动打开。

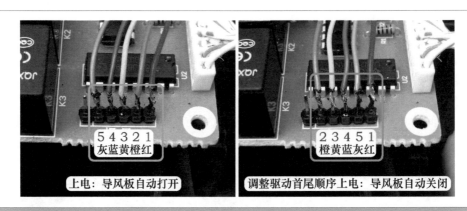

图 8-35 导风板运行方向调整方法

（4）使用大插头的步进电机反方向运行调整方法

大部分品牌空调器的步进电机使用大插头，可以直接插至通用板的插座，代换过程中就不再使用烙铁焊接引线，安装时要注意将公共端引线对应安装在直流 12V 引针。

见图 8-36，安装插头时公共端引线对应接右侧 12V 引针，假如上电时导风板复位为自动打开；调换插头，使公共端引线对应接左侧 12V 引针，那么再次上电试机导风板复位时为自动关闭。

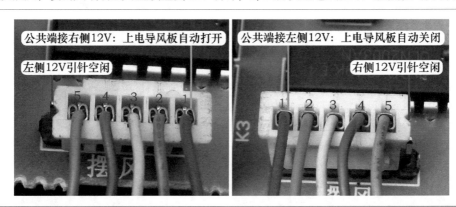

图 8-36 导风板运行方向调整方法

6. 焊接显示板组件引线

常用有两种方法：一种是使用通用板所配备的接收板、应急开关、指示灯，将其放到合适的位置即可；另一种是使用原机配备的显示板组件，方法是将通用板配备显示板组件的引线剪下，按作用焊在原机配备的显示板组件上。

两种方法各有优点，第一种方法比较简单，但由于需要对接收器重新开孔影响美观（或指示灯无法安装而不能查看）；第二种方法比较复杂，但对空调器整机美观没有影响，且指示灯也能正常显示。本节着重介绍第二种方法。

（1）实物外形

见图 8-37，原机显示板组件为一体化设计，装有接收器和 3 个指示灯。通用板配备的显示板组件为组合式设计，装有接收器、应急开关按键、3 个指示灯，每个器件组成的小板均可以掰断单独安装。

如使用第一种方法安装接收器，将小板掰断后，再将接收器对应固定在室内机的接收窗位置；安装指示灯时，将小板掰断，安装在室内机指示灯显示孔的对应位置，由于无法固定或只能简单固定，在安装室内机外壳时接收器或指示灯小板可能会移动，造成试机时接收器接收不到遥控器的信号，或看不清指示灯显示的状态。

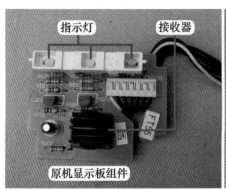 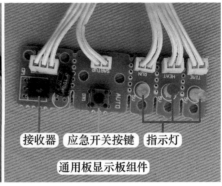

图 8-37 原机和通用板的显示板组件

（2）焊接接收器引线

见图 8-38，掰断接收器的小板，剪断 3 根连接线，并分辨出引线的功能，再将引线按功能焊接在接收器的引脚。原机显示板组件的接收器电源引脚通过 100Ω 限流电阻接直流 5V，实际操作时将电源线焊在原机显示板组件的 5V 焊点，输出线和地线焊在与接收器相通的焊点上面。

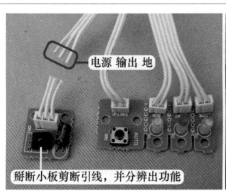 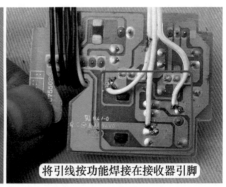

图 8-38 焊接接收器引线

（3）焊接指示灯引线

从正面看，见图 8-37 左图，原机显示板组件的 3 个指示灯从左到右依次为：左侧为电源（标号 POW，白色 3 个引脚，双色显示）、中间为定时（标号 TIM，黄色）、右侧为运行（标号 RUN，绿色），其中电源指示灯为双色指示灯共有 3 个引脚；见图 8-37 右图，通用板显示板组件的 3 个指示灯从左到右依次为：运行（标号 RUN，绿色）、制热（标号 HEAT，红色）、定时（标号 TIME，绿色）。

由于原机的电源双色指示灯通用板无法驱动，而通用板的制热指示灯不经常使用，因此更改时只利用原机的定时和运行指示灯。见图 8-39，通用板的指示灯负极接地并连在一起、正极接 CPU 驱动，原机显示板组件的指示灯正极接 5V 并连在一起、负极接 CPU 驱动，可见原机显示板组件的指示灯驱动方式和通用板不符，因此划断指示灯正极的铜箔走线，使 2 个指示灯各自独立。找到通用板的定时和运行指示灯引线，分辨出功能后剪断引线。

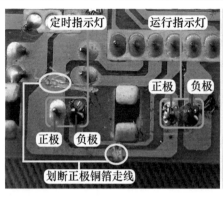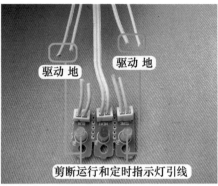

图 8-39　划断原机铜箔走线和剪断指示灯引线

见图 8-40 左图，将引线对应焊接在原机显示板组件定时和运行指示灯的引脚：驱动接正极、地接负极，焊接后更改显示板组件引线完成。

见图 8-40 右图，原机显示板组件的插头不再使用，通用板配备的接收器和指示灯也不再使用。

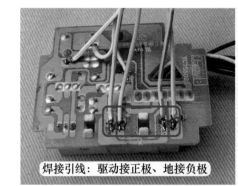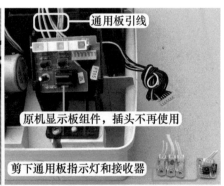

图 8-40　焊接指示灯引线和完成

（4）应急开关按键

由于原机的应急开关按键设计在主板上面，通用板配备的应急开关按键也无法安装，且考虑到此功能一般很少使用，因此将应急开关按键的小板直接放在室内机电控盒的空闲位置。

7. 安装室外机负载引线

见图 8-41 左图，原机的室外风机和四通阀线圈引线使用同 1 个插头连接，因此换成单独的接线插。

见图 8-41 右图，将接线端子的 1 号白线（压缩机）插在通用板标有"压缩机"的端子。

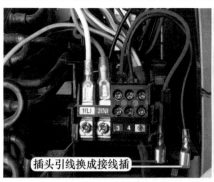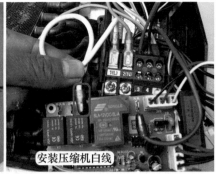

插头引线换成接线插　安装压缩机白线

图 8-41　插头引线和安装压缩机插头

见图 8-42，将接线端子的 3 号红线（四通阀线圈）插头插在通用板标有"四通阀"的端子，将 4 号棕线（室外风机）插头插在通用板标有"外风机"的端子。

安装四通阀线圈红线　安装室外风机棕线

图 8-42　安装四通阀线圈和室外风机引线插头

8. 安装环温和管温传感器探头

配备的环温和管温传感器引线直接焊在通用板上面，因此不用安装插头，只需要安装探头。

见图 8-43，原机的环温传感器探头安装在显示板组件附近，将配备的环温传感器探头也安装在原位置，管温传感器探头插在位于蒸发器的检测孔内。

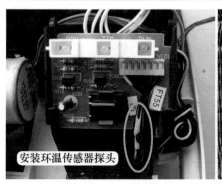

安装环温传感器探头　安装管温传感器探头

图 8-43　安装环温和管温传感器探头

9. 代换完成

见图 8-44，至此，通用板所有引线均代换安装完成。

通用板代换完成

图 8-44　通用板代换完成

第九章

安装和代换柜式空调器主板

第一节　安装柜式空调器原装主板

一、电控盒插头和主板插座

　　本节以美的 KFR-51LW/DY-GA（E5）柜式空调器为基础，介绍安装原装主板的过程。需要注意的是，主板上插座或接线端子标识的英文符号为美的空调器厂家注明，其他品牌或型号的室内机主板可能会不相同，但可以参考使用。

　　图 9-1 左图为电控盒内主板的所有插头，主要有电源引线、变压器插头、传感器插头等，图 9-1 右图为室内机主板实物外形。

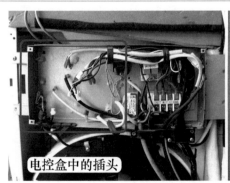
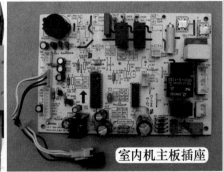

电控盒中的插头　　　　　　　　　　　　　　室内机主板插座

图 9-1　电控盒插头和主板插座

二、安装步骤

　　1. 安装主板

　　电控盒左侧为室内机主板安装位置，见图 9-2 左图，4 个角各设 1 个塑料固定端子，用于固定主板；4 条边的中间位置各设 1 个塑料支撑端子，用于支撑主板，防止主板背面与外壳接触而引起短路。

见图 9-2 右图，安装时将主板对应安装在 4 个角的固定端子上面。

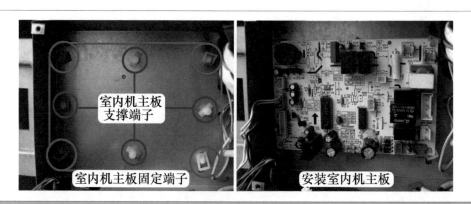

图 9-2　支撑固定端子和安装主板

2. 安装电源供电引线

（1）接线端子标识

室内机主板供电为交流 220V，位于主板强电区域，见图 9-3，标识为 "L" 和 "N"，共有 2 根引线，分别为红线和黑线，红线连接接线端子的 L 端、黑线连接 N 端。

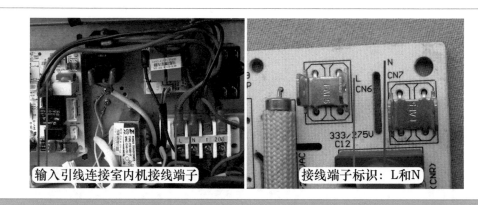

图 9-3　接线端子标识

（2）安装引线

见图 9-4，将红线安装在室内机主板的 "L" 端子，黑线安装在 "N" 端子。由于辅助电加热的 "L" 端供电引线取至室内机主板，因此 "L" 端子有 2 根红线。

3. 安装变压器插头

（1）插座标识

变压器共有 2 个插头，见图 9-5，分别为一次绕组插头和二次绕组插头。室内机主板上变压器一次绕组插座标识为 "TRANS-IN"，位于强电区域；二次绕组插座标识为 "TRANS-OUT"，位于弱电区域。

（2）安装插头

见图 9-6，将变压器一次绕组插头安装在室内机主板标识为 "TRANS-IN" 的插座，将二次绕组插头安装在主板标识为 "TRANS-OUT" 的插座。

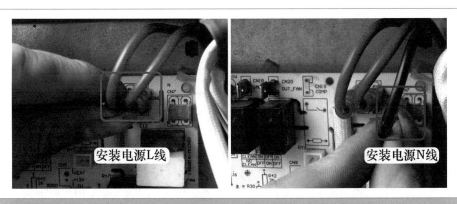

图 9-4 安装电源供电引线

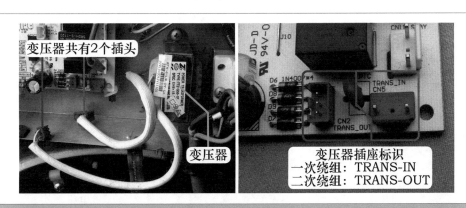

图 9-5 变压器和插座标识

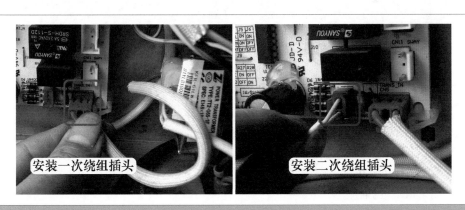

图 9-6 安装变压器插头

4. 安装室内风机插头

见图 9-7，室内机主板上的室内风机插座标识为"IN-FAN"，位于强电区域，安装时将室内风机线圈供电插头安装在对应的插座。

5. 安装同步电机插头

见图 9-8，同步电机在室内机主板上的插座标识为"SWAY"，位于强电区域，安装时将同步电机插头安装在对应的插座。

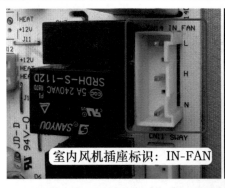

室内风机插座标识：IN-FAN

安装室内风机插头

图 9-7　插座标识和安装插头

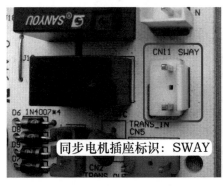

同步电机插座标识：SWAY

安装同步电机插头

图 9-8　插座标识和安装插头

6. 安装压缩机继电器线圈插头

（1）插座标识

由于压缩机继电器和辅助电加热继电器未安装在室内机主板上面，而是固定在电控盒内，见图 9-9，室内机主板上标识为"COMP"的插座接压缩机继电器线圈，标识为"HEAT"的插座接辅助电加热继电器线圈，均位于弱电区域。

（2）安装插头

见图 9-10，接压缩机继电器线圈端子的插头共有 2 根引线，将引线插头安装在室内机主板标识为"COMP"的插座。

7. 安装四通阀线圈和室外风机引线插头

（1）引线标识

室内机主板上强电区域中，见图 9-11，标识为"VALVE"的端子接四通阀线圈蓝线，标识为"OUT-FAN"的端子接室外风机白线，端子引线通过对接插头连接室内外机的连接线。

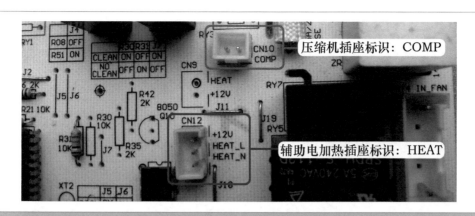

图 9-9　压缩机和辅助电加热插座标识

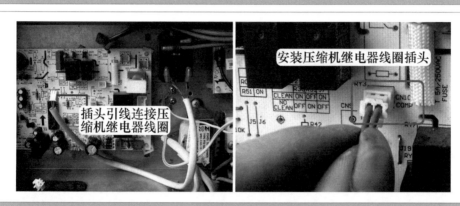

图 9-10　线圈引线和安装插头

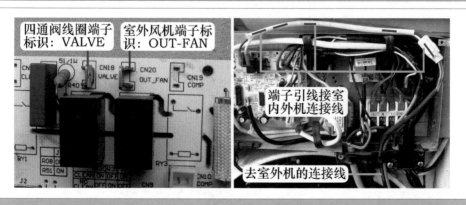

图 9-11　引线标识和连接线

（2）安装引线

见图 9-12，将四通阀线圈蓝线安装在室内机主板标识为"VALVE"的端子，将室外风机白线安装在标识为"OUT-FAN"的端子。

8. 安装辅助电加热继电器线圈插头

见图 9-13，接辅助电加热继电器线圈端子的插头共有 3 根引线，将引线插头安装在室内机主板标识为"HEAT"的插座。

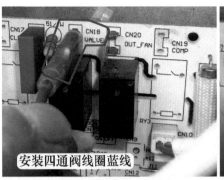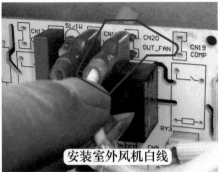

安装四通阀线圈蓝线　　安装室外风机白线

图 9-12　安装四通阀线圈和室外风机引线

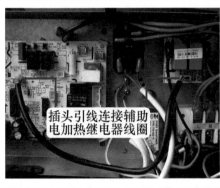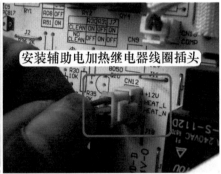

安装辅助电加热继电器线圈插头

插头引线连接辅助电加热继电器线圈

图 9-13　线圈引线和安装插头

9. 安装室内环温和管温传感器插头

（1）插座标识

室内环温和室内管温传感器共用 1 个插座，见图 9-14，标识为"T1"和"T2"，传感器插座引线直接焊在室内机主板的弱电区域，连接传感器使用对接插头，2 个对接插头体积大小和颜色均不一样，接环温传感器的对接插头为白色且体积小，接管温传感器的对接插头为黑色且体积大。

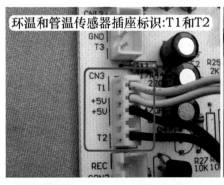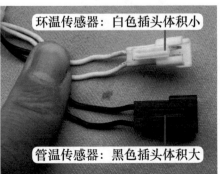

环温和管温传感器插座标识:T1和T2　　环温传感器：白色插头体积小

管温传感器：黑色插头体积大

图 9-14　传感器插座标识

（2）安装插头

见图 9-15，安装室内环温传感器和室内管温传感器的对接插头，由于颜色和体积大小均不一样，因此安装时不会装反。

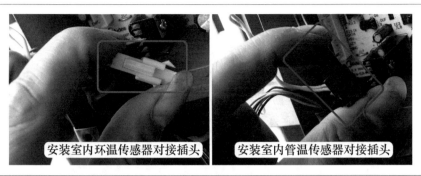

安装室内环温传感器对接插头　　安装室内管温传感器对接插头

图 9-15　安装室内环温和管温传感器对接插头

10. 安装室外管温传感器插头

见图 9-16，室内机主板弱电区域中标识为"T3"的插座接室外管温传感器，室内外机连接线中最细的 1 束接室外管温传感器，将插头安装在对应插座。

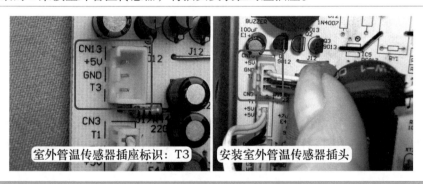

室外管温传感器插座标识：T3　　安装室外管温传感器插头

图 9-16　插座标识和安装插头

11. 安装显示板插头

见图 9-17，室内机主板弱电区域引针最多的即为显示板插座，特点是标识为"KEY、REC"等字样，将显示板插头安装在对应插座。

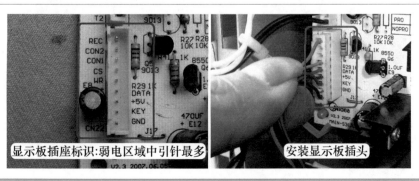

显示板插座标识：弱电区域中引针最多　　安装显示板插头

图 9-17　插座标识和安装插头

12. 安装完毕

至此，室内机主板上所有的插座和接线端子、对应的引线全部安装完毕，见图9-18，电控盒内没有多余的引线，室内机主板没有多余的接线端子或插座。

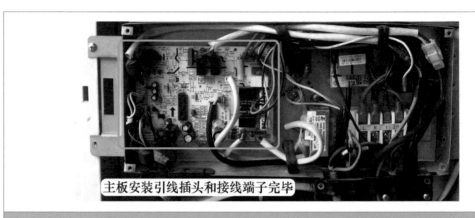

主板安装引线插头和接线端子完毕

图 9-18　安装完毕

第二节　代换柜式空调器通用板

一、电控系统和通用板设计特点

1. 电控系统

本节以美的 KFR-51LW/DY-GA（E5）柜式空调器为基础，详细介绍代换通用板的操作步骤。示例机型电控系统和目前柜式空调器设计原理基本相同，室内机均设有显示板和室内机主板，室外机未设电路板，因此代换其他品牌空调器通用板时可参考本节所示步骤。

见图9-19，室内机主板是整机电控系统的控制中心，包括 CPU 及弱电电路等，显示板的主要作用是显示整机状态。

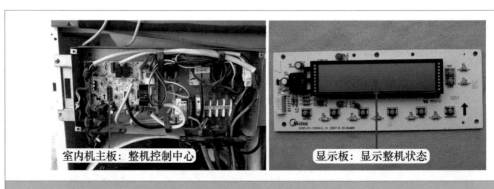

室内机主板：整机控制中心　　　　　显示板：显示整机状态

图 9-19　室内机主板和显示板

2. 通用板实物外形

见图9-20，本例选用某品牌具有液晶显示、具备冷暖两用且带有辅助电加热控制的通用板组件，主要部件有通用板（主板）、显示板、变压器、遥控器、接线插、双面胶等，特点如下。

① 自带遥控器、变压器、接线插，方便代换。

② 自带室内环温和室内管温传感器，并且直接焊在主板上面，无需担心插头插反。

③ 显示板设有全功能按键，即使不用遥控器，也能正常控制空调器，并且 LCD 显示屏可更清晰地显示运行状态。

④ 通用板上使用汉字标明接线端子的作用，使代换过程更为简单。

⑤ 通用板只设有 2 个电源零线 N 端子。如室内风机、室外机负载、同步电机使用的零线 N 端子，可由电源接线端子上 N 端子提供。

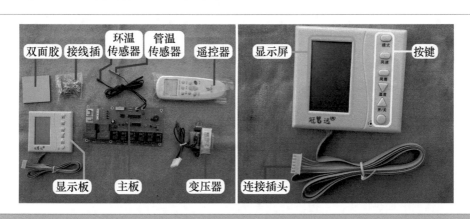

图 9-20　带液晶显示屏的柜式空调器通用板

3. 通用板主要接线端子（见图 9-21）

电源输入端子：2 个，相线 L 输入（火线）、零线 N 输入（零线）。

变压器插座：1 个，连接变压器。

显示板插座：1 个，连接显示板。

室内风机端子：3 个，高风（高）、中风（中）、低风（低）。

同步电机端子：1 个，即（摆风）端子。

辅助电加热端子：1 个，即（电加热）端子。

室外机负载：3 个，压缩机（压缩机）、室外风机（外风机）、四通阀线圈（四通阀）。

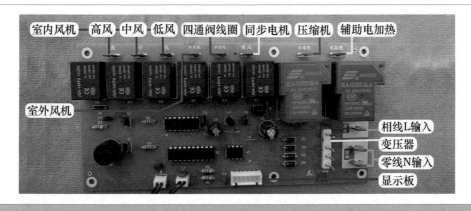

图 9-21　通用板接线端子

1. 拆除原机电控系统和保留引线

见图 9-22 左图，取下原机电控系统中室内机主板、变压器、压缩机继电器、辅助电加热继电器、环温和管温传感器等器件。

图 9-22　取下的器件和保留的引线插头

需要保留的引线插头见图 9-22 右图，共有室外机负载的 5 根引线、同步电机插头、室内风机插头、辅助电加热插头、主板供电引线等。

2. 安装通用板

由于通用板固定孔和原机主板固定端子不对应，因此在通用板反面贴上双面胶，见图 9-23，直接粘在原机主板的固定端子上面。

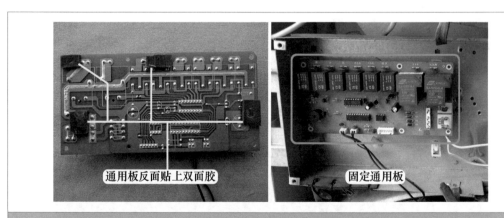

图 9-23　安装通用板

3. 安装电源供电引线

见图 9-24，将原机的相线 L 红线安装至通用板标有火线的端子、将零线 N 黑线安装至通用板标有零线的端子，L-N 为通用板提供交流 220V 电源。

4. 安装变压器

见图 9-25，将自带的变压器固定在原机位置，由于原机变压器体积大，自带的变压器只能固定 1 个螺钉，拧紧螺钉后将插头安装至通用板的变压器插座。

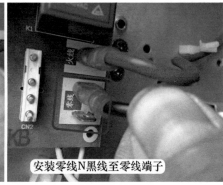

安装相线L红线至火线端子 安装零线N黑线至零线端子

图 9-24 安装电源供电引线

固定变压器至原位置 安装变压器插头

图 9-25 固定变压器和安装插头

5. 安装室内风机引线

见图 9-26 左图，原机主板的室内风机使用插头，共有 3 根引线，作用分别为：黑线为公共端 C、灰线为高风 H、红线为低风 L。由此可见，本机室内风机共有高风和低风 2 挡风速。

见图 9-26 右图，通用板设有高风、中风、低风共 3 挡风速，为防止设定某一转速时室内风机停止运行，应使用引线短接其中的 2 个端子作为 1 路输出，才能避免此种故障。

通用板使用接线端子连接引线，因此应剪去室内风机插头，并将引线接上接线插，才能连接通用板。

翻转通用板至反面，使用 1 根较短的引线，见图 9-27 左图，两端焊在中风和低风的接线端子，即短接中风和低风端子，此时无论通用板输出中风或低风控制电压，室内风机均运行且恒定在 1 个转速。

见图 9-27 右图，将室内风机的公共端黑线制成接线插，安装至通用板空闲的零线端子，为室内风机提供零线 N 电源。

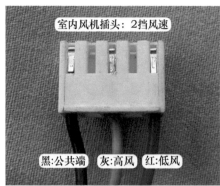

图 9-26　室内风机插头和通用板 3 挡风速

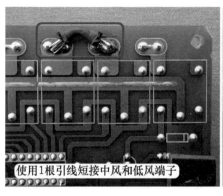
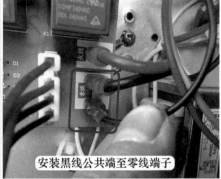

图 9-27　短接中 - 低风端子和安装黑线 N 端

　　将室内风机插头上的另外 2 根引线也制成接线插，见图 9-28，将高风 H 灰线安装至通用板标识为"高"的端子、低风 L 红线安装至通用板标识为"低"的端子。中风端子由于和低风端子短接，因此空闲不用安装引线。

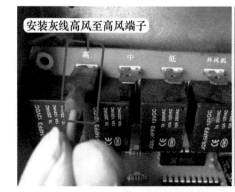
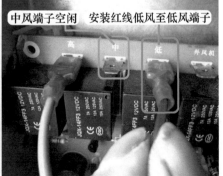

图 9-28　安装高 - 低风速引线

6. 安装辅助电加热引线

辅助电加热功率较大，引线通过的电流也较大，通常使用较粗的引线或在外面包裹一层耐热护套，2 根引线比较容易分辨。

见图 9-29，将黑线安装至接线端子上 2（N）端子，另外 1 根红线安装至通用板标识为"电加热"的端子。

7. 安装同步电机引线

本机同步电机使用插头连接，见图 9-30 左图，共有 2 根引线，供电电压为交流 220V，而通用板使用接线端子连接引线，因此应剪去同步电机插头，并将引线接上接线插，才能连接至通用板。

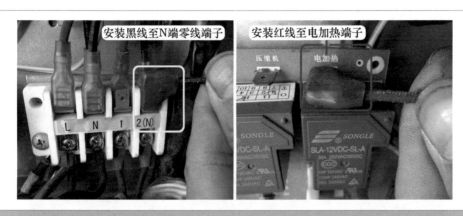

图 9-29　安装辅助电加热引线

见图 9-30 中图和右图，因通用板和接线端子均没有多余的 N 端插头，因此将同步电机中的黑线剥开适当的长度，固定在接线端子上 2（N）端子，将白线安装至通用板标识为"摆风"的端子。这里需要说明的是，2 根引线不分反正，可任意连接"零线"或"摆风"端子。

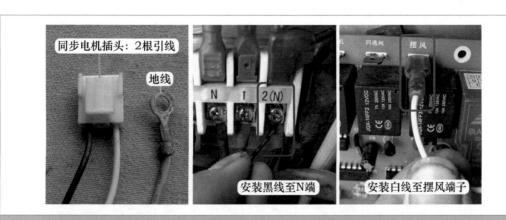

图 9-30　安装同步电机引线

8. 安装室外机负载引线

室外机负载使用 2 束引线共有 5 根，其中 1 根黄 / 绿色为地线直接连接至电控盒铁皮、1 根黑线为公用零线已连接至接线端子上 2（N）端子（见图 9-31 左图）、1 根红线为压缩机、

1根白线为室外风机、1根蓝线为四通阀线圈。

见图9-31右图，将压缩机红线安装至通用板标识为"压缩机"的端子。

见图9-32，将室外风机白线安装至通用板标识为"外风机"的端子、将四通阀线圈蓝线安装至通用板标识为"四通阀"的端子。

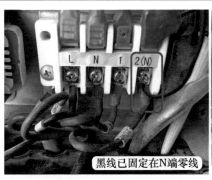

图 9-31　N端零线和安装压缩机红线

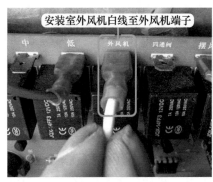

图 9-32　安装室外风机和四通阀线圈引线

9. 安装环温和管温传感器探头

见图9-33，将通用板自带的室内环温传感器探头安装在原机位置，即离心风扇的进风口罩圈上面；将自带的管温传感器探头安装在原机位置，即位于蒸发器的检测孔内。

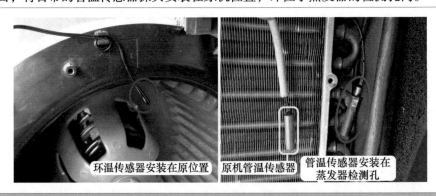

图 9-33　安装环温和管温传感器

10. 安装显示板

见图 9-34，取下原机的显示板组件，将自带显示板的引线穿过前面板；再使用通用板套件自带的双面胶，一面粘住显示板背面、另一面粘在原机的显示窗口合适位置，即可固定显示板，并将显示板引线插头插在通用板的插座上面。

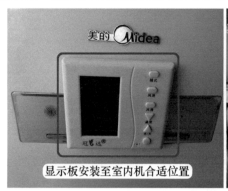

图 9-34　固定显示板和安装插头

11. 代换完成

见图 9-35 左图，至此，室内机和室外机的负载引线已全部连接，即代换通用板的步骤也已结束。

见图 9-35 右图，按压显示板上"开/关"按键，室内风机开始运行，转换"模式"至制冷，当设定温度低于房间温度，压缩机和室外风机开始运行，空调器制冷也恢复正常。

图 9-35　代换完成和开机

第十章

定频空调器常见故障

第一节　室内机故障

一、变压器一次绕组开路，上电无反应

➡ 故障说明：美的 KFR-51LW/DY-GA（E5）柜式空调器，用户反映上电无反应，使用遥控器和按键均不能开机，电源电路原理图见图 6-4。

1. 测量供电电压和 5V 电压

上门检查，将空调器重新通上电源，没有听到蜂鸣器的声音，且显示屏无复位时的全屏显示，使用遥控器和按键均不能开启空调器。

取下室内机进风格栅和电控盒盖板，使用万用表交流电压挡，见图 10-1 左图，测量室内机接线端子 L-N 电压，实测为交流 220V，说明电源供电已送至室内机。

重新上电无反应，说明 CPU 没有工作，应测量直流 5V 电压，使用万用表直流电压挡，见图 10-1 右图，黑表笔接地（实接 7805 散热片）、红表笔接主板和显示板连接插座中标示有+5V 的红线，实测电压为 0V，说明为主板供电的电源电路出现故障。

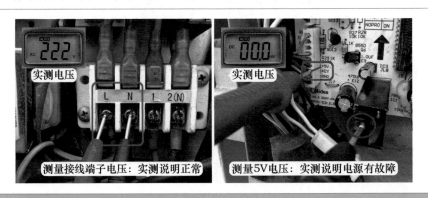

图 10-1　测量交流供电和直流 5V 电压

2. 测量变压器插座电压

直流 5V 由变压器二次绕组经整流、滤波、7805 稳压后提供，因此使用万用表交流电压挡，

见图 10-2 左图，测量变压器二次绕组插座电压，实测为交流 0V，说明变压器未输出供电。

依旧使用万用表交流电压挡，见图 10-2 右图，测量变压器一次绕组插座电压，实测为交流 220V，与接线端子 L-N 电压相同，说明供电和熔丝管（俗称保险管）均正常，二次绕组未输出电压可能为变压器损坏。

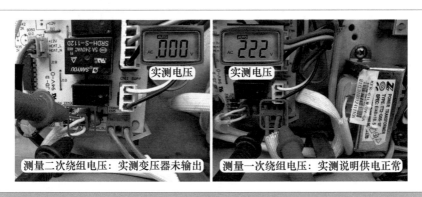

图 10-2　测量变压器插座电压

3. 测量一次绕组阻值

断开空调器电源，使用万用表电阻挡，见图 10-3 左图，测量变压器一次绕组阻值，正常约为 400Ω，实测阻值为无穷大，说明开路损坏。

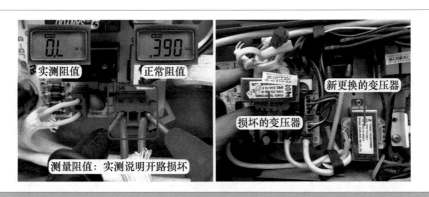

图 10-3　测量一次绕组阻值和更换变压器

➡ 维修措施：见图 10-3 右图，更换变压器。更换后将空调器通上电源，能听到蜂鸣器的响声，同时显示屏全屏显示复位，约 3s 后熄灭，按压遥控器开关按键，空调器开始运行，制冷正常，故障排除。

总　结：

变压器一次绕组开路损坏，在实际维修中经常遇到，是一个常见故障。如果柜式空调器设有电源插头，由于变压器一次绕组与电源供电 L-N 并联，利用这一原理，简单的判断方法如下：使用万用表电阻挡，见图 10-4，测量电源插头 L-N 阻值，如果为无穷大，说明变压器一次绕组回路有开路故障，再测量熔丝管阻值，正常为 0Ω，排除熔丝管开路故障后，即可初步判断变压器一次绕组开路损坏，然后再测量一次绕组插头阻值确定即可。

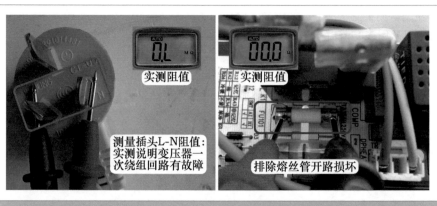

图 10-4　测量插头和熔丝管阻值

二、　按键内阻增大，操作功能错乱

➡ 故障说明：美的 KFR-50LW/DY-GA（E5）柜式空调器，用户反映遥控器控制正常，但按键不灵敏，有时候不起作用需要使劲按压，有时候按压时功能控制错乱，见图 10-5，比如按压模式按键时，显示屏左右摆风图标开始闪动，实际上是辅助功能按键在起作用；比如按压风速按键时，显示屏显示锁定图标，再按压其他按键均不起作用，实际上是锁定按键在起作用。

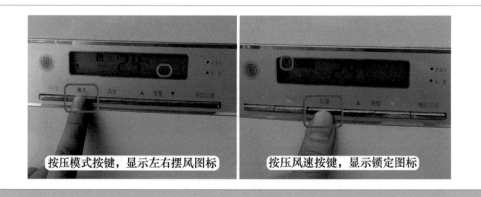

图 10-5　按键控制错乱

1. 工作原理

功能按键设有 8 个，而 CPU 只有㉖脚共 1 个引脚检测按键，基本工作原理为分压电路，电路原理图见图 10-6，本机上分压电阻为 R38，按键和串联电阻为下分压电阻，CPU ㉖脚根据电压值判断按下按键的功能，从而对整机进行控制，按键状态与 CPU 引脚电压对应关系见表 10-1。

比如㉖脚电压为 2.5V 时，CPU 通过计算，得出温度"上调"键被按压一次，控制显示屏的设定温度上升 1℃，同时与室内环温传感器温度相比较，控制室外机负载的工作与停止。

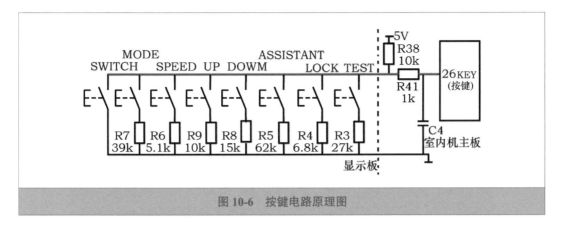

图 10-6 按键电路原理图

表 10-1 按键状态与 CPU 引脚电压对应关系

名称	开 / 关	模式	风速	上调	下调	辅助功能	锁定	试运行
英文	SWITCH	MODE	SPEED	UP	DOWN	ASSISTANT	LOCK	TEST
CPU 电压	0V	3.96V	1.7V	2.5V	3V	4.3V	2V	3.6V

2. 测量 KEY 电压和按键阻值

使用万用表直流电压挡，见图 10-7 左图，黑表笔接 7805 散热片铁壳地、红表笔接主板上显示板插座中 KEY（按键）对应的白线测量电压，在未按压按键时约为 5V，按压风速按键时电压在 1.7 ~ 2.2V 上下跳动变化，同时显示屏显示锁定图标，说明 CPU 根据电压判断为锁定按键被按下，确定按键电路出现故障。

图 10-7 测量按键电压和阻值

按键电路常见故障为按键损坏，断开空调器电源，使用万用表电阻挡，见图 10-7 右图，测量按键阻值，在未按压按键时，阻值为无穷大，而在按压按键时，正常阻值为 0Ω，而实测阻值在 100 ~ 600kΩ 上下变化，且使劲按压按键时阻值会明显下降，说明按键内部触点有锈斑，当按压按键时触点不能正常导通，锈斑产生阻值和下分压电阻串联，与上分压电阻 R38 进行分压，由于阻值增加，分压点电压上升，CPU 根据电压判断为其他按键被按下，因此按键控制功能错乱。

➡ **维修措施**：按键内阻变大一般由湿度大引起，而按键电路的 8 个按键处于相同环境下，因此应将按键全部取下，见图 10-8，更换 8 个相同型号的按键。

更换后使用万用表电阻挡测量按键阻值，见图 10-9 左图，未按压按键时阻值为无穷大，轻轻按压按键时阻值由无穷大变为 0Ω。

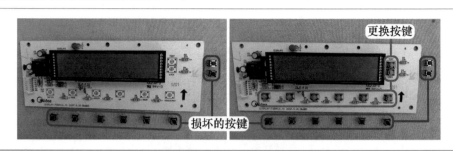

图 10-8　更换按键

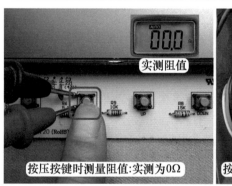

图 10-9　测量按键阻值和电压

再将空调器通上电源，使用万用表直流电压挡，见图 10-9 右图，测量主板去显示板插座 KEY 按键白线电压，未按压按键时为 5V，按压风速按键时电压稳压约为 1.7V，不再上下跳动变化，蜂鸣器响一声后，显示屏风速图标变化，同时室内风机转速也随之变化，说明按键控制正常，故障排除。

三、接收器损坏，不接收遥控器信号

➡ **故障说明**：格力 KFR-72LW/NhBa-3 柜式空调器，用户使用遥控器不能控制，使用按键控制正常。

1. 按压按键和检查遥控器

上门检查，按压遥控器上开关按键，室内机没有反应；见图 10-10 左图，按压前面板上开关按键，室内机按自动模式开机运行，说明电路基本正常，故障在遥控器或接收器电路。

使用手机摄像头检查遥控器，见图 10-10 右图，方法是打开手机相机功能，将遥控器发射头对准手机摄像头，按压遥控器按键的同时观察手机屏幕，遥控器正常时在手机屏幕上能

观察到发射头发出的白光，损坏时不会发出白光，本例检查能看到白光，说明遥控器正常，故障在接收器电路。

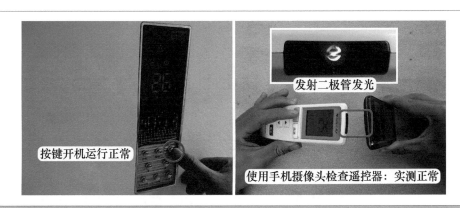

发射二极管发光

按键开机运行正常

使用手机摄像头检查遥控器：实测正常

图 10-10　按键开机和检查遥控器

2. 测量电源和信号电压

本机接收器电路位于显示板，使用万用表直流电压挡，见图 10-11 左图，黑表笔接接收器外壳铁壳地，红表笔接②脚电源引脚测量电压，实测电压约为 4.8V，说明电源供电正常。

见图 10-11 右图，黑表笔不动依旧接地、红表笔改接①脚信号引脚测量电压，在静态即不接收遥控器信号时实测约为 4.4V；按压开关按键，遥控器发射信号，同时测量接收器信号引脚即动态测量电压，实测仍约为 4.4V，未有电压下降过程，说明接收器损坏。

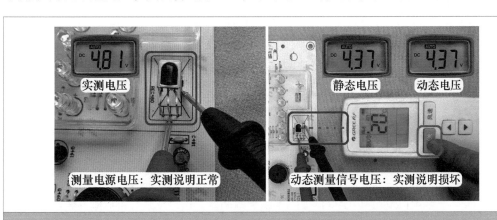

实测电压

静态电压　动态电压

测量电源电压：实测说明正常

动态测量信号电压：实测说明损坏

图 10-11　测量电源和信号电压

3. 代换接收器

本机接收器型号为 19GP，暂时没有相同型号接收器，使用常见的 0038 接收器代换，见图 10-12，方法是取下 19GP 接收器，查看焊孔功能：①脚为信号、②脚为电源、③脚为地，而 0038 接收器引脚功能：①脚为地、②脚为电源、③脚为信号，由此可见①脚和③脚功能相反，代换时应将引脚掰弯，按功能插入显示板焊孔，使之与焊孔功能相对应，安装后应注意引脚之间不要短路。

➡ **维修措施**：使用 0038 接收器代换 19GP 接收器。代换后使用万用表直流电压挡，见图

219

10-13，测量 0038 接收器电源引脚电压为 4.8V，信号引脚静态电压为 4.9V，按压按键遥控器发射信号，接收器接收信号即动态时信号引脚电压下降至约 3V（约 1s），然后再上升至 4.9V，同时蜂鸣器响一声，空调器开始运行，故障排除。

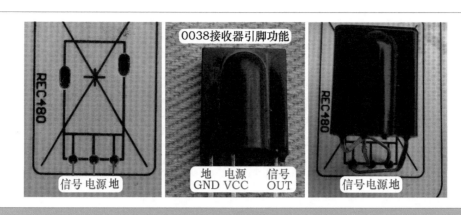

图 10-12　代换接收器

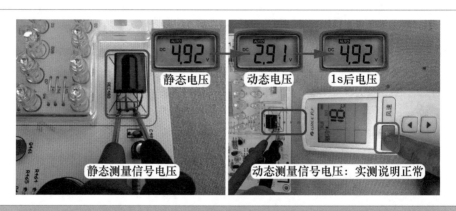

图 10-13　测量接收器信号电压

四、 管温传感器阻值变大，3min 后不制冷

➡ 故障说明:美的 KFR-50LW/DY-GA（E5）柜式空调器，用户反映开机后刚开始制冷正常，但约 3min 后不再制冷，室内机吹自然风。

1. 检查室外风机和测量压缩机电压

上门检查，将遥控器设定制冷模式 16℃开机，空调器开始运行，室内机出风较凉。运行 3min 左右不制冷的常见原因为室外风机不运行、冷凝器温度升高导致压缩机过载保护所致。

检查室外机，见图 10-14 左图，将手放在出风口部位感觉室外风机运行正常，手摸冷凝器表面温度不高，下部接近常温，排除室外机通风系统引起的故障。

使用万用表交流电压挡，见图 10-14 右图，测量压缩机和室外风机电压，在室外机运行时均为交流 220V，但约 3min 后电压均变为 0V，同时室外机停机，室内机吹自然风，说明不制冷故障由电控系统引起。

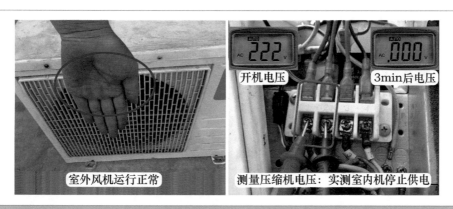

图 10-14　感觉室外机出风口和测量压缩机电压

2. 测量传感器电路电压

检查电控系统故障时应首先检查输入部分的传感器电路，使用万用表直流电压挡，见图 10-15 左图，黑表笔接 7805 散热片铁壳地，红表笔接室内环温传感器 T1 的 2 根白线插头测量电压，公共端为 5V、分压点为 2.4V，初步判断室内环温传感器正常。

见图 10-15 右图，黑表笔不动依旧接地、红表笔改接室内管温传感器 T2 的 2 根黑线插头测量电压，公共端为 5V、分压点约为 0.4V，说明室内管温传感器电路出现故障。

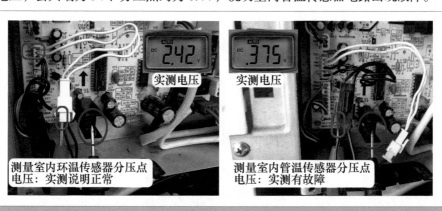

图 10-15　测量分压点电压

3. 测量传感器阻值

分压电路由传感器和主板的分压电阻组成，为判断故障部位，使用万用表电阻挡，见图 10-16，拔下管温和环温传感器插头，测量室内管温传感器阻值约为 100kΩ，测量型号相同、温度接近的室内环温传感器阻值约为 8.6kΩ，说明室内管温传感器阻值变大损坏。

➡ 说明：本机室内环温、室内管温、室外管温传感器型号均为 25℃ /10kΩ。

4. 安装配件传感器

由于暂时没有同型号的传感器更换，因此使用市售的维修配件代换，见图 10-17，选择 10kΩ 的铜头传感器，在安装时由于配件探头比原机传感器小，安装在蒸发器检测孔时感觉很松，即探头和管壁接触不紧固，解决方法是取下检测孔内的卡簧，并按压弯头部位使其弯曲面变大，这样配件探头可以紧贴在蒸发器检测孔。

图 10-16　测量传感器阻值

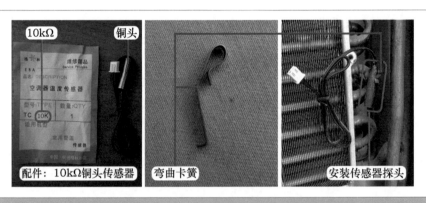

图 10-17　配件传感器和安装传感器探头

　　由于配件传感器引线较短，因此还需要使用原机的传感器引线，见图 10-18，方法是取下原机的传感器，将引线和配件传感器引线相连，使用防水胶布包扎接头，再将引线固定在蒸发器表面。

➡ 维修措施：更换管温传感器。更换后在待机状态测量室内管温传感器分压点电压约为直流 2.2V，与室内环温传感器接近，使用遥控器开机，室外风机和压缩机一直运行，空调器也一直制冷，故障排除。

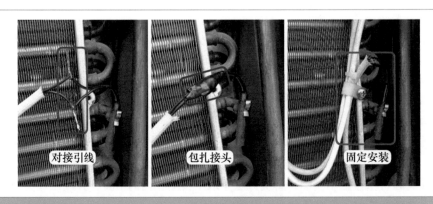

图 10-18　包扎引线和固定安装

由于室内管温传感器阻值变大，相当于蒸发器温度很低，室内机主板 CPU 检测后进入制冷防结冰保护，因而 3min 后停止室外风机和压缩机供电。

五、 加长连接线接头烧断，格力空调器高压保护故障

➡ 故障说明：格力 KFR-72LW/NhBa-3 柜式空调器，用户反映刚安装时制冷正常，使用一段时间以后，通上电源即显示 E1 代码，同时不能开机，E1 代码含义为制冷系统高压保护。

1. 测量高压保护黄线电压

为区分故障范围，在室内机接线端子处使用万用表交流电压挡，见图 10-19 左图，红表笔接 L 端子相线、黑表笔接方形对接插头中高压保护黄线测量电压，正常为交流 220V，实测为交流 0V，说明室内机正常，故障在室外机。

断开空调器电源，使用万用表电阻挡，见图 10-19 右图，测量 N 端零线和黄线阻值，由于 3P 单相柜机中室外机只有高压压力开关，测量阻值应为 0Ω，而实测阻值为无穷大，也说明故障在室外机。

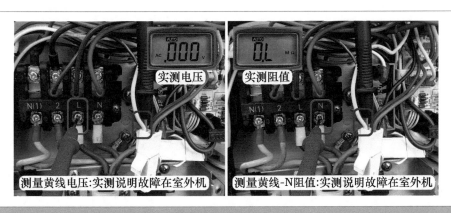

图 10-19　测量室内机黄线电压和黄线 -N 阻值

2. 测量室外机黄线电压和阻值

检查室外机，在接线端子处使用万用表电阻挡，见图 10-20 左图，红表笔接 N（1）端子零线、黑表笔接方形对接插头中高压保护黄线测量阻值，实测阻值为 0Ω，说明高压压力开关正常。

再将空调器通上电源，使用万用表交流电压挡，见图 10-20 右图，红表笔改接 2 号端子相线、黑表笔接黄线，实测电压仍为 0V，根据结果也说明故障在室外机。

3. 测量室外机和室内机接线端子电压

由于室外机只设有高压压力开关且测量阻值正常，而输出电压（黄线 -2 相线）为交流 0V，应测量压力开关输入电压即接线端子上 N（1）零线和 2 相线，使用万用表交流电压挡，见图 10-21 左图，实测为交流 0V，说明室外机没有电源电压输入。

室外机 N（1）和 2 端子由连接线与室内机 N（1）和 2 端子相连，见图 10-21 右图，测量室内机 N（1）和 2 端子电压，实测为交流 221V，说明室内机已输出电压，应检查电源连接线。

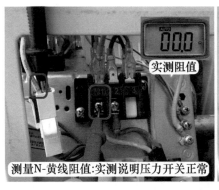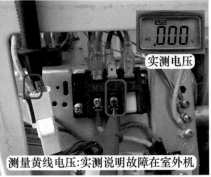

测量N-黄线阻值:实测说明压力开关正常　测量黄线电压:实测说明故障在室外机

图 10-20　测量室外机黄线 -N 阻值和黄线电压

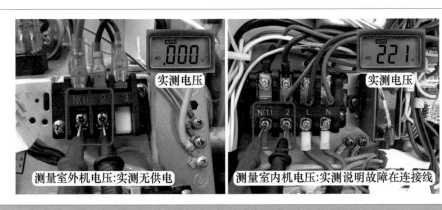

测量室外机电压:实测无供电　测量室内机电压:实测说明故障在连接线

图 10-21　测量室外机和室内机接线端子电压

4. 检查加长连接线接头

本机室内机和室外机距离较远,加长约 3m 管道,同时也加长了连接线,检查加长连接线接头时,见图 10-22 左图,发现连接管道有烧黑的痕迹,判断加长连接线接头烧断。

见图 10-22 右图,断开空调器电源,剥开包扎带,发现 3 芯连接线中 L 和 N 线接头烧断,地线正常。

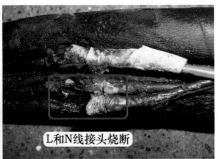

加长连接线接头烧断　L 和 N 线接头烧断

图 10-22　查看加长连接线接头

5. 连接加长线接头

见图 10-23，剪掉烧断的接头，将 3 根引线 L、N、地的接头分段连接，尤其是 L 和 N 的接头更要分开，并使用防水胶布包扎，再次上电试机，开机后室内机和室外机均开始运行，不再显示"E1"代码，制冷恢复正常。

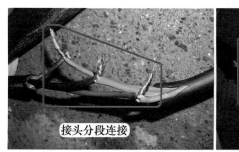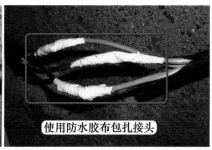

接头分段连接　　使用防水胶布包扎接头

图 10-23　分段连接和包扎接头

➡ 维修措施：重接分段连接加长线中电源线 L、N、地接头。

总 结：

由于单相 3P 柜式空调器运行电流较大，约为 12A，接头发热量较大，而原机 L、N、地接头处于同一位置，空调器运行一段时间后，L 和 N 接头的绝缘烧坏，L 线和 N 线短路，造成接头处烧断，而高压保护电路 OVC 黄线由室外机 N 端供电，所以高压保护电路中断，从而引发本例故障。

第二节　室外机故障

一、 三相电源断相，格力空调器高压保护故障

➡ 故障说明：格力 KFR-120LW/E（1253L）V-SN5 柜式空调器，用户反映不制冷，开机后整机马上停机，显示 E1 代码，关机后再开机，室内风机运行，但 3min 后整机再次停机，并显示 E1 代码，E1 代码含义为制冷系统高压保护。

1. 测量高压保护黄线电压

使用万用表交流电压挡，见图 10-24，红表笔接室内机主板 L 端子棕线、黑表笔接 OVC 端子黄线，测量待机电压约为交流 220V，说明高压保护电路室外机部分正常。

按压显示板"开 / 关"键开机，CPU 控制室内风机、室外风机、压缩机运行，但 L 与 OVC 电压立即变为 0V，约 3s 后整机停机并显示 E1 代码，待约 30s 后 L 与 OVC 电压又恢复成正常值 220V，根据开机后 L 与 OVC 电压变为交流 0V，判断室外机出现故障。

2. 测量电流检测板输出端子

查看室外机，让用户断开空调器电源，约 1min 后再次上电开机，见图 10-25 左图，在开

机瞬间细听压缩机发出"嗡嗡"声，但起动不起来，约 3s 后听到电流检测板继电器触点响一声（断开），约 3s 后室内机主板停止压缩机交流接触器线圈和室外风机供电，同时整机停机并显示 E1 代码，约 30s 后能听到电流检测板上继电器触点再次响一声（闭合）。

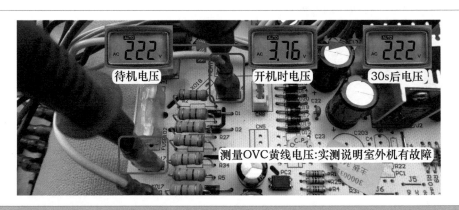

图 10-24　测量高压保护电路电压

使用万用表交流电压挡，见图 10-25 右图，黑表笔接电源接线端子 L1 端（实接电流检测板上 L 棕线）、红表笔接电流检测板继电器的输出蓝线（连接高压压力开关），实测待机电压为交流 220V，在压缩机起动时约 3s 后继电器触点响一声后（断开）变为交流 0V，再待约 3s 后室内机主板停止交流接触器线圈供电，即断开压缩机供电，待约 30s 继电器触点响一声后（闭合），电压恢复至交流 220V，从实测说明由于压缩机起动时电流过大，使得电流检测板继电器触点断开，高压保护电路断开，室内机显示 E1 代码，根据现象判断为压缩机或三相电源供电故障。

3. 测量压缩机线圈阻值

待机状态交流接触器触点断开，相当于断开供电，输出端触点电压为交流 0V，此时即使室外机接线端子三相供电正常，使用万用表电阻挡，测量交流接触器下方输出端触点的压缩机引线阻值，也不会损坏万用表。

图 10-25　压缩机起动不起来和测量电压

见图 10-26，实测棕线 - 黑线阻值为 2.2Ω、棕线 - 紫线阻值为 2.2Ω、黑线 - 紫线阻值为 2.3Ω，3 次测量阻值相等，判断压缩机线圈正常。

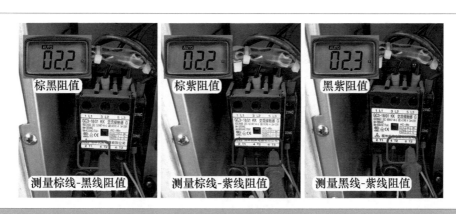

图 10-26　测量交流接触器输出端压缩机引线阻值

4. 测量接线端子电压

因三相供电不正常也会引起压缩机起动不起来，使用万用表交流电压挡，测量三相供电电压；又因电源接线端子上三相供电直接连接到交流接触器上方输入端触点，测量交流接触器上方输入端触点引线电压相当于测量电源接线端子的 L1-L2-L3 端子电压。

见图 10-27，测量棕线（接 L1）- 黑线（接 L2）电压为交流 382V、棕线 - 紫线（接 L3）电压为交流 293V、黑线 - 紫线电压为交流 115V，说明三相供电电源不正常，紫线（L3）端子出现故障。

依旧使用万用表交流电压挡，测量三相供电端子与 N 端电压，见图 10-28，实测 L1-N 端子电压为交流 221V、L2-N 端子电压为交流 219V、L3-N 端子电压为交流 179V，根据测量结果也说明 L3 端子对应紫线有故障。

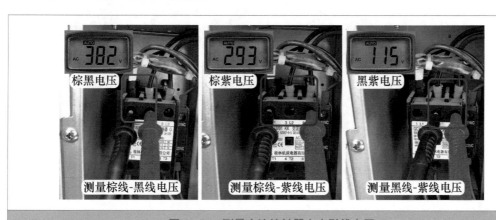

图 10-27　测量交流接触器上方引线电压

5. 测量压缩机电流

使用螺钉旋具头按压交流接触器的强制按钮，强制为压缩机供电，同时使用万用表交流电流挡，见图 10-29，依次测量压缩机的 3 根引线电流，实测棕线电流约为 43A、黑线电流约为 43A、紫线电流为 0A。综合测量三相电压结果，判断压缩机起动不起来，是由于紫线即 L3 端子断相导致。

图 10-28　测量 L1-L2-L3 端子和 N 端电压

➡ 说明：压缩机起动不起来时因电流过大，如长时间强制供电，容易使压缩机内部过载保护电路断开，断开后压缩机 3 根引线阻值均为无穷大，且恢复等待的时间较长，因此测量电流时速度要快。在强制供电的同时，能听到电流检测板继电器触点闭合或断开的声音，此时为正常现象。

➡ 维修措施：检查空调器的三相供电电源，在断路器（俗称空气开关）处发现对应于 L3 端子的引线螺钉（俗称螺丝）未拧紧（即虚接），经拧紧后在室外机电源接线端子处测量 L1-L2-L3 端子电压，3 次测量均为交流 380V，判断供电正常，再次上电开机，压缩机起动运行，制冷恢复正常。

图 10-29　测量压缩机电流

总　结：

① 本例断路器处相线虚接，相当于接触不良，L3 端子与 L1、L2 端子电压变低（不为交流 0V），相序保护电路检测后判断供电正常，其触点闭合，但室内机主板控制交流接触器触点闭合为压缩机线圈供电时，由于 L3 端断相，压缩机起动不起来时电流过大，电流检测板继电器触点断开，CPU 检测后控制整机停机并显示 E1 代码。

② 如果断路器处 L3 端子未连接，L3 与 L1、L2 端子电压为交流 0V，相序保护电路检测后判断为断相，其触点断开，引起开机后室外风机运行、压缩机不运行、空调器不制冷的故障，但不报 "E1" 代码。

二、 交流接触器触点炭化，空调器不制冷

➡️ 故障说明:格力 KFR-72LW/(72566)Aa-3 悦风系列柜式空调器，用户反映刚购机约 1 年，现在开机后不制冷，室内机吹自然风。

1. 测量压缩机电流和主板电压

上门检查，重新上电开机，在室内机出风口感觉为自然风。取下室内机电控盒盖板，使用钳形电流表，见图 10-30 左图，钳头夹住穿入电流互感器的压缩机棕线，实测电流约为 0A，说明压缩机未运行。

使用万用表交流电压挡，见图 10-30 右图，黑表笔接室内机主板 N 端子、红表笔接压缩机 COMP 端子黑线，实测电压为交流 220V，说明室内机主板已输出供电，故障在室外机。

2. 测量交流接触器输出端和输入端电压

检查室外机，发现室外风机运行，但听不到压缩机运行的声音。使用万用表交流电压挡，见图 10-31 左图，黑表笔接交流接触器线圈的 N 端（蓝线）、红表笔接交流接触器输出端的压缩机公共端红线测量电压，实测为交流 0V，说明交流接触器触点未导通。

见图 10-31 右图，接 N 端的黑表笔不动、红表笔接交流接触器输入端的供电棕线，实测电压为交流 220V，说明室外机接线端子上的供电电压正常。

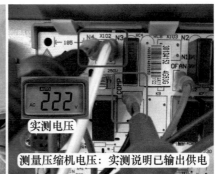

图 10-30　测量压缩机电流和主板电压

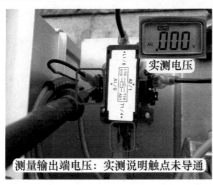

图 10-31　测量交流接触器输出端和输入端电压

3. 测量交流接触器线圈电压和阻值

见图 10-32 左图，接 N 端的黑表笔不动、红表笔接交流接触器线圈的另一端子压缩机黑线，测量线圈电压，实测为交流 220V，说明室内机主板输出的电压已送至交流接触器线圈，故障为交流接触器损坏。

断开空调器电源，见图 10-32 右图，拔下交流接触器线圈的 1 个端子引线，使用万用表电阻挡测量线圈阻值，实测约为 1.1kΩ，说明线圈阻值正常，故障为触点损坏。

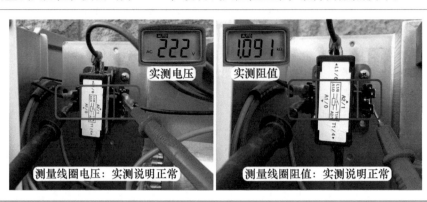

图 10-32　测量交流接触器线圈电压和阻值

4. 查看交流接触器触点

从室外机上取下交流接触器，再取下交流接触器顶盖后，见图 10-33 左图和中图，查看动触点整体发黑，取下 2 个静触点和 1 个动触点，发现触点均已经炭化，在交流接触器线圈供电后，动触点与静触点接触后阻值依然为无穷大，交流 220V 电压 L 端棕线不能送至压缩机公共端红线，造成压缩机不运行、空调器不制冷的故障。

正常的动触点和静触点见图 10-33 右图。

图 10-33　查看交流接触器触点

➡ 维修措施：见图 10-34 左图，更换同型号的交流接触器（交接），更换后上电开机，压缩机和室外风机均开始运行，空调器开始制冷，故障排除。

图 10-34　更换交流接触器和双极交流接触器

总 结:

　　本例空调器使用在一个公共场所,开机时间较长,而交流接触器触点又为单极(1 路)设计,触点通过的电流较大,时间长了以后因发热而引起炭化,触点不能导通,出现如本例故障。而早期空调器使用双极(触点 2 路并联)形式的交流接触器,见图 10-34 右图,则相同故障的概率比较小。

三、室外机主板损坏,代换海尔空调器相序板

➡ 故障说明:海尔 KFR-120LW/L(新外观)柜式空调器,用户反映不制冷,室内机吹自然风。上门检查,遥控器开机,电源和运行指示灯亮,室内风机运行,但吹风为自然风,查看室外机,发现室外风机运行,但压缩机不运行。

　　1. 测量电源电压

　　压缩机由接线端子的三相电源供电,首先使用万用表交流电压挡,见图 10-35 左图,测量三相电源电压是否正常,分 3 次测量,实测室外机接线端子上 R-S、R-T、S-T 电压均约为交流 380V,初步判断三相供电正常。

　　为准确判断三相供电,依旧使用万用表交流电压挡,见图 10-35 右图,测量三相供电与零线 N 电压,分 3 次测量,实测 R-N、S-N、T-N 电压均约为交流 220V,确定三相供电正常。

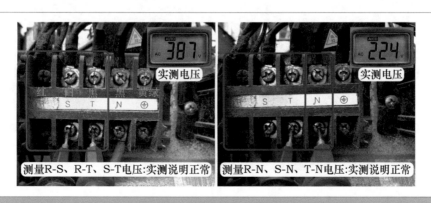

图 10-35　测量三相相线之间和三相 -N 电压

2. 测量压缩机和室外风机电压

室外机 6 根引线的接线端子连接室内机，1 号白线为相线 L、2 号黑线为零线 N、6 号黄绿线为地，共 3 根线由室外机电源向室内机供电；3 号红线为压缩机、4 号棕线为四通阀线圈、5 号灰线为室外风机，共 3 根线由室内机主板输出，去控制室外机负载。

使用万用表交流电压挡，见图 10-36 左图，黑表笔接 2 号零线 N 端子，红表笔接 3 号压缩机端子，实测电压约为交流 220V，说明室内机主板已输出压缩机供电，故障在室外机。

见图 10-36 右图，黑表笔不动接 2 号零线 N 端子，红表笔接 5 号室外风机端子，实测电压约为交流 220V，也说明室内机主板已输出室外风机供电。

3. 按压交流接触器按钮和测量线圈电压

取下室外机顶盖，见图 10-37 左图，查看为压缩机供电的交流接触器（交接）按钮未闭合，说明其触点未导通，用手按压按钮，强制使触点闭合，此时压缩机开始运行，手摸排气管发热、吸气管变凉，说明制冷系统和供电相序均正常。

使用万用表交流电压挡，见图 10-37 右图，红、黑表笔接交流接触器线圈的 2 个端子测量电压，实测约为交流 0V，说明室外机电控系统出现故障。

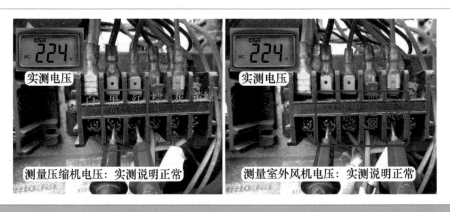

图 10-36　测量压缩机和室外风机电压

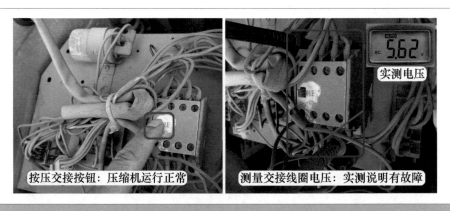

图 10-37　按压交流接触器按钮和测量线圈电压

4. 测量相序板电压

查看室外机接线图或实际连接线，发现交流接触器线圈引线 1 端经相序板接零线、1 端接 3 号端子接室内机主板相线，原理和格力空调器相同。

相序板实物外形见图 10-38 左图，共有 5 根引线：输入端有 3 根引线，为三相相序检测，连接室外机接线端子 R-S-T 端子；输出端共 2 根引线，连接继电器触点的 2 个端子，1 根接零线 N、1 根接交流接触器线圈。

使用万用表交流电压挡，见图 10-38 中图，红表笔接交流接触器线圈相线 L 相当于接 3 号端子压缩机引线，黑表笔接相序板零线引线，实测电压为交流 220V，说明零线已送至相序板。

见图 10-38 右图，红表笔不动依旧接相线 L，黑表笔接相序板上连接交流接触器线圈引线，实测电压约为交流 0V，说明相序板继电器触点未闭合，由于三相供电电压和相序均正常，判断相序板损坏。

5. 使用通用相序板代换

由于暂时配不到原机相序板，查看其功能只是相序检测功能，决定使用通用相序板进行代换，代换步骤如下。

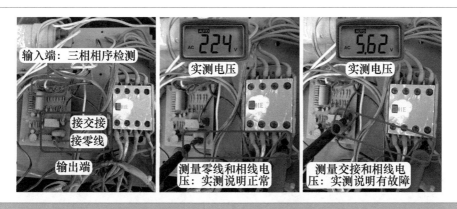

图 10-38 测量相序板电压

代换时断开空调器电源，见图 10-39，拔下相序板的 5 根引线，并取下相序板，再将通用相序板的接线底座固定在室外机合适的位置。

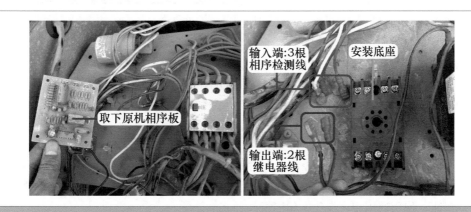

图 10-39 取下相序板和安装底座

原机相序板使用接线端子，引线使用插头，而接线底座使用螺钉固定，见图10-40，因此剪去引线插头，并剥出适当长度的接头，将3根相序检测线接入底座1-2-3端子。

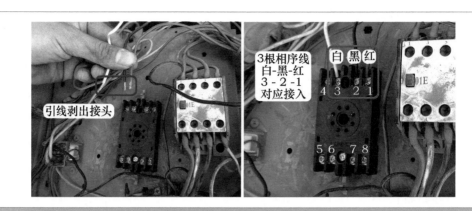

图10-40　安装输入端引线

见图10-41，把原相序板2根输出端的继电器引线不分反正接入5-6端子，再将相序板的控制盒安装在底座上并锁紧，完成使用通用相序板代换原机相序板的接线。

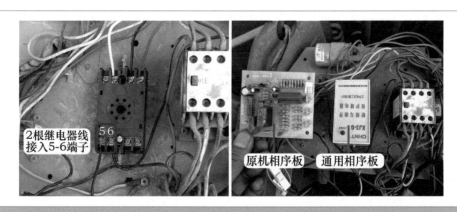

图10-41　安装输出引线和代换完成

6. 对调输入侧引线

将空调器通上电源，见图10-42左图，查看通用相序板的工作指示灯不亮，判断其相序检测与电源相序不相同，使用遥控器开机后，交流接触器触点未闭合，不能为压缩机供电，压缩机依旧不运行，只有室外风机运行。

由于原机电源相序符合压缩机运行要求，只是通用相序板检测不相同，因此断开空调器电源，见图10-42中图和右图，取下控制盒，对调接线底座上1-2端子引线，安装后上电试机，通用相序板工作指示灯已经点亮，遥控器开机后压缩机和室外风机均开始运行，故障排除。

➡ 维修措施：使用通用相序板代换相序板。

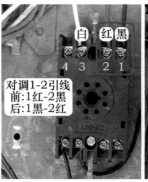

图 10-42　对调输入侧引线

四、　压缩机电容无容量，格力空调器过电流保护

➡ 故障说明：格力 KFR-72LW/NhBa-3 柜式空调器，用户反映不制冷，一段时间后显示 E5 代码，查看代码含义为低电压过电流保护，根据用户描述和故障代码内容，初步判断压缩机起动不起来。

1. 测量压缩机电流和电源电压

上门检查，使用钳形电流表，见图 10-43 左图，钳头夹住室内机主板穿入电流互感器的棕线，遥控器开机后室外机未运行时电流约为 0.9A（室内风机电流），室内机主板为室外机供电，实测电流约为 48A，说明压缩机起动不起来。

检查室外机，使用万用表交流电压挡，见图 10-43 右图，表笔接接线端子上 N（1）端和 2 号端子测量电压，压缩机未起动时即待机静态电压约为交流 223V，3min 后压缩机再次起动（动态），电压下降至交流 208V，但同时压缩机仍起动不起来，说明电源电压正常。

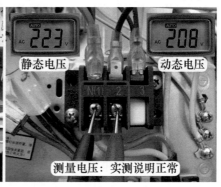

图 10-43　测量压缩机电流和电源电压

2. 故障部件

在电源电压正常的前提下，压缩机起动不起来，见图 10-44，常见原因有压缩机电容无容量或容量减小损坏或压缩机（卡缸、线圈短路等）损坏，其中压缩机电容损坏的比例较大，约占压缩机起动不起来故障的 70%。

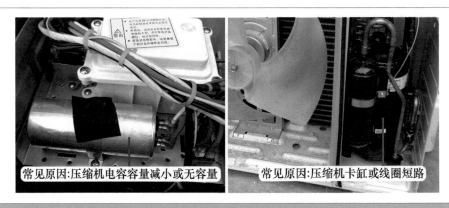

常见原因:压缩机电容容量减小或无容量　　常见原因:压缩机卡缸或线圈短路

图 10-44　　压缩机起动不起来常见故障原因

3. 代换压缩机电容

查看压缩机原配电容容量为 50μF，见图 10-45，使用相同容量电容代换后，再次上电试机，同时测量压缩机电流，在交流接触器触点吸合为压缩机供电的瞬间，电流约为 50A，但约 1s 后随即下降至约 10A；供电的同时听到"铛"的一声后，压缩机随即开始运行，手摸排气管变热、吸气管变凉，室内机开始吹凉风，说明空调器已恢复正常。运行一段时间后，压缩机电流上升至约 12A，也在正常范围内。

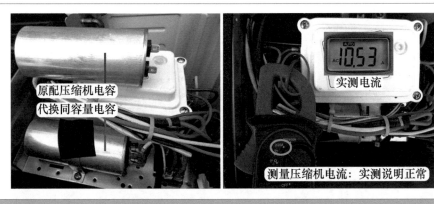

原配压缩机电容
代换同容量电容

实测电流

测量压缩机电流：实测说明正常

图 10-45　代换压缩机电容和测量电流

➡ 维修措施：更换压缩机电容。

> **总　结：**
>
> ① 压缩机起动不起来故障 70% 为压缩机电容损坏、25% 为压缩机损坏、5% 为电源电压低。
>
> ② 家庭用户通常为压缩机电容损坏、6 年之内的商业用户（尤其是旅馆或饭店等场所）通常为压缩机损坏、农村用户未电改前通常为电源电压低。

五、　压缩机卡缸，格力空调器高压保护故障

➡ 故障说明：格力 KFR-120LW/E（1253L）V-SN5 柜式空调器，用户反映不制冷，开机后整机马上停机，显示 E1 代码，关机后再开机，室内风机运行，但 3min 后整机再次停机，并显示 E1 代码，E1 代码含义为制冷系统高压保护。

1. 检修过程

本例空调器上电时正常，但开机后立即显示 E1 代码，判断由压缩机过电流引起，应首先检查室外机。

查看室外机，让用户断开空调器电源后，并再次上电开机，在开机瞬间细听压缩机发出"嗡嗡"声，但起动不起来，约 3s 后听到电流检测板继电器触点响一声（断开），再待约 3s 后室内机主板停止压缩机交流接触器线圈和室外风机供电，同时整机停机并显示 E1 代码，待约 30s 后能听到电流检测板上继电器触点再次响一声（闭合）。

根据现象说明故障为压缩机起动不起来（卡缸），使用万用表交流电压挡测量室外机接线端子上 L1-L2、L1-L3、L2-L3 电压均为交流 380V，L1-N、L2-N、L3-N 电压均为交流 220V，说明三相供电电压正常。

使用万用表电阻挡，测量交流接触器下方输出端的压缩机 3 根引线之间的阻值，实测棕线 - 黑线为 3Ω、棕线 - 紫线为 3Ω、黑线 - 紫线为 2.9Ω，说明压缩机线圈阻值正常。

2. 测量压缩机电流

断开空调器电源并再次开机，同时使用钳形电流表，见图 10-46，快速测量压缩机的 3 根引线电流，实测棕线电流约为 56A、黑线电流约为 56A、紫线电流约为 56A，3 次电流相等，判断交流接触器触点正常，上方输入端触点的三相 380V 电压已供至压缩机线圈，判断为压缩机卡缸损坏。

图 10-46　测量压缩机电流

3. 断开压缩机引线

为判断故障，见图 10-47，取下交流接触器下方输出端的压缩机引线，即断开压缩机线圈，再次开机，3min 延时过后，交流接触器触点闭合、室外风机和室内风机均开始运行，同时不再显示 E1 代码，使用万用表交流电压挡测量方形对接插头中 OVC 黄线与 L1 端子电压一直为交流 220V，从而确定为压缩机损坏。

➡ **维修措施**：见图 10-48，更换压缩机。本机压缩机型号为三洋 C-SBX180H38A，安装后顶空加氟至 0.45MPa，制冷恢复正常，故障排除。

图 10-47　取下压缩机引线和测量黄线电压

图 10-48　压缩机铭牌和更换压缩机

┌─ 总　结：────────────────────────────────────

① 压缩机卡缸与三相供电断相表现的故障现象基本相同，开机的同时交流接触器触点闭合，因引线电流过大，电流检测板继电器触点断开，整机停机并显示 E1 代码。

② 因压缩机卡缸时电流过大，其内部过载保护器将很快断开保护，并且恢复时间过慢，如果再次开机，将会引起室外风机运行、交流接触器触点闭合但压缩机不运行的假性故障，在维修时需要区分对待，区分的方法是手摸压缩机外壳温度，如果很烫为卡缸，如果常温为线圈开路。

六、　压缩机线圈漏电，断路器跳闸

➡ **故障说明**：格力 KFR-23GW 挂式空调器，用户反映将插头插入电源插座，断路器（俗称空气开关）立即跳闸。

1. 测量电源插头 N 与地阻值

上门检查，将空调器电源插头刚插入插座，见图 10-49，断路器便跳闸保护，为判断是空调器故障还是断路器故障，使用万用表电阻挡，测量电源插头 N 与地阻值，正常应为无穷大，而实测阻值约为 10Ω，确定空调器存在漏电故障。

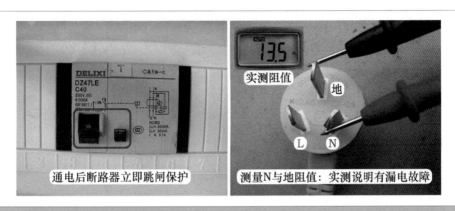

图 10-49　断路器跳闸和测量插头 N 与地阻值

2. 断开室外机接线端子连接线

空调器常见漏电故障在室外机。为判断是室外机故障还是室内机故障，见图 10-50，在室外机接线端子处取下除地线外的 4 根连接线，使用万用表电阻挡，1 表笔接接线端子上 N（1）端、1 表笔接地端固定螺钉，实测阻值仍约为 10Ω，从而确定故障在室外机。

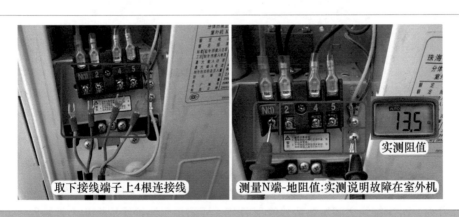

图 10-50　取下连接线和测量室外机接线端子处 N 端与地阻值

3. 测量压缩机引线对地阻值

室外机常见漏电故障在压缩机。见图 10-51，拔下压缩机线圈的 3 根引线共 4 个插头（N 端蓝线与运行绕组蓝线并联），使用万用表电阻挡，测量公共端黑线与地阻值（实接四通阀铜管），正常应为无穷大，而实测仍约为 10Ω，说明漏电故障由压缩机引起。

4. 测量压缩机接线端子与地阻值

压缩机引线绝缘层融化与地短路，也会引起上电跳闸故障。于是取下压缩机接线盖，查看压缩机引线正常，见图 10-52，拔下压缩机接线端子上连接线插头，使用万用表电阻挡，测量接线端子公共端（C）与地（实测时接压缩机排气管）阻值，实测仍约为10Ω，从而确定压缩机内部线圈对地短路损坏。

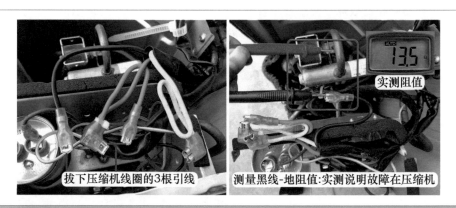

图 10-51　拔下引线和测量压缩机黑线与地阻值

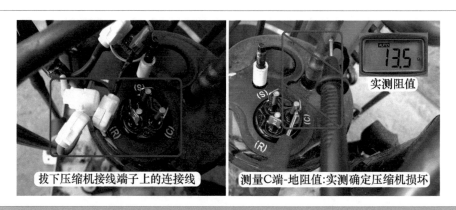

图 10-52　拔下连接线和测量压缩机端子与地阻值

➡ 维修措施：更换压缩机。

总 结：

　　① 空调器上电跳闸或开机后跳闸，如为漏电故障，通常为压缩机线圈对地短路引起。其他如室内外机连接线之间短路或绝缘层脱落、压缩机引线绝缘层熔化与地短路、断路器损坏等所占比例较小。

　　② 空调器开机后断路器跳闸故障，假如因电流过大引起，常见原因为压缩机卡缸或压缩机电容损坏。

　　③ 测量压缩机线圈对地阻值时，室外机的铜管、铁壳均与地线直接相连，实测时可测量待测部位与铜管阻值。

第十一章

变频空调器基础知识

Chapter *11*

第一节 变频和定频空调器硬件区别

本节选用格力定频和变频空调器的两款机型，比较两类空调器硬件之间的相同点和不同点，使读者对变频空调器有初步的了解。

定频空调器选用典型的机型 KFR-23GW/（23570）Aa-3；变频空调器选用 KFR-32GW/（32556）FNDe-3，这是一款普通的直流变频空调器。

一、 室内机

1. 外观

外观见图 11-1，两类空调器的前面板（进风格栅）、进风口、出风口、导风板、显示板组件设计形状或作用基本相同，部分部件甚至可以通用。

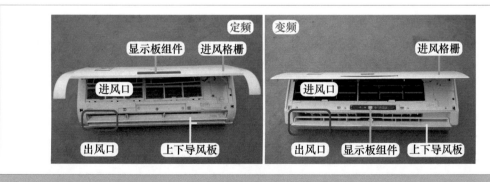

图 11-1 室内机外观

2. 主要部件设计位置

主要部件设计位置见图 11-2，两类空调器的主要部件设计位置基本相同，包括蒸发器、电控盒、接水盘、步进电机、导风板、室内风扇（贯流风扇）、室内风机等。

3. 制冷系统部件

制冷系统部件见图 11-3，两类空调器设计相同，只有蒸发器。

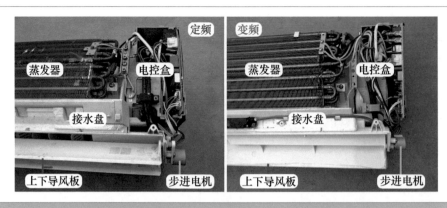

图 11-2 主要部件设计位置

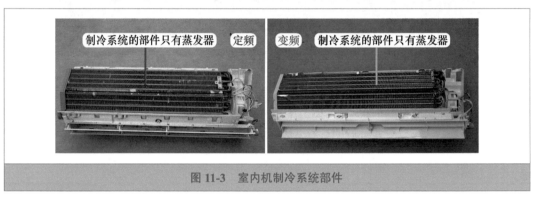

图 11-3 室内机制冷系统部件

4. 通风系统

通风系统见图 11-4，两类空调器通风系统使用相同形式的室内风扇（贯流风扇），均由带有霍尔反馈功能的室内风机（PG 电机）驱动，贯流风扇和室内风机在两类空调器中可以相互通用。

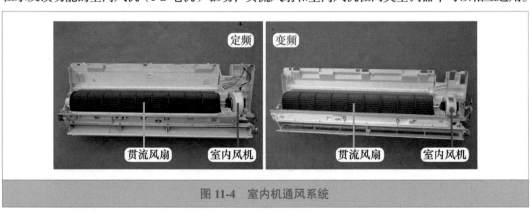

图 11-4 室内机通风系统

5. 辅助系统

接水盘和导风板在两类空调器的设计位置和作用相同。

6. 电控系统

两类空调器的室内机主板，在控制原理方面最大的区别在于，定频空调器的室内机主板是整个电控系统的控制中心，对空调器整机进行控制，室外机不再设置电路板；变频空调器的室内机主板只是电控系统的一部分，工作时处理输入的信号，处理后传送至室外机主板，才能对空调器整机进行控制，也就是说，室内机主板和室外机主板一起才能构成一套完整的电控系统。

（1）室内机主板

由于两类空调器的室内机主板单元电路相似，在硬件方面有许多相同的地方。见图11-5，其中不同之处在于定频空调器室内机主板使用3个继电器为室外机压缩机、室外风机、四通阀线圈供电；变频空调器的室内机主板只使用1个主控继电器为室外机供电，并增加通信电路与室外机主板传递信息。

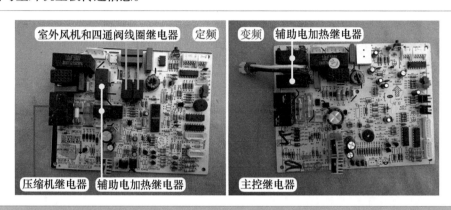

图11-5　室内机主板

（2）接线端子

从两类空调器接线端子上也能看出控制原理的区别，见图11-6，定频空调器的室内外机连接线端子上共有5根引线，分别是零线、压缩机引线、四通阀线圈引线、室外风机引线、地线；而变频空调器则只有4根引线，分别是零线、通信线、相线、地线。

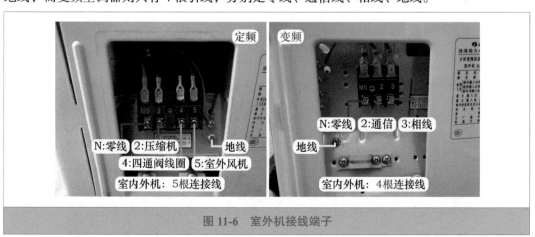

图11-6　室外机接线端子

二、　室外机

1. 外观

室外机外观见图11-7，从外观上看，两类空调器进风口、出风口、管道接口、接线端子等部件的位置和形状基本相同，没有明显的区别。

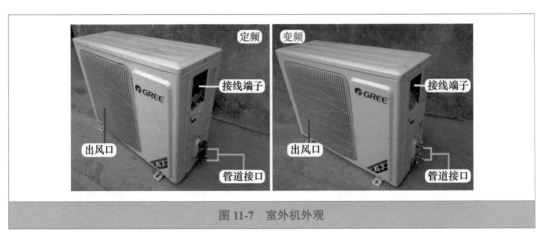

图 11-7　室外机外观

2. 主要部件设计位置

主要部件设计位置见图 11-8，室外机的主要部件如冷凝器、室外风扇（轴流风扇）、室外风机（轴流电机）、压缩机、毛细管、四通阀、电控盒的设计位置也基本相同。

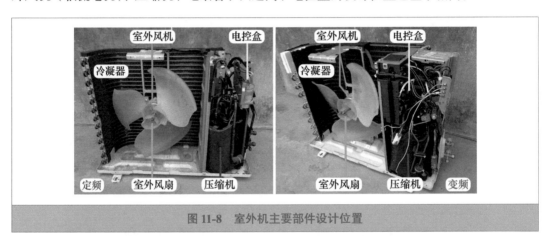

图 11-8　室外机主要部件设计位置

3. 制冷系统

在制冷系统方面，两类空调器中的冷凝器、毛细管、四通阀、单向阀和辅助毛细管等部件，设计的位置和工作原理基本相同，有些部件可以通用，见图 11-9。

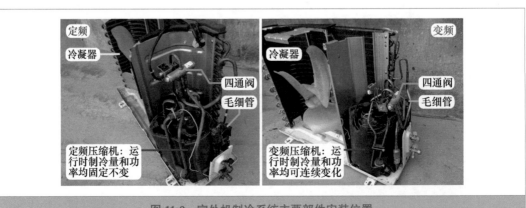

图 11-9　室外机制冷系统主要部件安装位置

　　两类空调器最大的区别在于压缩机,其设计位置和作用相同,但工作原理(或称为方式)不同,定频空调器供电为输入的市电交流220V,由室内机主板提供,转速、制冷量、耗电量均为额定值,而变频空调器压缩机的供电由室外机主板上的模块提供,运行时转速、制冷量、耗电量均可连续变化。

4. 节流方式

　　节流方式见图11-10,定频空调器通常使用毛细管作为节流方式,交流变频空调器和直流变频空调器也通常使用毛细管作为节流方式,只有部分全直流变频空调器或高档空调器使用电子膨胀阀作为节流方式。

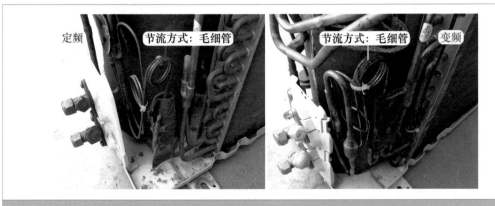

图 11-10　节流方式

5. 通风系统

　　通风系统见图11-11,两类空调器的室外机通风系统部件为室外风机和室外风扇,工作原理和外观基本相同,室外风机均使用交流220V供电,不同的地方是,定频空调器由室内机主板供电,变频空调器由室外机主板供电。

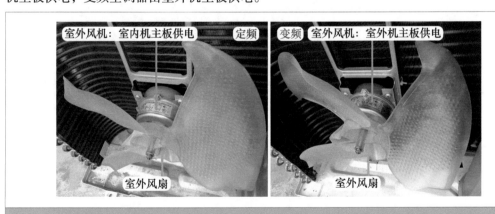

图 11-11　室外机通风系统

6. 制冷 / 制热模式转换

　　两类空调器的制冷 / 制热模式转换部件均为四通阀,见图11-12,工作原理和设计位置相同,四通阀在两类空调器中也可以通用,四通阀线圈供电均为交流220V,不同的地方是,定频空调器由室内机主板供电,变频空调器由室外机主板供电。

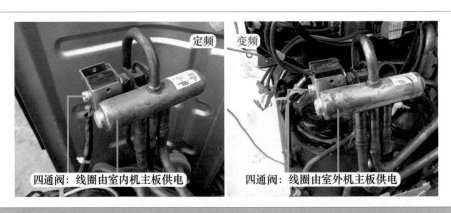

图 11-12　四通阀

7. 电控系统

两类空调器硬件方面最大的区别是室外机电控系统，区别如下。

（1）室外机主板和模块

见图 11-13，定频空调器室外机未设置电控系统，只有压缩机电容和室外风机电容，而变频空调器则设计有复杂的电控系统，主要部件是室外机主板和模块等（本机室外机主板和模块为一体化设计）。

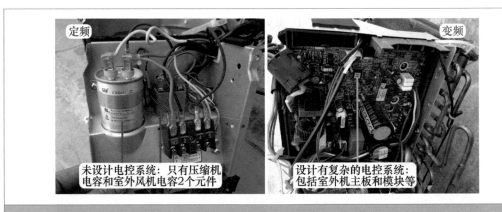

图 11-13　室外机电控系统

（2）压缩机工作方式

压缩机工作方式见图 11-14。

定频空调器压缩机由电容直接起动运行，工作电压为交流 220V、频率为 50Hz、转速约为 2950r/min。

变频空调器压缩机由模块供电，工作电压为交流 30～220V、频率为 15～120Hz、转速约为 1500～9000r/min。

（3）电磁干扰保护

电磁干扰保护见图 11-15。

变频空调器由于模块等部件工作在开关状态，使得电路中电流谐波成分增加，降低功率因数，因此增加滤波电感等部件，定频空调器则不需要设计此类部件。

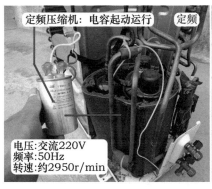
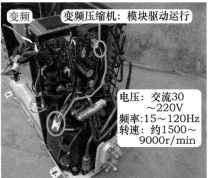

图 11-14 压缩机工作方式

图 11-15 电磁干扰保护

（4）温度检测

温度检测见图 11-16。

变频空调器为了对压缩机运行时进行最好的控制，设计了室外环温传感器、室外管温传感器、压缩机排气传感器，定频空调器一般没有设计此类器件（只有部分机型设置有室外管温传感器）。

图 11-16 温度检测

三、 结论

1. 通风系统

室内机均使用贯流式通风系统，室外机均使用轴流式通风系统，两类空调器相同。

2. 制冷系统

均由压缩机、冷凝器、毛细管、蒸发器四大部件组成。区别是压缩机工作原理不同。

3. 主要部件设计位置

两类空调器基本相同。

4. 电控系统

两类空调器电控系统工作原理不同，硬件方面室内机有相同之处，最主要的区别是室外机电控系统。

5. 压缩机

压缩机是定频空调器和变频空调器最根本的区别，变频空调器的室外机电控系统就是为控制变频压缩机而设计。

也可以简单地理解为，将定频空调器的压缩机换成变频压缩机，并配备与之配套的电控系统（方法是增加室外机电控系统，更换室内机主板部分元器件），那么这台定频空调器就可以改造为变频空调器。

第二节　变频空调器工作原理和分类

一、 变频空调器节电和工作原理

1. 节电原理

最普通的交流变频空调器和典型的定频空调器相比，只是压缩机的运行方式不同，定频空调器压缩机供电由市电直接提供，电压为交流220V，频率为50Hz，理论转速为3000r/min，运行时由于阻力等原因，实际转速约为2950r/min，因此制冷量也是固定不变的。

变频空调器压缩机的供电由模块提供，模块输出的模拟三相交流电，频率可以在15～120Hz之间变化，电压可以在30～220V之间变化，因而压缩机转速可以在约1500～9000r/min的范围内运行。

压缩机转速升高时，制冷量随之加大，制冷效果加快，制冷模式下房间温度迅速下降，此时空调器耗电量也随之上升；当房间内温度下降到设定温度附近时，电控系统控制压缩机转速降低，制冷量下降，维持房间温度，此时耗电量也随之下降，从而达到节电的目的。

2. 工作原理

图11-17为变频空调器工作原理框图，图11-18为实物图。

室内机主板CPU接收遥控器发送的设定模式和设定温度，与室内环温传感器温度相比较，如达到开机条件，控制室内机主板主控继电器触点闭合，向室外机供电；室内机主板 CPU 同时根据室内管温传感器温度信号，结合内置的运行程序计算出压缩机的目标运行频率，通过通信电路传送至室外机主板 CPU，室外机主板 CPU 再根据室外环温传感器、室外管温传感器、压缩机排气传感器、市电电压等信号，综合室内机主板 CPU 传送的信息，得出压缩机的实际运行频率，输出 6 路信号至 IPM。

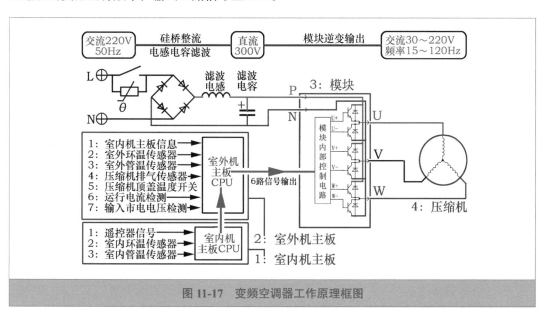

图 11-17　变频空调器工作原理框图

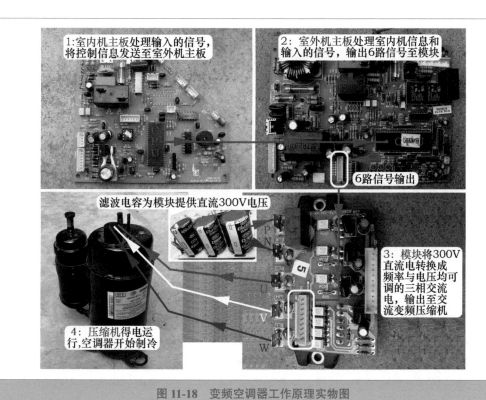

图 11-18　变频空调器工作原理实物图

IPM 是将直流 300V 转换为频率和电压均可调的三相变频装置，内含 6 个大功率 IGBT 开关管，构成三相上下桥式驱动电路，室外机主板 CPU 输出的 6 路信号使每只 IGBT 导通 180°，且同一桥臂的两只 IGBT 一只导通时，另一只必须关断，否则会造成直流 300V 直接短路。且相邻两相的 IGBT 导通相位差在 120°，在任意 360° 内都有三只 IGBT 开关管导通以接通三相负载。在 IGBT 导通与截止的过程中，输出的三相模拟交流电中带有可以变化的频率，且在一个周期内，如 IGBT 导通时间长而截止时间短，则输出的三相交流电的电压相对应就会升高，从而达到频率和电压均可调的目的。

IPM 输出的三相模拟交流电，加在压缩机的三相感应电机，压缩机运行，系统工作在制冷或制热模式。如果室内温度与设定温度的差值较大，室内机主板 CPU 处理后送至室外机主板 CPU，输出 6 路信号使 IPM 内部的 IGBT 导通时间长而截止时间短，从而输出频率和电压均相对较高的三相模拟交流电加至压缩机，压缩机转速加快，单位制冷量也随之加大，达到快速制冷的目的；反之，当房间温度与设定温度的差值变小时，室外机主板 CPU 输出的 6 路信号，使得 IPM 输出较低的频率和电压，压缩机转速变慢，降低制冷量。

二、 变频空调器分类

变频空调器根据压缩机工作原理和室内外风机的供电状况可分为 3 种类型，即交流变频空调器、直流变频空调器、全直流变频空调器。

1. 交流变频空调器

交流变频空调器见图 11-19，是最早的变频空调器，也是目前市场上拥有量最大的类型，现在一般通常已经进入维修期或淘汰期。

图 11-19　交流变频空调器

室内风机和室外风机与普通定频空调器上相同，均为交流感应电机，由市电交流 220V 直接起动运行。只是压缩机转速可以变化，供电为 IPM 提供的模拟三相交流电。

制冷剂通常使用和普通定频空调器相同的 R22，一般使用常见的毛细管作为节流部件。

2. 直流变频空调器

把普通直流电机由永久磁铁组成的定子变为转子，将普通直流电机需要换向器和电刷提供电源的绕组（转子）变成定子，这样省掉普通直流电机所必需的电刷，称为无刷直流电机。

使用无刷直流电机作为压缩机的空调器称为直流变频空调器，其在交流变频空调器基础上发展而来，整机的控制原理和交流变频空调器基本相同，模块输出供电用万用表测量时实际为交流电压，只是在室外机电路板上增加了位置检测电路，同时是目前销售量最大的变频空调器机型。

直流变频空调器见图11-20，室内风机和室外风机与普通定频空调器上相同，均为交流感应电机，由市电交流220V直接起动运行。

制冷剂早期机型使用R22，目前生产的机型多使用新型环保制冷剂R410A或者R32，节流部件同样使用常见且价格低廉但性能稳定的毛细管。

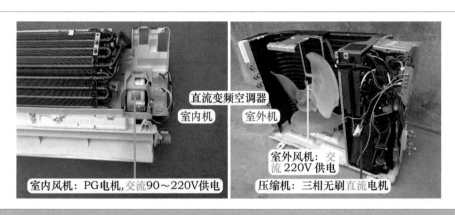

图 11-20　直流变频空调器

3. 全直流变频空调器

全直流变频空调器见图11-21，目前属于高档空调器，在直流变频空调器基础上发展而来，与直流变频空调器相比最主要的区别是，室内风机和室外风机均使用直流无刷电机，供电为直流300V电压，而不是交流220V，同时压缩机也使用无刷直流电机。

制冷剂通常使用新型环保的R410A或R32，节流部件也大多使用毛细管，只有少数高档机型使用电子膨胀阀，或电子膨胀阀和毛细管相结合的方式。

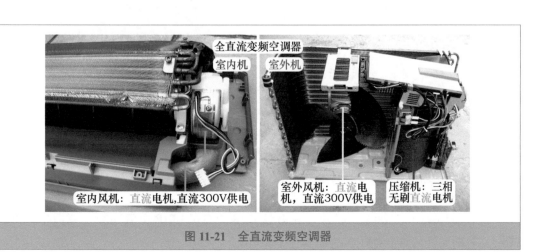

图 11-21　全直流变频空调器

三、 交流和直流变频空调器的区别

1. 相同之处

① 制冷系统：定频空调器、交流变频空调器、直流变频空调器的工作原理和实物基本相同，区别是压缩机工作原理和内部结构不同。

② 电控系统：交流变频空调器和直流变频空调器的控制原理、单元电路、硬件实物基本相同，区别是室外机主控 CPU 对模块的控制原理不同 [即脉冲宽度调制（PWM）方式或脉冲幅度调制（PAM）方式]，但控制程序内置在室外机 CPU 或存储器之中，实物看不到。

③ 模块输出电压（此处指万用表实测电压）：交流变频空调器 IPM 输出频率和电压均可调的模拟三相交流电，频率和电压越高，压缩机转速就越快。直流变频空调器的 IPM 同样输出频率和电压均可调的模拟三相交流电，频率和电压越高，压缩机转速就越快。

2. 整机不同之处

① 压缩机：交流变频空调器使用三相感应电机，直流变频空调器使用无刷直流电机，两者的内部结构不同。

② 位置检测电路：直流变频空调器设有位置检测电路，交流变频空调器则没有。

3. 交流变频和直流变频空调器模块不同之处

在实际应用中，同一个型号的模块既能驱动交流变频空调器的压缩机，也能驱动直流变频空调器的压缩机，所不同的是由模块组成的控制电路板不同。驱动交流变频压缩机的模块板通过改动程序（即修改 CPU 或存储器的内部数据），即可驱动直流变频压缩机。模块板硬件方面有以下几种区别。

（1）模块板增加位置检测电路

仙童 FSBB15CH60 模块，在海信 KFR-28GW/39MBP 交流变频空调器中，见图 11-22，驱动交流变频压缩机。

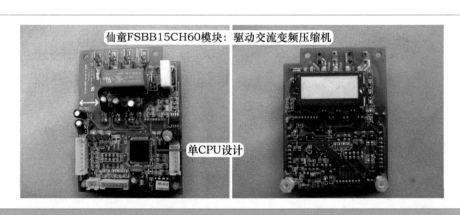

仙童FSBB15CH60模块：驱动交流变频压缩机

单CPU设计

图 11-22　海信 KFR-28GW/39MBP 模块板

海信 KFR-33GW/25MZBP 直流变频空调器中，见图 11-23，基板上增加位置检测电路，驱动直流变频压缩机。

（2）模块板双 CPU 控制电路

三洋 STK621-031（041）模块，在海信 KFR-26GW/18BP 交流变频空调器中，见图 11-24，驱动交流变频压缩机。

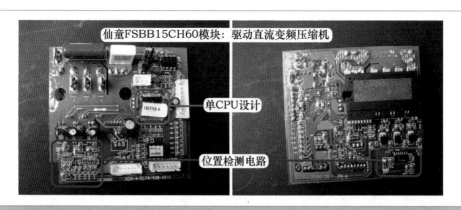

图 11-23　海信 KFR-33GW/25MZBP 模块板

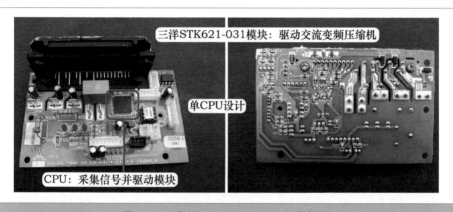

图 11-24　海信 KFR-26GW/18BP 模块板

海信 KFR-32GW/27ZBP 中，见图 11-25，模块板使用双 CPU 设计，其中 1 个 CPU 为主控 CPU，作用是与室内机通信、采集温度信号、驱动继电器等，另外 1 个 CPU 专门驱动模块，驱动直流变频压缩机。

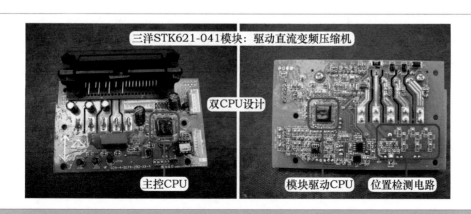

图 11-25　海信 KFR-32GW/27ZBP 模块板

（3）双主板双 CPU 设计电路

目前常用的一种设计形式为，设有室外机主板和模块板，见图 11-26 和图 11-27，每块电路板上面均设计有 CPU，室外机主板为主控 CPU，作用是采集温度信号和驱动继电器等，模块板为模块驱动 CPU，专门用于驱动变频模块（IPM）和 PFC 模块。

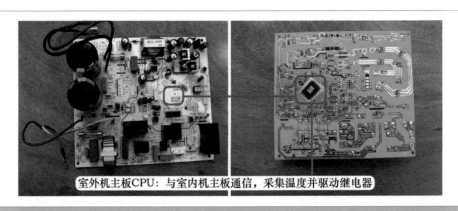

室外机主板CPU：与室内机主板通信，采集温度并驱动继电器

图 11-26 室外机主板

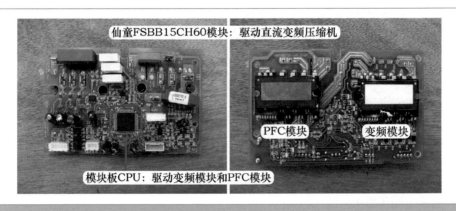

仙童FSBB15CH60模块：驱动直流变频压缩机

PFC模块 变频模块

模块板CPU：驱动变频模块和PFC模块

图 11-27 模块板

第三节 变频空调器电控系统组成

本节以格力 KFR-32GW/（32556）FNDe-3 直流变频空调器室内机和室外机为基础，介绍室内机和室外机电控系统组成。如本节中无特别注明，所有空调器型号均默认为格力 KFR-32GW/（32556）FNDe-3。

一、室内机电控系统

1. 电控系统组成

图 11-28 为室内机电控系统电气接线图，图 11-29 为室内机电控系统实物外形和作用（不

含辅助电加热等）。

从图 11-29 中可以看出，室内机电控系统由主板（AP1）、室内环温传感器（室内环境感温包）、室内管温传感器（室内管温感温包）、显示板组件（显示接收板）、室内风机（风扇电机）、步进电机（上下扫风电机）、变压器、辅助电加热（电加热器）等组成。

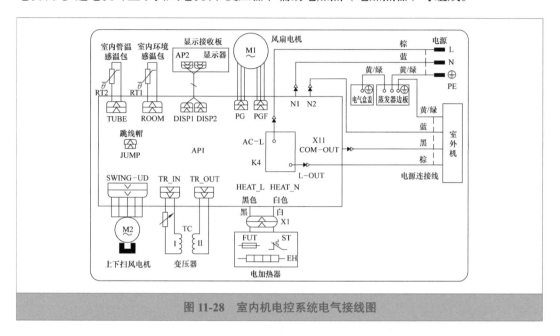

图 11-28　室内机电控系统电气接线图

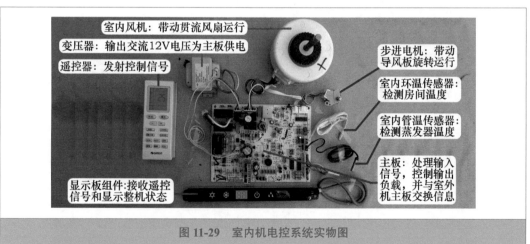

图 11-29　室内机电控系统实物图

2. 主板插座和电子元器件

表 11-1 为室内机主板与显示板组件的插座和电子元器件明细，图 11-30 为室内机主板实物图，图 11-31 为显示板组件实物图。在图 11-30 和图 11-31 中，插座和接线端子的代号以英文字母表示，电子元器件以阿拉伯数字表示。

主板有供电才能工作，为主板供电有电源 L 端输入和电源 N 端输入 2 个端子；由于室内机主板还为室外机供电和与室外机交换信息，因此还设有室外机供电端子和通信线；输入部分设有变压器、室内环温和管温传感器，主板上设有变压器一次绕组和二次绕组插座、室内环温和管温传感器插座；输出负载有显示板组件、步进电机、室内风机（PG电机），相对应的在主板上有显示板组件插座、步进电机插座、室内风机线圈供电插座、霍尔反馈插座。

表11-1　室内机主板与显示板组件的插座和电子元器件明细

标号	名称	标号	名称	标号	名称
A	电源相线输入	1	压敏电阻	15	蜂鸣器
B	电源零线输入和输出	2	主控继电器	16	串行移位集成电路
C	电源相线输出	3	12.5A 熔丝管	17	反相驱动器
D	通信端子	4	3.15A 熔丝管	18	晶体管
E	变压器一次绕组	5	整流二极管	19	扼流圈
F	变压器二次绕组	6	主滤波电容	20	光电耦合器晶闸管
G	室内风机	7	12V 稳压块 7812	21	室内风机电容
H	霍尔反馈	8	5V 稳压块 7805	22	辅助电加热继电器
I	室内环温传感器	9	CPU（贴片型）	23	发送光电耦合器
J	室内管温传感器	10	晶振	24	接收光电耦合器
K	步进电机	11	跳线帽	25	接收器
L	辅助电加热	12	过零检测晶体管	26	2 位数码管
M	显示板组件 1	13	应急开关	27	指示灯（发光二极管）
N	显示板组件 2	14	反相驱动器		

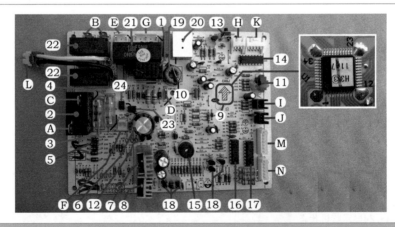

图 11-30　室内机主板插座和电子元器件

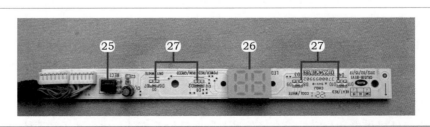

图 11-31　显示板组件电子元器件

3. 单元电路作用

图 11-32 为室内机主板电路框图，由框图可知，主板主要由 5 部分电路组成，即电源电路、CPU 三要素电路、输入部分电路、输出部分电路、通信电路。

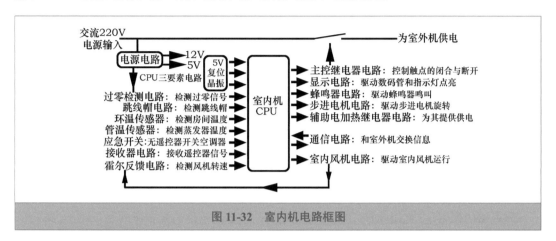

图 11-32　室内机电路框图

（1）电源电路

该电路的作用是向主板提供直流 12V 和 5V 电压，由熔丝管（4，熔丝管俗称保险管）、压敏电阻（1）、变压器、整流二极管（5）、主滤波电容（6）、7812 稳压块（7）、7805 稳压块（8）等元器件组成。

（2）CPU 和其三要素电路

CPU（9）是室内机电控系统的控制中心，处理输入部分电路的信号，对负载进行控制；CPU 三要素电路是 CPU 正常工作的前提，由复位电路、晶振（10）等元器件组成。

（3）通信电路

该电路的作用是和室外机 CPU 交换信息，主要元器件为接收光电耦合器（24）和发送光电耦合器（23）。

（4）应急开关电路

该电路的作用是在无遥控器时用其可以开启或关闭空调器，主要元器件为应急开关（13）。

（5）接收器电路

该电路的作用是接收遥控器发射的信号，主要元器件为接收器（25）。

（6）传感器电路

该电路的作用是向 CPU 提供温度信号。室内环温传感器（I）提供房间温度，室内管温传感器（J）提供蒸发器温度。

（7）过零检测电路

该电路的作用是向 CPU 提供交流电源的零点信号，主要元器件为过零检测晶体管（12）。

（8）霍尔反馈电路

该电路的作用是向 CPU 提供转速信号，室内风机输出的霍尔反馈信号（H）直接送至 CPU 引脚。

（9）显示电路

该电路的作用是显示空调器的运行状态，主要元器件为串行移位集成电路（16）、反相驱动器（17）、晶体管（18）、2 位数码管（26）、发光二极管（27）。

（10）蜂鸣器电路

该电路的作用是提示已接收到遥控器信号并且已处理，主要元器件为反相驱动器（14）和蜂鸣器（15）。

（11）步进电机电路

该电路的作用是驱动步进电机运行，从而带动导风板上下旋转运行，主要元器件为反相驱动器和步进电机（K）。

（12）主控继电器电路

该电路的作用是向室外机提供电源，主要元器件为反相驱动器和主控继电器（2）。

（13）室内风机驱动电路

该电路的作用是驱动 PG 电机运行，主要元器件为扼流圈（19）、光电耦合器晶闸管（20，俗称光耦可控硅）、室内风机电容（21）、室内风机（G）。

（14）辅助电加热电路

该电路的作用是控制电加热器的接通和断开，主要元器件为反相驱动器、12.5A 熔丝管（3）、继电器（22）、辅助电加热（L）。

二、 室外机电控系统

1. 电控系统组成

图 11-33 为室外机电控系统电气接线图，图 11-34 为室外机电控系统实物外形和作用（不含压缩机、室外风机、端子排等）。

从图 11-34 上可以看出，室外机电控系统由主板（AP1）、滤波电感（L）、压缩机、压缩机顶盖温度开关（压缩机过载）、室外风机（风机）、四通阀线圈（4YV）、室外环温传感器（环境感温包）、室外管温传感器（管温感温包）、压缩机排气传感器（排气感温包）、端子排（XT）组成。

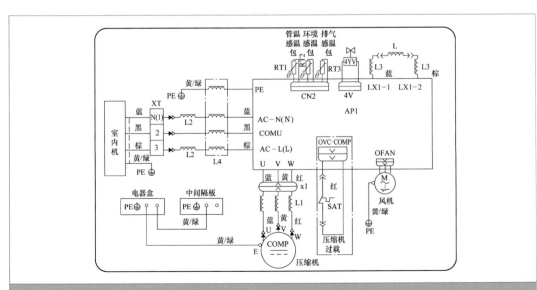

图 11-33　室外机电控系统电气接线图

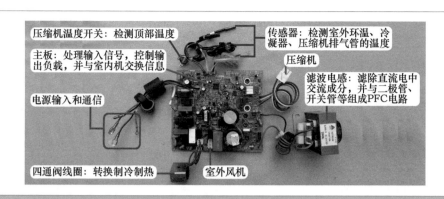

图 11-34　室外机电控系统实物图

2. 主板插座

表 11-2 为室外机主板插座明细，图 11-35 为室外机主板插座实物图，插座引线的代号以英文字母表示。由于将室外机 CPU 和弱电信号电路及模块等所有电路均集成在 1 块主板，因此主板的插座较少。

室外机主板有供电才能工作，为其供电有电源 L 端输入、电源 N 端输入、地线 3 个端子；为了和室内机主板通信，设有通信线；输入部分设有室外环温传感器、室外管温传感器、压缩机排气传感器、压缩机顶盖温度开关，设有室外环温 - 室外管温 - 压缩机排气传感器插座、压缩机顶盖温度开关插座；直流 300V 供电电路中设有外置滤波电感，外接有滤波电感的 2 个插头；输出负载有压缩机、室外风机、四通阀线圈，相对应设有压缩机对接插头、室外风机插座、四通阀线圈插座。

表 11-2　室外机主板插座明细

标号	名称	标号	名称	标号	名称
A	棕线：相线 L 端输入	E	滤波电感输入	I	室外风机
B	蓝线：零线 N 端输入	F	滤波电感输出	J	压缩机温度开关
C	黑线：通信 COM	G	压缩机	K	室外环温 - 室外管温 - 压缩机排气传感器
D	黄绿色：地线	H	四通阀线圈		

图 11-35　室外机主板插座

3. 主板电子元器件

表 11-3 为室外机主板电子元器件明细，图 11-36 为室外机主板电子元器件实物图，电子元器件以阿拉伯数字表示。

表 11-3　室外机主板电子元器件明细

标号	名称	标号	名称	标号	名称
1	15A 熔丝管	13	室外风机电容	25	模块保护集成电路
2	压敏电阻	14	四通阀线圈继电器	26	PFC 取样电阻
3	放电管	15	3.15A 熔丝管	27	模块电流取样电阻
4	滤波电感（扼流圈）	16	开关变压器	28	电压取样电阻
5	PTC 电阻	17	开关电源集成电路	29	PFC 驱动集成电路
6	主控继电器	18	TL431	30	反相驱动器
7	整流硅桥	19	光电耦合器	31	发光二极管
8	快恢复二极管	20	3.3V 稳压集成电路	32	通信电源降压电阻
9	IGBT 开关管	21	CPU	33	通信电源滤波电容
10	滤波电容（2 个）	22	存储器	34	通信电源稳压二极管
11	模块	23	相电流放大集成电路	35	发送光电耦合器
12	室外风机继电器	24	PFC 取样集成电路	36	接收光电耦合器

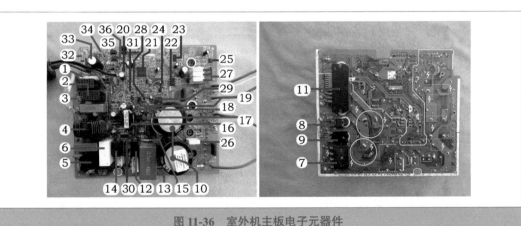

图 11-36　室外机主板电子元器件

4. 单元电路作用

图 11-37 为室外机主板电路框图，由框图可知，主板主要由 5 部分电路组成，即电源电路、输入部分电路、输出部分电路、模块电路、通信电路。

（1）交流 220V 输入电压电路

该电路的作用是过滤电网带来的干扰，以及在输入电压过高时保护后级电路。其由 15A 熔丝管（1）、压敏电阻（2）、扼流圈（4）等元器件组成。

（2）直流 300V 电压形成电路

该电路的作用是将交流 220V 电压变为纯净的直流 300V 电压。由 PTC 电阻（5）、主控继电器（6）、整流硅桥（7）、滤波电感、快恢复二极管（8）、IGBT 开关管（9）、滤波电容（10）等元器件组成。

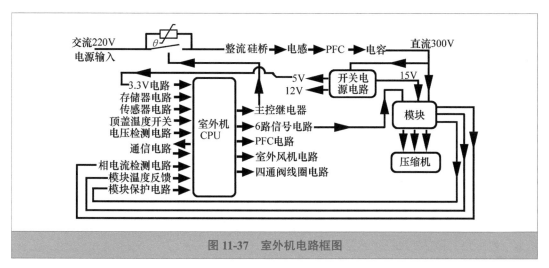

图 11-37　室外机电路框图

（3）开关电源电路

该电路的作用是将直流 300V 电压转换成直流 15V、直流 12V、直流 5V 电压，其中直流 15V 为模块内部控制电路供电，直流 12V 为继电器和反相驱动器供电，直流 5V 为弱电信号电路和 3.3V 稳压集成电路（20）供电，3.3V 为 CPU 和弱电信号电路供电。

开关电源电路由 3.15A 熔丝管（15）、开关变压器（16）、开关电源集成电路（17）、TL431（18）、光电耦合器（19）、二极管等组成。

（4）CPU 电路

CPU（21）是室外机电控系统的控制中心，处理输入电路的信号和对室内机进行通信，并对负载进行控制。

（5）存储器电路

该电路的作用是存储相关参数和数据，供 CPU 运行时调取使用。其主要元器件为存储器（22）。

（6）传感器电路

该电路的作用是为 CPU 提供温度信号。室外环温传感器检测室外环境温度，室外管温传感器检测冷凝器温度，压缩机排气传感器检测压缩机排气管温度。

（7）压缩机顶盖温度开关电路

该电路的作用是检测压缩机顶部温度是否过高，主要由顶盖温度开关组成。

（8）电压检测电路

该电路的作用是向 CPU 提供输入市电电压的参考信号，主要元器件为电压取样电阻（28）。

（9）相电流检测电路

该电路的作用是向 CPU 提供压缩机运行电流和位置信号，主要元器件为模块电流取样电阻（27）和相电流放大集成电路（23）。

（10）PFC 电路

该电路的作用是提高电源的功率因数以及直流 300V 电压数值，主要由 PFC 取样电阻（26）、PFC 取样集成电路（24）、PFC 驱动集成电路（29）、快恢复二极管（8）、IGBT 开关管（9）、滤波电容（10）等组成。

（11）通信电路

该电路的作用是与室内机主板交换信息，主要元器件为通信电源降压电阻（32）、通信电源滤波电容（33）、通信电源稳压二极管（34）、发送光电耦合器（35）和接收光电耦合器（36）。

（12）指示灯电路

该电路的作用是指示室外机的状态，主要由发光二极管（31）和晶体管组成。

（13）主控继电器电路

该电路的作用是待滤波电容充电完成后主控继电器触点闭合，短路 PTC 电阻。驱动主控继电器线圈的元器件为 2003 反相驱动器（30）和主控继电器（6）。

（14）室外风机电路

该电路的作用是控制室外风机运行，主要由反相驱动器、室外风机电容（13）、室外风机继电器（12）和室外风机等元器件组成。

（15）四通阀线圈电路

该电路的作用是控制四通阀线圈的供电与失电，主要由反相驱动器、四通阀线圈继电器（14）、四通阀线圈等元器件组成。

（16）6 路信号电路

6 路信号控制模块内部 6 个 IGBT 开关管的导通与截止，使模块输出频率与电压均可调的模拟三相交流电，6 路信号由室外机 CPU 输出。该电路主要由 CPU 和模块（11）等元器件组成。

（17）模块保护电路

模块保护信号由模块输出，送至室外机 CPU，该电路主要由模块和 CPU 组成。

（18）模块相电流保护电路

该电路的作用是在压缩机相电流过大时，控制模块停止工作，主要由模块保护集成电路（25）组成。

（19）模块温度反馈电路

该电路的作用是使 CPU 实时检测模块温度，信号由模块输出至 CPU。

第十二章

变频空调器电控系统主要元器件

第一节　电气元器件

　　电气元器件是变频空调器电控系统比较重要的元器件，并且在定频空调器电控系统中没有使用，由于工作时通过的电流比较大，相对容易损坏。下面对电气元器件的作用、实物外形、测量方法等做简单说明。

一、　直流电机

1. 作用

　　直流电机应用在全直流变频空调器的室内风机和室外风机，见图 12-1，作用和安装位置与普通定频空调器室内机的室内风机（PG 电机）、室外机的室外风机（轴流电机）相同。

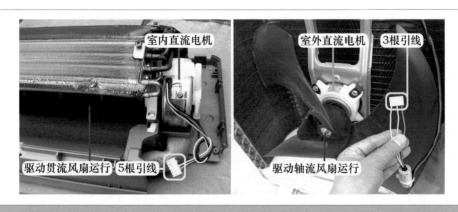

图 12-1　室内和室外直流电机安装位置

　　室内直流电机带动室内风扇（贯流风扇）运行，制冷时将蒸发器产生的冷量输送到室内，降低房间温度。

　　室外直流电机带动室外风扇（轴流风扇）运行，制冷时将冷凝器产生的热量排放到室外，吸入自然空气为冷凝器降温。

2. 分类

直流电机和交流电机最主要的区别有 2 点，一是直流电机供电电压为直流 300V，二是转子为永久磁铁，直流电机也称为无刷直流电机。

目前直流电机根据引线常分为 2 种类型，1 种为 5 根引线，1 种为 3 根引线。5 根引线的直流电机应用在早期和目前的全直流变频空调器，3 根引线的直流电机应用在目前的全直流变频空调器。

3. 5 根引线直流电机

（1）实物外形和内部结构

由于 5 根引线室内直流电机和室外直流电机的内部结构基本相同，本小节以室内风机使用的直流电机为例，介绍内部结构等知识。

见图 12-2 左图，示例电机为松下公司生产，型号为 ARW40N8P30MS，8 极（实际转速约为 750 r/min），功率为 30W，供电为直流 280 ~ 340V。

见图 12-2 右图，直流电机由上盖、转子（含上轴承、下轴承）、定子（含线圈和下盖）、控制电路板（主板）组成。

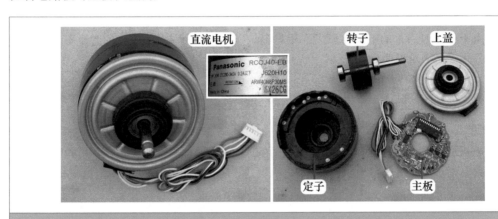

图 12-2　实物外形和内部结构

（2）5 根连接线功能

无论是室内直流电机或室外直流电机，插头均只有 5 根连接线，插头一端连接电机内部的主板，插头另一端与室内机或室外机主板相连，为电控系统构成通路。

插头引线作用见图 12-3。

①号红线 V_{DC}：直流 300V 电压正极引线，与②号黑线直流地组合成为直流 300V 电压，为主板内模块供电，其输出电压驱动电机线圈。

②号黑线 GND：直流电压 300V 和 15V 的公共端地线。

③号白线 V_{CC}：直流 15V 电压正极引线，与②号黑线直流地组合成为直流 15V 电压，为主板的弱信号控制电路供电。

④号黄线 V_{SP}：驱动控制引线，室内机或室外机主板 CPU 输出的转速控制信号，由驱动控制引线送至电机内部控制电路，控制电路处理后驱动模块可改变电机转速。

⑤号蓝线 FG：转速反馈引线，直流电机运行后，内部主板输出实时的转速信号，由转速反馈引线送到室内机或室外机主板，供 CPU 分析判断，并与目标转速相比较，使实际转速

和目标转速相对应。

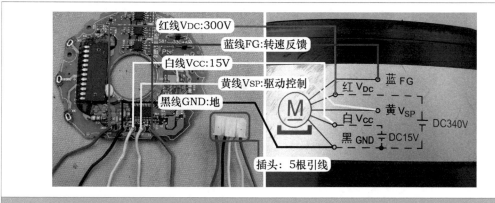

图 12-3　连接线作用

4.3 根引线直流电机

（1）实物外形和铭牌

目前全直流变频空调器还有 1 种形式，就是使用 3 根引线的直流电机，用来驱动室内或室外风扇。见图 12-4，示例电机由通达电机有限公司生产（空调风扇无刷直流电机），型号为 WZDK34-38G-W，（驱动线圈的模块）供电为直流 280V、功率 34W、8 极，理论转速为 1000r/min，其连接线只有 3 根，分别为蓝线 U、黄线 V、白线 W，引线功能标识为 U-V-W，与压缩机连接线功能相同，说明电机内部只有线圈（绕组）。

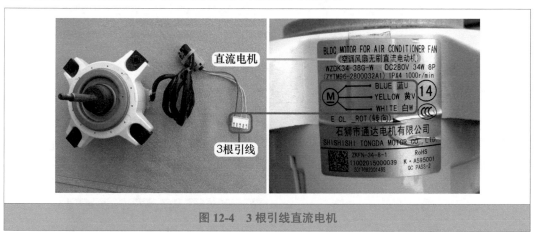

图 12-4　3 根引线直流电机

（2）风机模块设计位置

由于电机内部只有线圈（绕组），见图 12-5，将驱动线圈的模块设计在室外机主板上，风机模块可分为单列或双列封装（根据型号可分为无散热片自然散热和散热片散热），相对应驱动电路也设计在主板上。

（3）测量线圈阻值

测量 3 线直流电机线圈阻值时，使用万用表电阻挡，见图 12-6，表笔接蓝线 U 和黄线 V 测量阻值约为 66Ω，蓝线 U 和白线 W 阻值约为 66Ω，黄线 V 和白线 W 阻值约为 66Ω。根据 3 次测量阻值结果均相等，可发现与测量变频压缩机线圈方法相同。

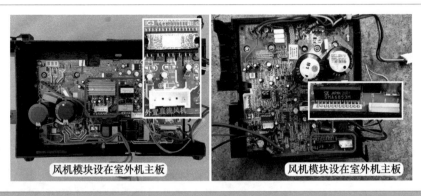

图 12-5 风机模块设计位置

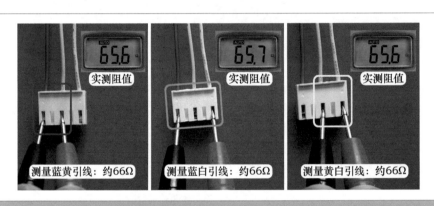

图 12-6 测量直流电机线圈阻值

二、 电子膨胀阀

1. 安装位置

电子膨胀阀通常是垂直安装在室外机，见图 12-7，其在制冷系统中的作用与毛细管相同，即降压节流和调节制冷剂流量。

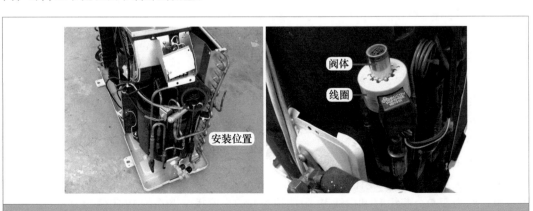

图 12-7 安装位置

2. 电子膨胀阀组件

见图 12-8，电子膨胀阀组件由线圈和阀体组成，线圈连接室外机电控系统，阀体连接制冷系统，其中线圈通过卡箍卡在阀体上面。

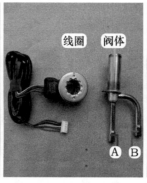

图 12-8　电子膨胀阀组件

3. 制冷剂流动方向

示例电子膨胀阀连接管道为 h 形，共有 2 根铜管与制冷系统连接。假定正下方的竖管称为 A 管，其连接二通阀；横管称为 B 管，其连接冷凝器出口。

制冷模式：制冷剂流动方向为 B → A，见图 12-9 左图，冷凝器流出低温高压液体，经毛细管和电子膨胀阀双重节流后变为低温低压液体，再经二通阀由连接管道送至室内机的蒸发器。

制热模式：制冷剂流动方向为 A → B，见图 12-9 右图，蒸发器（此时相当于冷凝器出口）流出低温高压液体，经二通阀送至电子膨胀阀和毛细管双重节流，变为低温低压液体，送至冷凝器出口（此时相当于蒸发器进口）。

图 12-9　制冷剂流动方向

4. 内部结构

见图 12-10，阀体主要由转子、阀杆、底座组成，与线圈一起称为电子膨胀阀的四大部件。

线圈：相当于定子，将电控系统输出的电信号转换为磁场，从而驱动转子转动。

转子：由永久磁铁构成，顶部连接阀杆，工作时接受线圈的驱动，做正转或反转的螺旋回转运动。

阀杆：通过中部的螺钉固定在底座上面。由转子驱动，工作时转子带动阀杆做上行或下行的直线运动。

底座：主要由黄铜组成，上方连接阀杆，下方引出2根管子连接制冷系统。

辅助部件设有限位器和圆筒铁皮。

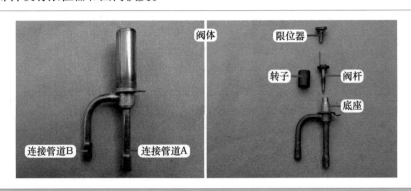

图 12-10　阀体和内部结构

三、　硅桥

1. 作用

硅桥内部为4个整流二极管组成的桥式整流电路，将交流220V电压整流成为脉动的直流300V电压。

由于硅桥工作时需要通过较大的电流，功率较大且有一定的热量，见图12-11左图，因此通常与模块一起固定在大面积的散热片上。

2. 分类

根据外观分类常见有3种：方形硅桥、扁形硅桥、PFC模块（内含硅桥）。

（1）方形硅桥

方形硅桥常用型号为S25VB60，安装位置见图12-11，通常固定在散热片上面，通过引线连接电控系统，25含义为最大正向整流电流25A，60含义为最高反向工作电压600V。

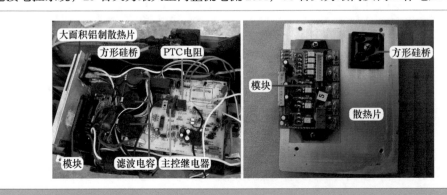

图 12-11　方形硅桥

（2）扁形硅桥

扁形硅桥常用型号为 D15XB60，安装位置见图 12-12，通常焊接在室外机主板上面，15
含义为最大正向整流电流 15A，60 含义为最高反向工作电压 600V。

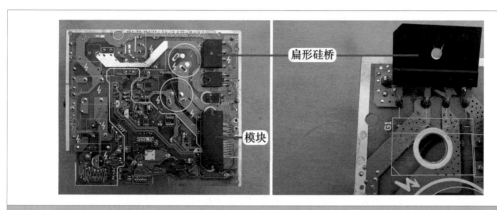

图 12-12　扁形硅桥

（3）PFC 模块（内含硅桥）

目前变频空调器电控系统中还有一种设计方式，见图 12-13，就是将硅桥和 PFC 电路集
成在一起，组成 PFC 模块，与驱动压缩机的变频模块设计在一块电路板上，因此在此类空调
器中，找不到普通意义上的硅桥。

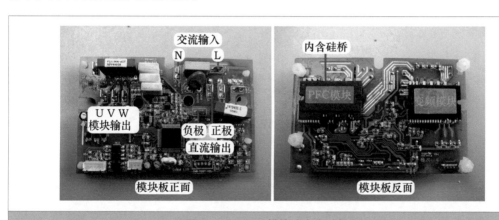

图 12-13　PFC 模块（内含硅桥）

3. 引脚作用和辨认方法

硅桥共有 4 个引脚，分别为 2 个交流输入端和 2 个直流输出端。2 个交流输入端接交流
220V，使用时没有极性之分。2 个直流输出端中的正极经滤波电感接滤波电容正极，负极直
接与滤波电容负极相连。

方形硅桥：见图 12-14 左图，其中的一角有豁口，对应引脚为直流正极，对角线引脚为
直流负极，其他 2 个引脚为交流输入端（使用时不分极性）。

扁形硅桥：见图 12-14 右图，其中一侧有 1 个豁口，对应引脚为直流正极，中间 2 个引
脚为交流输入端，最后 1 个引脚为直流负极。

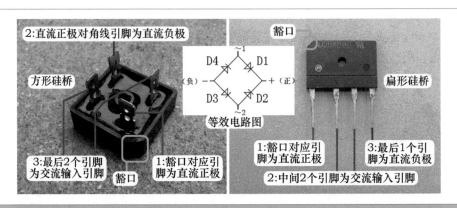

图 12-14 引脚功能辨认方法

4. 测量硅桥

硅桥内部为 4 个大功率的整流二极管，测量时应使用万用表二极管挡。

（1）测量正、负端子

相当于测量串联的 D1 和 D4（或串联的 D2 和 D3）。

红表笔接正、黑表笔接负，为反向测量，见图 12-15 左图，结果为无穷大。

红表笔接负、黑表笔接正，为正向测量，见图 12-15 右图，结果为 823mV。

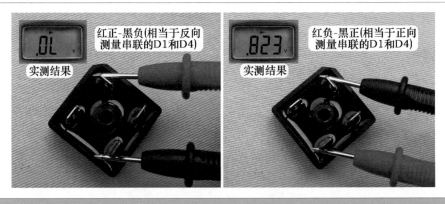

图 12-15 测量正、负端

（2）测量正、2 个交流输入端

测量过程见图 12-16，相当于测量 D1、D2。

红表笔接正、黑表笔接交流输入端，为反向测量，2 次结果相同，应均为无穷大。

红表笔接交流输入端、黑表笔接正，为正向测量，2 次结果相同，均为 452mV。

（3）测量负、2 个交流输入端

测量过程见图 12-17，相当于测量 D3、D4。

红表笔接负、黑表笔接交流输入端，为正向测量，2 次结果相同，均为 452mV。

红表笔接交流输入端、黑表笔接负，为反向测量，2 次结果相同，均为无穷大。

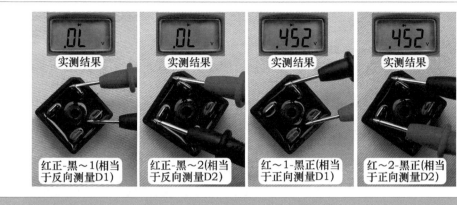

图 12-16　测量正、2 个交流输入端

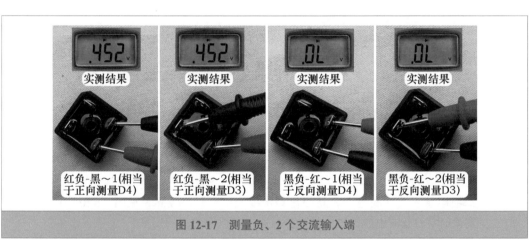

图 12-17　测量负、2 个交流输入端

（4）测量交流输入端～1、～2

相当于测量反向串联 D1 和 D2（或 D3 和 D4），见图 12-18，由于为反向串联，因此 2 次测量结果应均为无穷大。

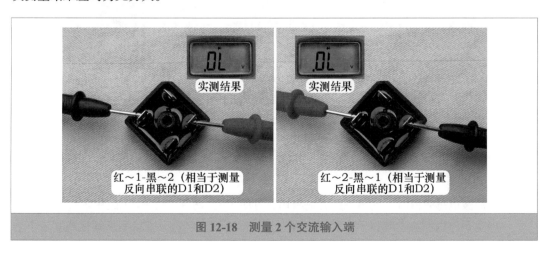

图 12-18　测量 2 个交流输入端

滤波电感

1. 作用和实物外形

根据电感线圈"通直流、隔交流"的特性，阻止由硅桥整流后直流电压中含有的交流成分通过，使输送滤波电容的直流电压更加平滑、纯净。

滤波电感实物外形见图12-19，将较粗的电感线圈按规律绕制在铁心上，即组成滤波电感。只有2个接线端子，没有正反之分。

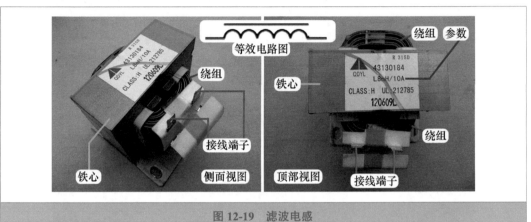

图 12-19　滤波电感

2. 安装位置

滤波电感通电时会产生电磁频率，且自身较重容易产生噪声，为防止对主板控制电路产生干扰，见图12-20左图，早期的空调器通常将滤波电感设计在室外机底座上面。

由于滤波电感安装在底座上容易因化霜水浸泡出现漏电故障，见图12-20中图和右图，目前的空调器通常将滤波电感设计在挡风隔板的中部或电控盒的顶部。

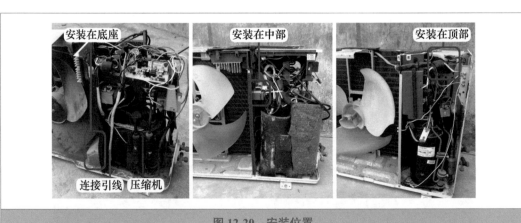

图 12-20　安装位置

3. 测量方法

测量滤波电感阻值时，使用万用表电阻挡，见图12-21左图，实测阻值约为1Ω（0.3Ω）。早期空调器因滤波电感位于室外机底部，且外部有铁壳包裹，直接测量其接线端子不是很方便，见图 12-21 右图，检修时可以测量 2 个连接引线的插头阻值，实测约为 1Ω（0.2Ω）。如果实测阻值为无穷大，应检查滤波电感上引线插头是否正常。

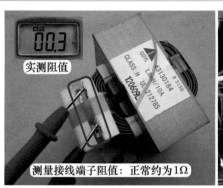

图 12-21　测量阻值

4. 常见故障

① 早期滤波电感安装在室外机底部，在制热模式下化霜过程中产生的化霜水将其浸泡，一段时间之后（安装 5 年左右），引起绝缘阻值下降，通常低于 2MΩ 时，会出现空调器通上电源之后，断路器（俗称空气开关）跳闸的故障。

② 由于绕制滤波电感绕组的线径较粗，很少有开路损坏的故障。而其工作时通过的电流较大，接线端子处容易产生热量，将连接引线烧断出现室外机无供电的故障。

五、　滤波电容

1. 作用

滤波电容实际为容量较大（约 2000μF）、耐压较高（约直流 400V）的电解电容。根据电容"通交流、隔直流"的特性，对滤波电感输送的直流电压再次滤波，将其中含有的交流成分直接入地，使供给模块 P、N 端的直流电压平滑、纯净，不含交流成分。

2. 引脚作用

滤波电容共有 2 个引脚，分别是正极和负极。正极接模块 P 端子，负极接模块 N 端子，负极引脚对应有"0"状标志。

3. 分类

按电容个数分类，有 2 种形式，即单个电容或几个电容并联组成。

（1）单个电容

见图 12-22，由 1 个耐压 400V、容量 2500μF 左右的电解电容组成，对直流电压滤波后为模块供电，常见于早期生产的挂式变频空调器或目前的柜式变频空调器，电控盒内设有专用安装位置。

（2）多个电容并联

由 2～4 个耐压 450V、容量 680μF 左右的电解电容并联组成，对直流电压滤波后为模块供电，总容量为单个电容标注容量相加，见图 12-23。常见于目前生产的变频空调器，直接焊在室外机主板上。

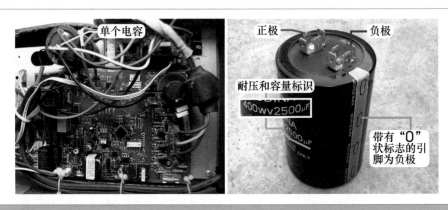

图 12-22　单个电容

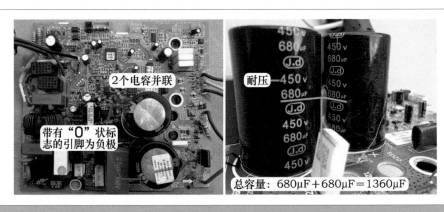

图 12-23　电容并联

第二节　模块和压缩机

IPM（智能功率模块，简称模块）及变频压缩机，是变频空调器电控系统中重要的元器件，同时故障率较高，属于电气元器件，但由于知识点较多，因此单设一节进行详细说明。

一、　模块

1. 基础知识

（1）接线端子

图 12-24 左图为海尔早期某款交流变频空调器使用的模块板组件，主要接线端子功能如下：

ACL 和 ACN：共 2 个端子，为交流 220V 输入，接室外机主板的交流 220V。

RO 和 RI：共 2 个端子，接外置的滤波电感。

N- 和 P+：共 2 个端子，接外置的滤波电容。

U、V、W：共 3 个端子为输出，接压缩机线圈。

右下角白色插座共 4 个引针为信号传送，接室外机主板，使室外机主板 CPU 控制模块板组件以驱动压缩机运行。

从图 12-24 右图可以看出，用于驱动压缩机的 IGBT 开关管，使用分立元件形式。

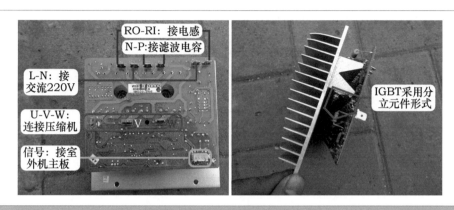

图 12-24　早期模块板组件

（2）单元电路

取下模块板组件的散热片，查看电路板单元电路，见图 12-25，主要由以下几个单元电路组成：整流电路（整流硅桥）、PFC 电路（改善电源功率因数）、电流检测电路、开关电源电路（提供直流 15V、3.3V 等电压）、控制电路（模块板组件 CPU）、驱动电路（驱动 IGBT 开关管）、6 个 IGBT 开关管等电路。

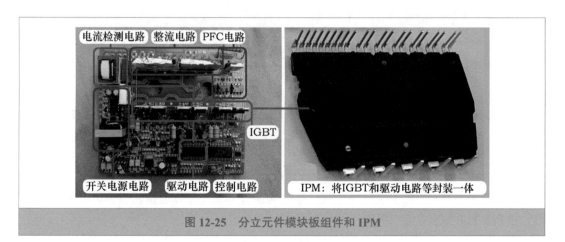

图 12-25　分立元件模块板组件和 IPM

由于分立元件形式的 IGBT 开关管故障率和成本均较高，且体积较大，如果将 6 个 IGBT 开关管、驱动电路、电流检测等电路单独封装在一起，见图 12-25 右图，即组成常见的 IPM。

➡ 说明：图 12-25 左图中，控制电路使用的集成电路为东芝公司生产的微处理器，型号为 TMG88CH40MG；驱动电路使用的集成电路为 IR 公司生产，型号为 2136S，功能是三相桥式驱动器，用于驱动 6 个 IGBT 开关管。

（3）IGBT 开关管

模块内部开关管框图见图 12-26，实物图见图 12-27。模块最核心的部件是 IGBT 开关管，压缩机有 3 个接线端子，模块需要 3 组独立的桥式电路，每组桥式电路由上桥和下桥组成，因此模块内部共设有 6 个 IGBT 开关管，分别称为 U 相上桥（U+）和下桥（U-）、V 相上桥（V+）和下桥（V-）、W 相上桥（W+）和下桥（W-），由于工作时需要通过较大的电流，6 个 IGBT 开关管固定在面积较大的散热片上面。

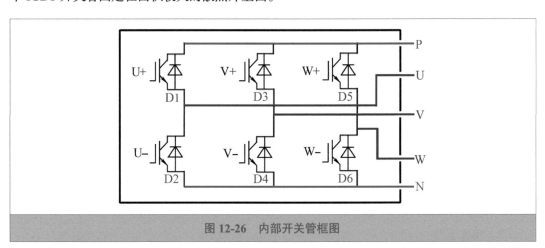

图 12-26　内部开关管框图

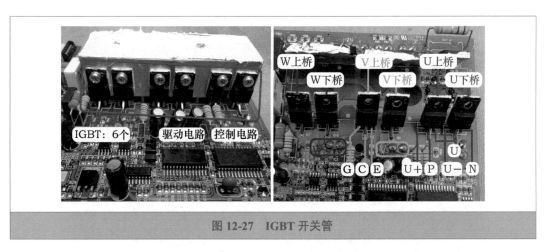

图 12-27　IGBT 开关管

图 12-27 中 IGBT 开关管型号为东芝 GT20J321，为绝缘栅双极型晶体管，共有 3 个引脚，从左到右依次为 G（门极）、C（集电极，或称为漏极 D）、E（发射极，或称为源极 S），内部 C 极和 E 极并联有续流二极管。

室外机 CPU（或控制电路）输出的 6 路信号（弱电），经驱动电路放大后接 6 个 IGBT 开关管的门极，3 个上桥的集电极接直流 300V 的正极 P 端子，3 个下桥的发射极接直流 300V 的负极 N 端子，3 个上桥的发射极和 3 个下桥的集电极相通为中点输出，分别为 U、V、W 接压缩机线圈。

（4）IPM

严格意义的 IPM 见图 12-28，其将图 12-25 中的 6 个 IGBT 开关管、驱动电路、控制电路和多种保护电路封装在同一模块内，从而简化了设计，提高了稳定性。IPM 只有固定在外围电路的控制基板上，才能组成模块板组件。在本书中如未特别注明，"模块"通常是指模块板组件。

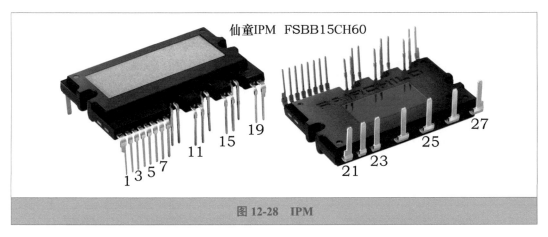

图 12-28 IPM

（5）工作原理

模块可以简单地看作是电压转换器。室外机主板 CPU 输出 6 路信号，经模块内部驱动电路放大后控制 IGBT 开关管的导通与截止，将直流 300V 电压转换成与频率成正比的模拟三相交流电（交流 30～220V、频率 15～120Hz），驱动压缩机运行。

三相交流电压越高，压缩机转速及输出功率（即制冷效果）也越高；反之，三相交流电压越低，压缩机转速及输出功率（即制冷效果）也就越低。三相交流电压的高低由室外机 CPU 输出的 6 路信号决定。

（6）安装位置

由于模块工作时产生很高的热量，因此设有面积较大的铝制散热片，并固定在上面，模块设计在室外机电控盒里侧，室外风扇运行时带走铝制散热片表面的热量，间接为模块散热。

2. 模块测量方法

任何类型的模块使用万用表测量时，内部控制电路工作是否正常均不能判断，只能对内部 6 个开关管做简单的检测。

从图 12-26 所示的模块内部 IGBT 开关管框图可知，万用表显示值实际为 IGBT 开关管并联 6 个续流二极管的测量结果，因此应选择二极管挡，且 P、N、U、V、W 端子之间应符合二极管的特性。

各个空调器的模块测量方法基本相同，本小节以测量海信 KFR-26GW/11BP 交流变频空调器使用的模块为例，实物外形见图 12-29，介绍模块测量方法。

（1）测量 P、N 端子

相当于 D1 和 D2（或 D3 和 D4、D5 和 D6）串联。

红表笔接 P、黑表笔接 N，为反向测量，见图 12-30 左图，结果为无穷大。

红表笔接 N、黑表笔接 P，为正向测量，见图 12-30 右图，结果为 817mV。

如果正、反向测量结果均为无穷大，为模块 P、N 端子开路；如果正、反向测量结果均接近 0mV，为模块 P、N 端子短路。

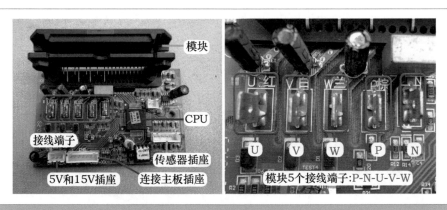

图 12-29　模块接线端子

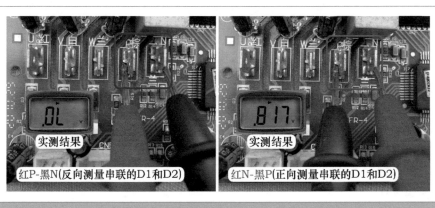

图 12-30　测量 P、N 端子

（2）测量 P 与 U、V、W 端子

相当于测量 D1、D3、D5。

红表笔接 P，黑表笔接 U、V、W，为反向测量，测量过程见图 12-31，3 次结果相同，应均为无穷大。

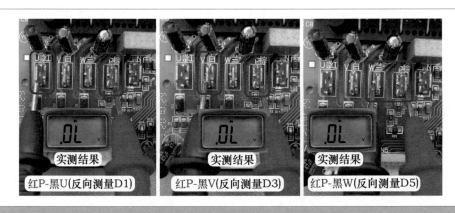

图 12-31　反向测量 P 与 U-V-W 端子

红表笔接 U、V、W，黑表笔接 P，为正向测量，测量过程见图 12-32，3 次结果相同，应均为 450mV。

如果反向测量或正向测量时 P 与 U、V、W 端结果接近 0mV，则说明模块 PU、PV、PW 结击穿。实际损坏时有可能是 PU、PV 结正常，只有 PW 结击穿。

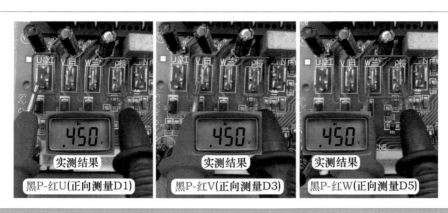

图 12-32　正向测量 P 与 U-V-W 端子

（3）测量 N 与 U、V、W 端子

相当于测量 D2、D4、D6。

红表笔接 N，黑表笔接 U、V、W，为正向测量，测量过程见图 12-33，3 次结果相同，应均为 451mV。

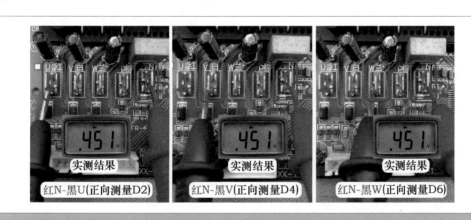

图 12-33　正向测量 N 与 U-V-W 端子

红表笔接 U、V、W，黑表笔接 N，为反向测量，测量过程见图 12-34，3 次结果相同，应均为无穷大。

如果反向测量或正向测量时，N 与 U、V、W 端结果接近 0mV，则说明模块 NU、NV、NW 结击穿。实际损坏时有可能是 NU、NW 结正常，只有 NV 结击穿。

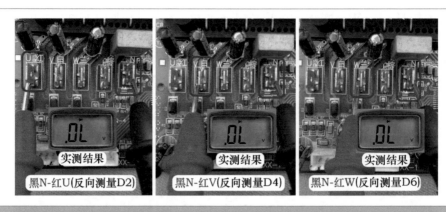

图 12-34　反向测量 N 与 U-V-W 端子

（4）测量 U、V、W 端子

测量过程见图 12-35，由于模块内部无任何连接，U、V、W 端子之间无论正、反向测量，结果相同，应均为无穷大。

如果结果接近 0mV，则说明 UV、UW、VW 结击穿。实际维修时 U、V、W 之间击穿损坏比例较小。

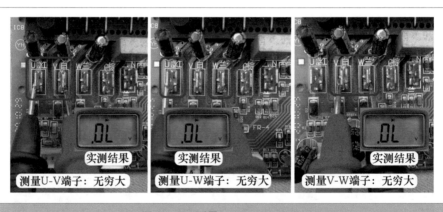

图 12-35　测量 U、V、W 端子

二、　变频压缩机

1. 基础知识

（1）安装位置

见图 12-36，压缩机安装在室外机内部右侧，也是室外机重量最重的部件，其管道（吸气管和排气管）连接制冷系统，接线端子上引线（U-V-W）连接电控系统中的模块。

（2）实物外形

压缩机实物外形见图 12-37，其为制冷系统的心脏，通过运行使制冷剂在制冷系统保持流动和循环。

压缩机由三相感应电机和压缩系统 2 部分组成，模块输出频率与电压均可调的模拟三相交流电为三相感应电机供电，电机带动压缩系统工作。

模块输出电压变化时电机转速也随之变化，转速变化范围为 1500 ~ 9000r/min，压缩系统的输出功率（即制冷量）也发生变化，从而达到在运行时调节制冷量的目的。

图 12-36　安装位置和系统引线

图 12-37　实物外形

（3）分类

根据工作方式主要分为交流变频压缩机和直流变频压缩机。

交流变频压缩机：见图 12-38 左图，应用在早期的变频空调器中，其使用三相感应电机。示例为西安庆安公司生产的交流变频压缩机铭牌，其为三相交流供电，工作电压为交流 60 ~ 173V，频率为 30 ~ 120Hz，使用 R22 制冷剂。

直流变频压缩机：见图 12-38 右图，应用在目前的变频空调器中，其使用无刷直流电机。示例为三菱直流变频压缩机铭牌，其为直流供电，工作电压为 27 ~ 190V，频率为 30 ~ 390Hz，功率为 1245W，制冷量为 4100W，使用 R410A 制冷剂。

（4）运行原理

压缩机运行原理见图 12-39，当需要控制压缩机运行时，室外机主板 CPU 输出 6 路信号，经模块放大后由 U、V、W 端子输出三相均衡的交流电，经压缩机顶部的接线端子送至电机线圈的 3 个端子，定子产生旋转磁场，转子产生感应电动势，与定子相互作用，转子转动起来，转子转动时带动主轴旋转，主轴带动压缩组件工作，吸气口开始吸气，经压缩成高温高压的气体后由排气口排出，系统的制冷剂循环工作，空调器开始制冷或制热。

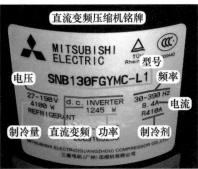

图 12-38　压缩机铭牌

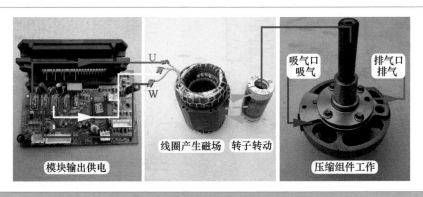

图 12-39　压缩机运行原理

2. 剖解变频压缩机

本小节以上海日立 SGZ20EG2UY 交流变频压缩机为例，介绍内部结构等知识。

（1）内部结构

从外观上看，见图 12-40 左图，压缩机由外置储液瓶和本体组成。见图 12-40 右图，压缩机本体由壳体（上盖、外壳、下盖）、压缩组件、电机共 3 大部分组成。

图 12-40　内部结构

取下外置储液瓶后，见图 12-41 左图，吸气管与位于下部的压缩组件直接相连，排气管位于顶部；电机组件位于上部，其引线与顶部的接线端子直接相连。

压缩机本体内部由压缩组件和电机组件组成，见图 12-41 右图。

图 12-41 电机和压缩组件

（2）电机部分组成

见图 12-42，电机部分由转子和定子 2 部分组成。

转子由铁心和平衡块组成。转子的上部和下部均安装有平衡块，以减少压缩机运行时的振动；中间部位为笼型铁心，由硅钢片叠压而成，其长度与定子铁心相同，安装时定子铁心与转子铁心相对应；转子中间部分的圆孔安装主轴，以带动压缩组件工作。

定子由铁心和线圈组成，线圈镶嵌在定子槽里面。在模块输出三相供电时，经连接线至线圈的 3 个接线端子，线圈中通过三相对称的电流，在定子内部产生旋转磁场，此时转子铁心与旋转磁场之间存在相对运动，切割磁力线而产生感应电动势，转子中有电流通过，转子电流与定子磁场相互作用，使转子中形成电磁力，转子便旋转起来，通过主轴从而带动压缩部分组件工作。

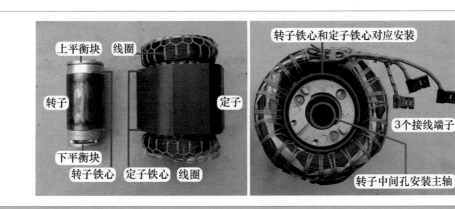

图 12-42 转子和定子

（3）引线作用

电机的线圈引出 3 个接线端子，安装至上盖内侧的 3 个接线端子上面，因此上盖外侧也只有 3 个接线端子，见图 12-43 左图，标号为 U、V、W，连接至模块的引线也只有 3 根，引线连接压缩机端子标号与模块标号应相同，见图 12-43 右图，示例压缩机 U 端子为红线、V 端子为白线、W 端子为蓝线。

➡ 说明：无论是交流变频压缩机还是直流变频压缩机，均有 3 个接线端子，标号分别为 U、V、W，与模块上 U、V、W 的 3 个接线端子对应连接。

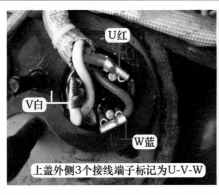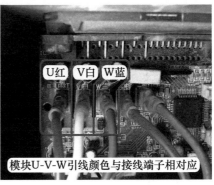

图 12-43　变频压缩机引线

（4）测量线圈阻值

使用万用表电阻挡，测量 3 个接线端子之间的线圈阻值，见图 12-44，UV、UW、VW 阻值相等，实测阻值为 1.1Ω 左右。

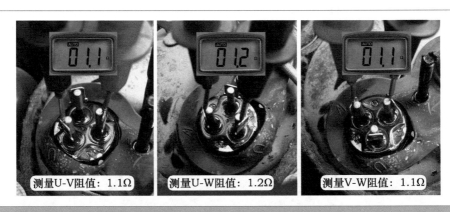

图 12-44　测量线圈阻值

（5）压缩部分

取下储液瓶、定子和上盖后，见图 12-45 左图，转子位于上方，压缩组件位于下方，同时吸气管也位于下方，与压缩组件相对应。

见图 12-45 中图和右图，压缩组件的主轴直接安装在转子内，也就是说，转子转动时直接带动主轴（偏心轴）旋转，从而带动压缩组件工作。

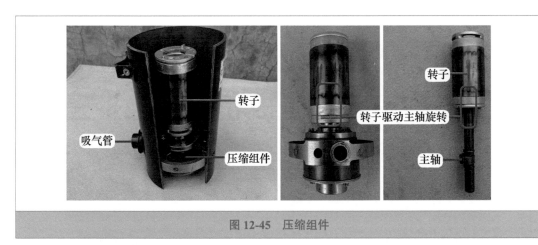

图 12-45 压缩组件

图 12-46 左图为压缩组件实物外形，图 12-46 右图为主要元器件，由主轴、上气缸盖、气缸、下气缸盖、滚动活塞（滚套）、刮片、弹簧、平衡块、下盖、螺钉等组成。

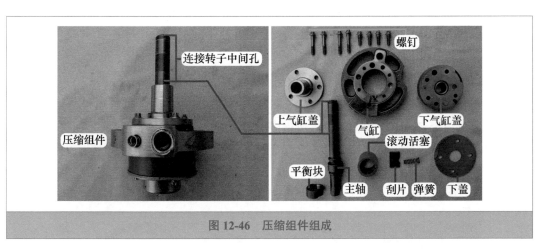

图 12-46 压缩组件组成

第十三章

更换美的空调器主板和通用电控盒

第一节　更换室内机主板

本节以美的 KFR-35GW/BP3DN1Y-DA200（B2）E 全直流变频空调器室内机为基础，介绍美的空调器更换室内机主板过程。

一、　取下主板和配件实物外形

1. 取下原机主板

断开空调器电源，掀开前面板（进风格栅），取下过滤网和右侧盖板，再取下环温传感器探头。见图 13-1 左图和中图，此机显示板组件位于前面板，使用对接插头与室内机主板连接。

为防止对接插头松动，使用卡箍进行固定，见图 13-1 右图，取下对接插头前应先取下卡箍。

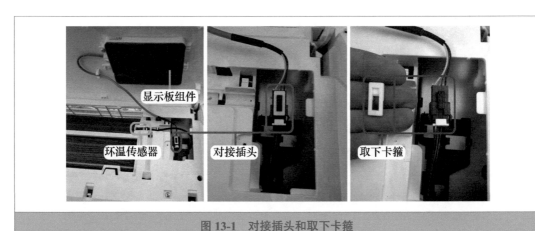

图 13-1　对接插头和取下卡箍

见图 13-2 左图，取下显示板组件的对接插头。使用螺钉旋具取下固定螺钉及外侧导风板，取下室内机外壳。

见图 13-2 中图和右图，电控盒位于室内机右侧，上面设计有盖板，松开卡扣后取下电控盒盖板。

图 13-2　取下插头和电控盒盖板

取下室内风机和辅助电加热等插头时，见图 13-3 左图，直接按压卡扣向外拔插头是取不下来的，这是由于为防止插头在运输或使用过程中脱落，卡扣部位安装有卡箍。

见图 13-3 中图和右图，使用一字螺钉旋具等工具取下卡箍，再按压插头上卡扣并向往外拔，可轻松取下插头。

图 13-3　取下室内风机插头

取下电源供电和室内外机连接线等插头时，见图 13-4 左图，直接向外拔，即使用力也取不下来。

见图 13-4 中图，这是由于连接线插头中设有固定点，相对应在主板的端子上设有固定孔，连接线插头安装到位时固定点卡在固定孔中，因此直接拔插头时不能取下。

向里按压插头顶部的卡扣，见图 13-4 右图，使固定点脱离固定孔，再向外拔连接线插头，即可轻松取下。

同样为防止脱落或接触不良，见图 13-5 左图，环温和管温传感器插头设有热熔胶，使用尖嘴钳子慢慢去掉热熔胶。注意，不要将插座引针的焊点从主板上拔下。

取下主板上插头和连接线及对接插头后，见图 13-5 右图，取出主板。

2. 室内机插头和电气接线图

取下主板后，电控盒剩余的插头见图 13-6 左图，安装过程就是将这些插头安装到主板的对应位置。

图 13-4　取下连接线插头

图 13-5　去掉热熔胶和取出主板

常用的安装方法有两种，如果对电路板不是很熟悉，可以使用第一种方法，见图 13-6 右图，根据粘贴于室内机外壳内部或前面板的电气接线图安装插头，也可完成安装主板的过程。

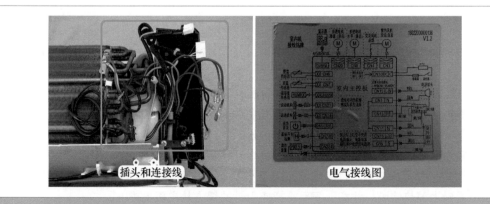

图 13-6　电控系统插头和电气接线图

本节着重介绍第二种方法，即根据主板插座或端子的特征，以及外围元器件的特点进行安装。原因是各个厂家的空调器大同小异，熟练掌握一种空调器机型后，再遇到其他品牌的空调器机型，也可以触类旁通，完成更换室内机主板（室外机主板）或室外机电控盒的安装过程。

3. 配件主板实物外形

配件主板实物外形见图 13-7，根据工作区域可分为强电区域和弱电区域。强电区域指工作电压为交流 220V 和直流 300V，插座或端子使用红线连接；弱电区域指工作电压为直流 12V 或 5V，插座使用蓝线连接。

强电区域
弱电区域

T2：管温传感器

T1：环温传感器

直流风机：室内风机
L：相线输入
N：零线输入输出
电辅热：辅助电加热
L-OUT：相线输出
通讯：通信

步进电机：外导风板
显示板：显示板组件
水平摇摆：内导风板

强电区域
弱电区域

图 13-7　主板实物外形

由图 13-7 可知，传感器、继电器端子等插头位于主板内侧，应优先安装这些插头，否则会由于引线不够长而不能安装至主板插座或端子。

➡ 说明：本机为全直流变频空调器，室内风机使用直流电机，将供电、驱动控制、转速反馈集中在 1 个插头，未设计室内风机转速反馈的插座；主板使用开关电源电路供电，不再使用变压器，未设计一次绕组和二次绕组的插座。

二、 安装过程

1. 电源输入引线

电源输入引线共设有 3 根，见图 13-10 左图，棕线为相线 L、蓝线为零线 N、黄绿线为地线，其中黄绿线地线直接固定在蒸发器上面，在更换主板时不用安装，只需要安装棕线和蓝线。

主板没有专门设计相线的输入和输出端子，见图 13-8，而是直接安装在主控继电器上方的 2 个端子，端子相通的焊点位于强电区域。说明：继电器线圈焊点位于弱电区域。

主控继电器　主板正面　主板反面　主控继电器

相线输入(L)端子：
强电区域，焊点接熔丝管

相线输出(L-OUT)端子：
强电区域，焊点接通信电路

图 13-8　主板相线输入输出端子正面和反面

标识为 L（CN15）的端子为相线输入，下方焊点和 2 个熔丝管（5A 和 16A）相通为主板提供 L 端供电，端子接电源输入引线中的棕线；标识为 L-OUT（CN16）的端子为相线输出，下方焊点接通信电路的元器件（或为空脚），端子接室内外机连接线中的棕线（相线）。说明：5A 熔丝管使用白色套管，为主板单元电路供电；16A 熔丝管使用黄色套管，为辅助电加热供电。

主板强电区域中标识 N（CN1- 蓝、CN1-1- 蓝）的端子共有 2 片相通，见图 13-9，为零线输入和输出端子，端子连接电源输入引线中的蓝线和室内外机连接线中的蓝线，焊点连接滤波电感和辅助电加热插座焊点等。

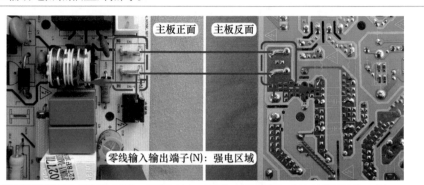

图 13-9　主板零线输入输出端子正面和反面

见图 13-10 中图，将电源输入引线中的棕线插在主控继电器上方对应为 L 的端子，为主板提供相线 L 端供电。

见图 13-10 右图，将蓝线插在 N 端子一侧，为主板提供零线 N 端供电。

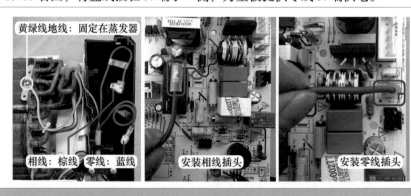

图 13-10　电源输入引线和安装插头

2. 室内外机连接线

室内外机连接线共有 4 根引线，见图 13-12 左图，棕线为相线（套管标识 L）、蓝线为零线（套管标识 N）、黑线为通信（套管标识 S）、黄绿线为地线。其中黄绿线地线直接固定在蒸发器上面，在更换主板时不用安装，只需要安装棕线、蓝线、黑线。

通信端子位于强电区域，见图 13-11，主板标识为通讯 -S（CN5- 黑），端子焊点经二极管和电阻等电路连接至光电耦合器和 CPU 引脚。

见图 13-12 右图，将棕线（L）插在主控继电器上方对应为 L-OUT 的端子，通过室内外机连接线为室外机提供相线 L 端供电。

图 13-11　主板通信端子正面和反面

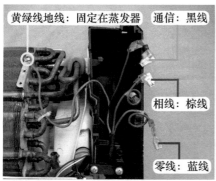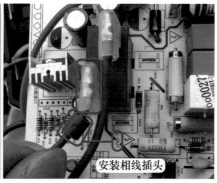

图 13-12　室内外机连接线和安装相线插头

　　将蓝线（N）插在主板上标识为 N 的端子另一侧，见图 13-13 左图，为室外机提供零线 N 端供电。

　　将黑线（S）插在主板上标识为通讯 -S 的端子，见图 13-13 右图，为室内机和室外机提供通信回路。

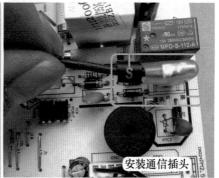

图 13-13　安装零线和通信插头

3. 环温和管温传感器

环温和管温传感器实物外形见图 13-14 左图，环温传感器使用塑封探头，管温传感器使用铜头探头，插头均只有 2 根引线。

环温传感器探头安装在进风口位置，见图 13-29 右图，需要安装室内机外壳后才能固定，作用是检测进风口温度，相当于检测房间温度；管温传感器探头安装的检测孔焊接在蒸发器管壁，见图 13-14 右图，作用是检测蒸发器温度。

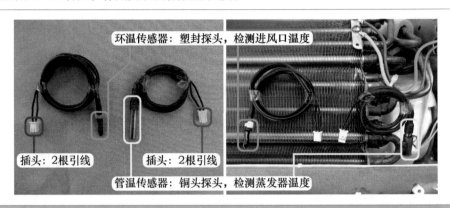

图 13-14　传感器实物外形和作用

环温和管温传感器插座均为 2 针设计，见图 13-15 左图，位于弱电区域。环温传感器使用白色插座，主板标识为 T1；管温传感器使用浅灰色插座，主板标识为 T2。

查看主板反面，见图 13-15 右图，2 个插座的其中一针连在一起接供电 5V，另一针经电阻等元器件去 CPU 引脚。

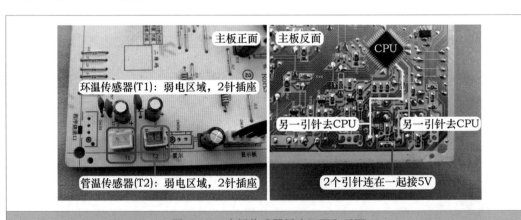

图 13-15　主板传感器插座正面和反面

见图 13-16，将环温传感器插头安装至 T1 插座，将管温传感器插头安装至 T2 插座。由于 2 个插头和插座形状不相同，安装插反时则不容易安装进去。

4. 室内直流风机

室内风机驱动贯流风扇运行，本机使用直流风机，见图 13-18 左图，位于室内机右侧，只设有 1 个插头的 5 根连接线，从右侧下方引出。

直流风机供电为直流 300V，见图 13-17 左图，插座位于强电区域，共设有 5 个引针，主板标识为直流风机（CN3）。

查看主板反面，见图 13-17 右图，其中 2 针接直流 300V 滤波电容的焊点，中间 1 针接 15V 供电 7815 稳压块的输出端，最后的 2 针经光电耦合器等元器件接 CPU 引脚。

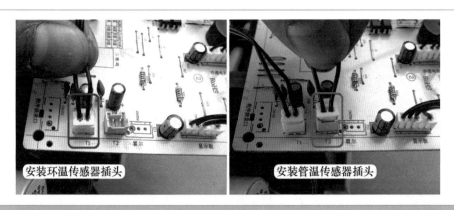

安装环温传感器插头　　　安装管温传感器插头

图 13-16　安装传感器插头

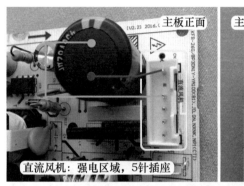

主板正面　　　主板反面

直流风机：强电区域，5 针插座　　　其中 2 针接滤波电容焊点

图 13-17　主板直流风机插座正面和反面

见图 13-18 右图，将室内直流风机插头安装至主板标识为直流风机的插座。

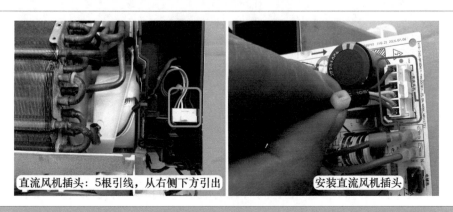

直流风机插头：5 根引线，从右侧下方引出　　　安装直流风机插头

图 13-18　直流风机插头和安装插头

5. 辅助电加热

辅助电加热安装在蒸发器下部，长度较长，接近蒸发器的长度，作用是制热模式下提高出风口的温度，见图 13-20 左图，引线从蒸发器右侧的中部引出。共设有 1 个插头，连接 2 根较粗的引线（红线和黑线），并且引线上面安装有防火的绝缘套管。

辅助电加热供电为交流 220V，见图 13-19 左图，插座位于强电区域，共设有 2 个引针，主板标识为电辅热（CN108）。

查看主板反面，见图 13-19 右图，1 个焊点（对应黑线）直接连接零线 N 端、1 个焊点（对应红线）经继电器触点和熔丝管（16A）接相线 L 端。

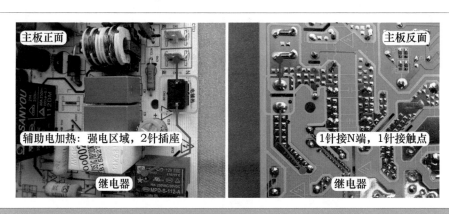

图 13-19　主板辅助电加热插座正面和反面

见图 13-20 右图，将辅助电加热插头安装至主板标识为电辅热的插座。

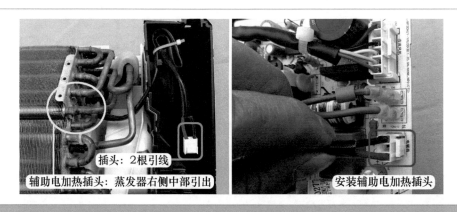

图 13-20　辅助电加热插头和安装插头

6. 内侧导风板步进电机

本机室内机设有内侧和外侧 2 个导风板，见图 13-21 左图。内侧的导风板位于上方且体积较小，用于水平位置的上下旋转运行，作用是调节出风口的角度；外侧的导风板位于下方且体积较大，类似于"门"的作用，用于打开和关闭出风口。

见图 13-21 中图，内侧导风板由 1 个体积较小的步进电机驱动；实物外形见图 13-21 右图，共设有 1 个插头，插头为 5 根引线。

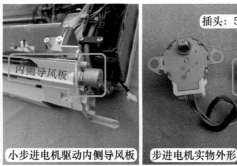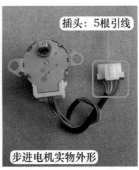

插头：5根引线

内侧导风板
外侧导风板
内外侧导风板

内侧导风板
小步进电机驱动内侧导风板

步进电机实物外形

图 13-21　内外侧导风板和步进电机

驱动内侧导风板的步进电机由直流 12V 供电，见图 13-22 左图，白色的 5 针插座位于弱电区域，主板标识为水平摇摆（CN8）。

查看主板反面，见图 13-22 右图，插座的 4 针焊点均连接反相驱动器输出侧，1 针接直流 12V。

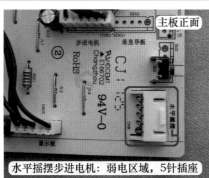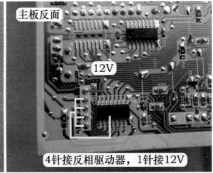

主板正面

步进电机　垂直导风板

水平摇摆

水平摇摆步进电机：弱电区域，5 针插座

主板反面

12V

4 针接反相驱动器，1 针接 12V

图 13-22　主板步进电机插座正面和反面

由于步进电机引线较短，主板未安装到位时插头不能直接安装至插座，见图 13-23 左图，将主板安装至电控盒内部卡槽。

见图 13-23 右图，将驱动内侧导风板的步进电机插头，安装至主板标识为水平摇摆的插座。

主板安装至电控盒内

安装步进电机插头

图 13-23　安装主板和步进电机插头

7. 外侧导风板步进电机

由于外侧导风板体积较大，如果使用1个电机驱动，使得导风板容易在电机的另一侧位置留有豁口（即未设置电机的一侧关不严，关闭时不在一个水平线上），见图13-24，本机使用左右两侧共2个体积较大的步进电机驱动外侧导风板。

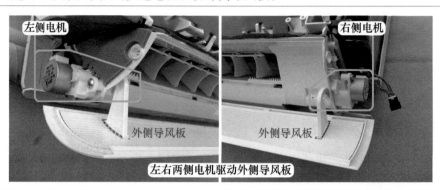

图 13-24　步进电机驱动外侧导风板

驱动外侧导风板的2个步进电机均由直流12V供电，见图13-25左图，使用黑色的5线对接插头，对应的5针插座位于弱电区域，主板标识为步进电机（CN21）。

查看主板反面，见图13-25右图，插座的4针焊点均连接反相驱动器输出侧，1针接直流12V。

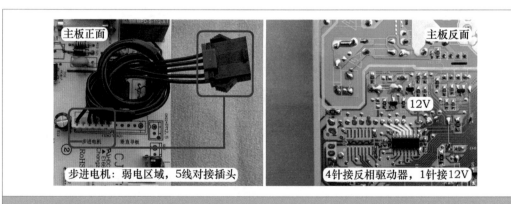

图 13-25　主板步进电机插头正面和插座反面

见图13-26左图，左侧和右侧的步进电机均为5根连接线（左侧引线较长，右侧引线较短），2个电机引线按颜色对应并联使用1个对接插头。

见图13-26右图，将左侧和右侧的步进电机对接插头，对应安装至主板标识为步进电机的对接插头。

8. 显示板组件

显示板组件安装在前面板右侧的中间位置，见图13-27左图，作用是空调器与外界交换信息的窗口。

显示板组件外壳内只有1块单独的电路板，见图13-27右图，设有显示屏、WIFI模块、CPU、接收器等电路，共有1束4根连接线的对接插头与室内机主板相连。

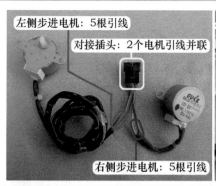
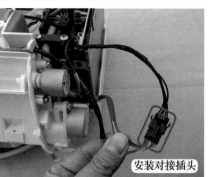

图 13-26　步进电机和安装对接插头

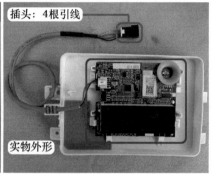

图 13-27　显示板组件安装位置和实物外形

　　显示板组件由直流 5V 供电，使用黑色的 4 线对接插头，见图 13-28 左图，对应的 4 针插座位于弱电区域，主板标识为显示板（CN10）。

　　查看主板反面，见图 13-28 右图，其中 1 针接直流地、1 针接 5V，另外 2 针经晶体管等元器件接 CPU 引脚，与显示板组件交换信息。

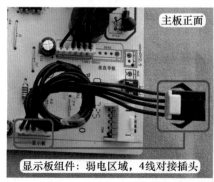
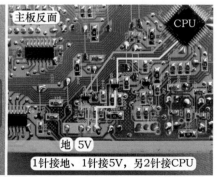

图 13-28　主板显示板组件正面插头和反面插座

　　由于显示板组件的对接插头引线较短，环温传感器探头固定在室内机外壳，见图 13-29 左图，安装电控盒盖板，并安装室内机外壳。

见图 13-29 中图,将显示板组件的对接插头,对应安装至主板标识为显示板的对接插头,并将插头固定在电控盒盖板的固定孔上面。

见图 13-29 右图,再将环温传感器探头安装至室内机外壳的原位置。至此,安装室内机主板的过程全部完成,将空调器通上电源,使用遥控器开机即可试机。

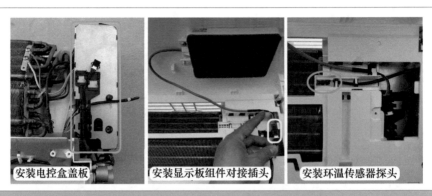

| 安装电控盒盖板 | 安装显示板组件对接插头 | 安装环温传感器探头 |

图 13-29　安装电控盒盖板和对接插头及探头

第二节　更换室外机通用电控盒

本节以美的 KFR-35GW/BP3DN1Y-DA200(B2)E 全直流变频空调器室外机为基础,介绍美的空调器更换室外机通用电控盒过程。

一、取下电控盒和配件实物外形

1. 取下原机电控盒

取下室外机顶盖(前盖不用取下),见图 13-30,使用螺钉旋具取下位于前盖的电控盒固定螺钉,再取下位于挡风隔板的固定螺钉,然后取下位于接线端子的引线插头。

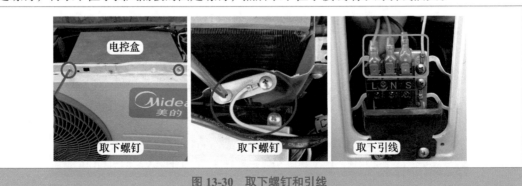

| 电控盒　取下螺钉 | 取下螺钉 | 取下引线 |

图 13-30　取下螺钉和引线

见图 13-31 左图和中图,从电控盒的主板上拔下室外风机等插头;再取下压缩机等对接插头。

待电控盒的主板上连接线插头、元器件插头、对接插头全部取下后,见图 13-31 右图,用手拿着电控盒向上提起,即可取出。

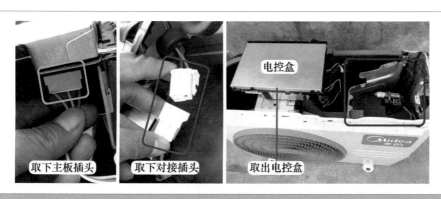

图 13-31　取下插头和取出电控盒

取下电控盒后，见图 13-32 左图，查看室外机需要安装的插头或端子有：压缩机对接插头、室外风机插头、四通阀线圈插头、滤波电感端子、室外机接线端子、传感器插头。

图 13-32 右图为粘贴于接线盖内侧的电气接线图（室外机接线铭牌），根据电气接线图标识也可以完成电控盒的安装过程，但本节着重介绍根据电控盒插头或接线端子特征，以及元器件的特点进行安装。

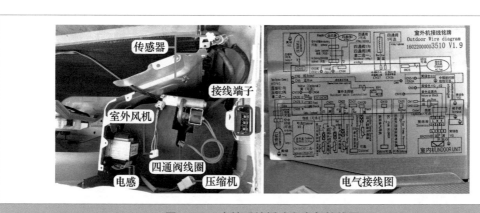

图 13-32　电控系统插头和电气接线图

2. 原机电控盒倒扣安装

查看原机电控盒，取下上部的盖板，见图 13-33 左图，电控盒只设有一块一体化设计的室外机主板（将 CPU、硅桥、模块等全部电路设计在一块电路板上面），并且主板为倒扣安装，上方没有插头或端子，只有铜箔走线。

翻开电控盒至反面，见图 13-33 右图，连接线插头和元器件（包括模块和硅桥）均位于主板正面，散热片位于下方。

3. 配件电控盒实物外形

根据空调器型号申请室外机电控盒，发过来的配件为第三代、变频分体、有源、售后通用电控盒，实物外形见图 13-34 左图，室外机主板同样为一体化设计但为正立安装，电子元器件、连接线插头和插座位于主板正面，包含压缩机、室外风机、四通阀线圈的插座，以及室外机接线端子、滤波电感、传感器的连接线。

见图 13-34 右图，查看电控盒反面，只有模块和硅桥的散热片。

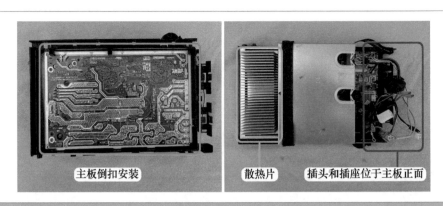

图 13-33　原机电控盒正面和反面

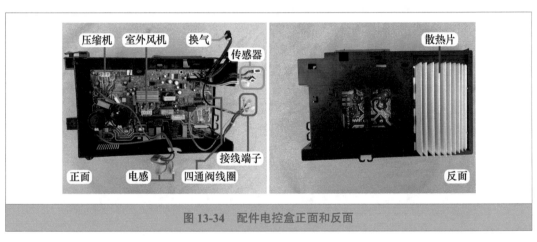

图 13-34　配件电控盒正面和反面

　　根据工作电压分区，见图 13-35，主板可分为强电区域和弱电区域，交流 220V 和直流 300V 为强电区域，直流 12V、5V、3.3V 为弱电区域。

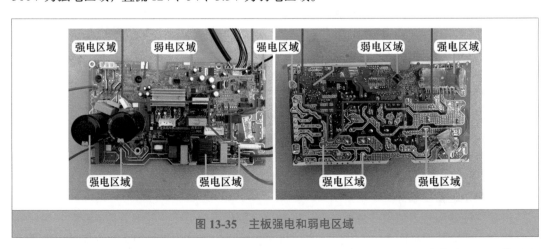

图 13-35　主板强电和弱电区域

　　➡ 说明：变频空调器的室外机电控系统基本均为热地设计，即强电区域直流 300V 的地和弱电区域直流 5V 的地是相通的，弱电区域和强电区域没有隔离，维修时严禁触摸，否则将造成触电事故。

二、 安装过程

原机电控盒为倒扣安装,插头和插座位于下面,需要安装插头后再固定电控盒。而配件电控盒虽然为正立安装,插头和插座位于正面,但如果直接固定电控盒再安装插头,滤波电感和压缩机对接插头将不容易安装(或者需要取下室外机前盖),因此应首先安装这2个元器件的引线插头。

1. 压缩机对接引线

电控盒主板模块输出(压缩机端子)设有插座和接线端子2种方式,而压缩机引出的连接线为对接插头,引线较短且不能安装至主板插座,见图13-36左图,应使用电控盒配备的3根连接线,一侧为3个插头,蓝线安装有U套管标识、红线安装有V套管标识、黑线安装有W套管标识,对应安装至主板端子;一侧为对接插头,与压缩机引线的对接插头连接。

见图13-36右图,将连接线中蓝线U插头安装至主板标识为蓝U的端子(CN30)。

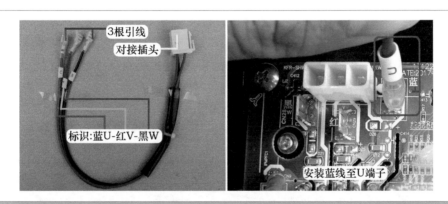

图 13-36　连接线和安装 U 端插头

见图13-37,将连接线中红线V插头安装至主板标识为红V的端子(CN29),将黑线W安装至主板标识为黑W的端子(CN28)。

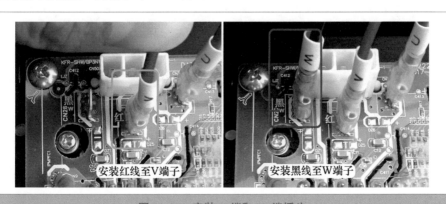

图 13-37　安装 V 端和 W 端插头

2. 安装电控盒

3根引线全部安装完成后,整理压缩机引线和滤波电感引线,见图13-38,放入电控盒中部的卡槽,再将电控盒放置在室外机上方。

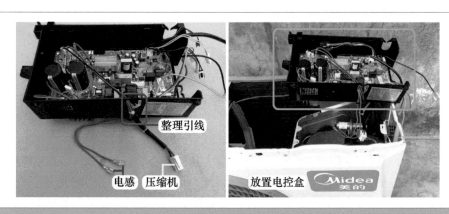

图 13-38　整理引线和放置电控盒

3. 滤波电感

滤波电感连接直流 300V，引线或端子位于强电区域，见图 13-39，本机电感的 2 根蓝线一侧直接焊在电控盒主板上面，主板只标识引线的颜色：蓝（CN32）位于硅桥附近，蓝（CN9）位于模块附近。查看主板反面，蓝线（CN32）焊点连接硅桥正极，蓝线（CN9）焊点连接模块引脚。

➡ 说明：本机模块主板标识为 IPMPFC1，即将驱动压缩机的模块电路和提高功率因数的 PFC 电路集成在一块模块内，因此滤波电感引线才能连接模块引脚。

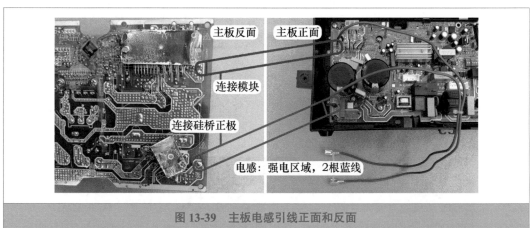

图 13-39　主板电感引线正面和反面

滤波电感安装在挡风隔板中部位置，见图 13-40 左图，共有 2 个插头端子。

见图 13-40 右图，将主板的 2 根电感引线（蓝线和蓝线）插头安装至电感的 2 个端子，安装时不分反正。

4. 压缩机

为压缩机线圈提供电源的元器件为模块，模块供电为直流 300V，因此模块输出的压缩机端子位于强电区域，见图 13-41 左图，主板标识为 U、V、W。由于为通用电控盒，连接压缩机线圈设有 2 种方式，即插座和端子。如果压缩机引线够长且使用插头，可以直接安装至主板插座，不再使用配备的连接线；如果压缩机引线较短且使用对接插头，应使用配备的连接线，并依次安装在 U、V、W 的 3 个端子。

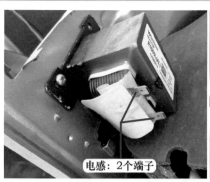

图 13-40 滤波电感和安装引线插头

查看主板反面，见图 13-41 右图，压缩机插座或端子的 3 个焊点，均直接与模块引脚相连。

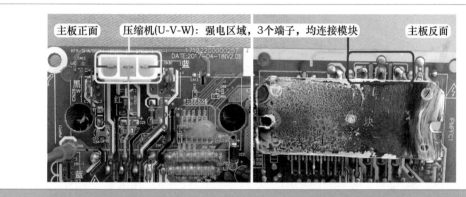

图 13-41 主板压缩机端子正面和反面

压缩机共使用 3 根连接线，一端连接位于接线盖内侧的接线端子，见图 13-42 左图，另一端为对接插头。

见图 13-42 右图，将模块输出的压缩机 3 根引线的对接插头和压缩机的对接插头安装到位。

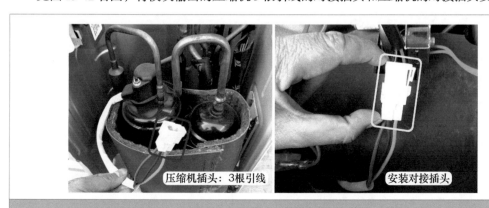

图 13-42 压缩机对接插头和安装

5. 固定电控盒

安装滤波电感和压缩机插头后，其余连接线和插座均位于主板正面，见图 13-43，将电控盒安装至电控系统的合适位置，并安装室外机前盖部位的 2 个固定螺钉。

由于电控盒为通用型，原挡风隔板的螺钉孔不能对应安装，但前盖的 2 个螺钉依然可使电控盒稳稳地固定在室外机上。

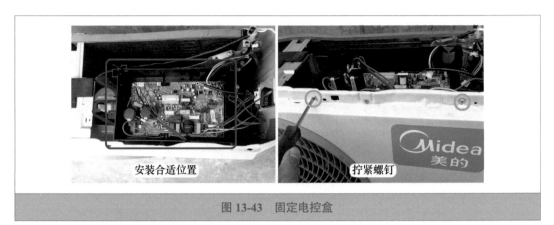

安装合适位置　　拧紧螺钉

图 13-43　固定电控盒

6. 室内外机连接线

室内外机的4根连接线连接室内机和室外机，提供交流220V供电和通信回路，见图13-44，连接线或接线端子位于强电区域。

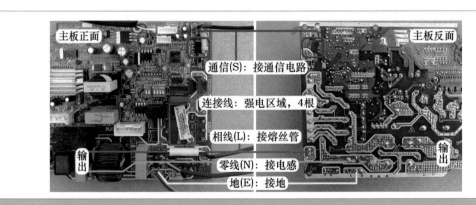

主板正面　　主板反面

通信(S)：接通信电路

连接线：强电区域，4根

相线(L)：接熔丝管

输出　　输出

零线(N)：接电感

地(E)：接地

图 13-44　主板室内外机连接线接线端子正面和反面

主板标识 L-IN（棕、CN2）的棕线为相线 L 端输入，焊点经 15A 熔丝管和电感后输出为负载供电。

主板标识 N-IN（蓝、CN1）的蓝线为零线 N 端输入，焊点经电感后输出为负载供电（输出位置 L 和 N 组合电压为交流 220V）。

主板标识 S（黑、CN16）的黑线为通信，焊点经电阻和二极管等元器件连接通信电路的光电耦合器至 CPU 引脚。

主板标识 Earth（CN3、CN3-1）的黄绿线为地线，共有 2 根，焊点连接防雷击电路。

室内外机共有 4 根连接线，见图 13-45 中图，其中 1 根黄绿线为地线，固定在铁壳位置，3 根线位于接线端子下方：L 号棕线为相线 L 端，N 号蓝线为零线 N 端，S 号黑线为通信。

见图 13-45 左图，相对应电控盒的主板也设有 4 根引线与接线端子相连：黄绿线 E 为地线，安装在接线端子右侧地线位置；棕线为相线 L 端，接 L 号端子上方；蓝线为零线 N 端，接 N 号端子上方；黑线为通信 S 端，接 S 号端子上方。

见图 13-45 右图，将主板连接线中的棕线插头安装在接线端子的 L 号端子上方。

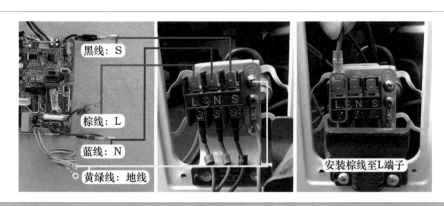

图 13-45　主板引线及接线端子和安装棕线

见图 13-46，将主板连接线中的蓝线插头安装在接线端子的 N 号端子上方，黑线插头安装在 S 号端子上方，黄绿线安装在右侧地线位置并拧紧螺钉。

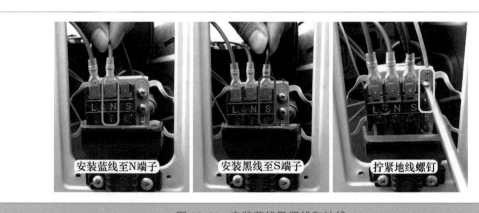

图 13-46　安装蓝线及黑线和地线

7. 室外风机

由于电控盒为售后通用型，为适应更多空调器型号的室外机，见图 13-47 左图，设有两个直流风机的插座，一个标识为外置直流风机（CN7），是 3 针的白色插座；另一个标识为内置直流风机（CN37），是 5 针的白色插座。

室外风机的作用是驱动室外风扇运行，查看本机室外风机铭牌，见图 13-47 右图，共设有 3 根连接线，标识为 U、V、W，说明本机使用 3 针插座的外置直流风机。

➡ 说明：外置直流风机是指驱动绕组的模块等电路设计在室外机主板，直流风机内部只有绕组；内置直流风机是指驱动绕组的模块等电路组成的电路板，与绕组一起封装在直流风机内部（见图 12-2）。

直流风机由风机模块提供电源，模块供电为直流 300V，见图 13-48，插座位于强电区域，3 个引针的白色插座，焊点均连接至风机模块引脚。

➡ 说明：风机模块正常运行时由于热量较高，安装有散热片。

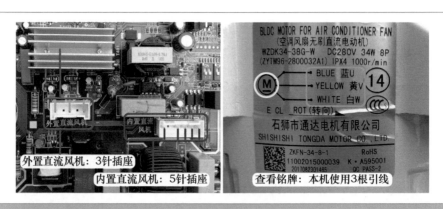

图 13-47　直流风机插座和铭牌

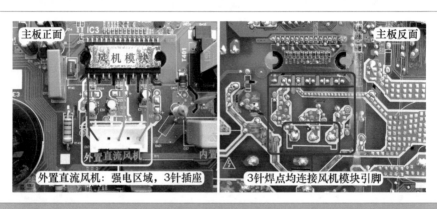

图 13-48　主板室外风机插座正面和反面

　　查看室外风机引线，见图 13-49 左图，只设有 1 个插头，安装 3 根引线；见图 13-49 中图，整理室外风机引线至电控盒内部合适位置。

　　见图 13-49 右图，将室外风机插头安装至主板标识为外置直流风机的插座。

图 13-49　室外风机引线和安装插头

8. 四通阀线圈

　　四通阀线圈供电为交流 220V，见图 13-50 左图，蓝色的 2 针插座位于强电区域，主板标识为四通阀（CN60）。同时，为使电控盒适配更多型号的空调器，还设有四通阀接线端子，以适配使用 2 根连接线的单独插头，标识为 CN27 的端子与插座 CN60 上方引针相通，标识为 CN26 的端子与下方引针相通，安装时根据四通阀线圈插头的形状可选择插座或接线端子。

查看主板反面，见图 13-50 右图，插座中的上方引针焊点经继电器触点接相线 L 端，下方引针焊点直接接零线 N 端。

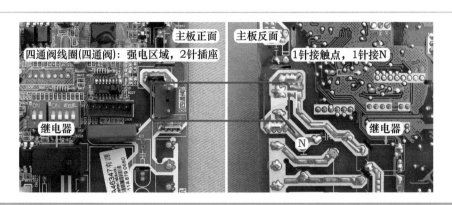

图 13-50　主板四通阀线圈插座正面和反面

四通阀的作用是转换制冷和制热模式，线圈安装在四通阀上面，见图 13-51 左图，只设有 1 个插头，共有 2 根引线（蓝线）。

见图 13-51 右图，将四通阀线圈插头安装至主板标识为四通阀的插座。

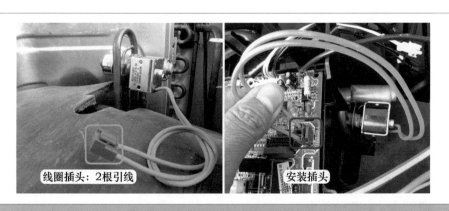

图 13-51　四通阀线圈和安装插头

9. 传感器

见图 13-52 左图，室外环温传感器探头固定在冷凝器的进风面，作用是检测室外温度，使用白色插头；室外管温传感器探头安装在冷凝器的管壁上面，作用是检测冷凝器温度，使用黑色插头。

压缩机排气传感器探头固定在压缩机排气管上面，见图 13-52 右图，作用是检测排气管温度，使用红色插头。

室外机 3 个传感器使用 3 个独立的插头，见图 13-55 左图，室外环温传感器为塑封探头（白色插头），室外管温传感器为铜头探头（黑色插头），压缩机排气传感器为铜头探头（红色插头）。

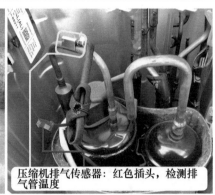

室外环温传感器：白色插头，检测室外温度

室外管温传感器：黑色插头，检测冷凝器温度

压缩机排气传感器：红色插头，检测排气管温度

图 13-52 传感器安装位置和作用

传感器作用是检测温度，见图 13-53 左图，对应白色的 6 针插座位于弱电区域，主板标识为温度传感器（CN21、CN22）。

查看主板反面，见图 13-53 右图，插座的 3 个引针焊点连在一起接电源（直流 5V），另外 3 针焊点经电阻等元器件接 CPU 引脚。

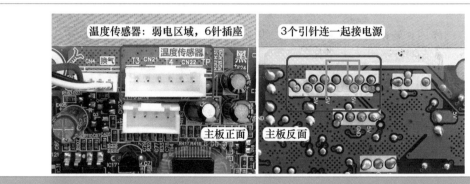

温度传感器：弱电区域，6 针插座

3 个引针连一起接电源

主板正面

主板反面

图 13-53 主板传感器插座正面和反面

电控盒出厂时配备有 1 束 6 根的连接线，见图 13-54，一侧安装至主板标识为温度传感器的插座，另一侧为 3 个对接插头，黑色插头（2 根引线）对应主板 T3（室外管温传感器），白色插头对应主板 T4（室外环温传感器），红色插头对应主板 TP（压缩机排气传感器）。

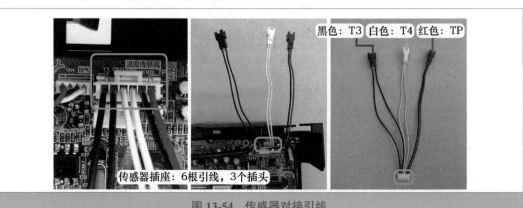

黑色：T3 白色：T4 红色：TP

传感器插座：6 根引线，3 个插头

图 13-54 传感器对接引线

见图 13-55 右图，将黑色的室外管温传感器对接插头，安装至主板温度传感器插座对应为 T3 的黑色插头。

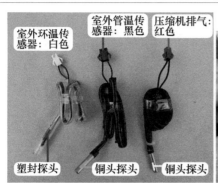

图 13-55　传感器实物外形和安装室外管温插头

见图 13-56，将白色的室外环温传感器对接插头，安装至主板对应为 T4 的白色插头；将红色的压缩机排气传感器对接插头，安装至主板对应为 TP 的红色插头。

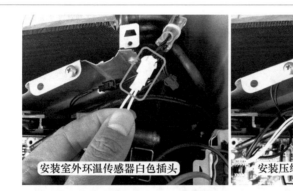

图 13-56　安装室外环温传感器和压缩机排气传感器插头

10. 拨码开关

格力空调器的第二代通用电控盒通过检测室内机主板的跳线帽，来自动区分室外机机型；而美的空调器第三代通用电控盒，需要人工拨码来适配室外机机型。

图 13-57 左图为粘贴于电控盒外侧的拨码开关说明，图 13-57 右图为位于弱电区域的拨码开关实物外形。主板的拨码开关共设有 2 个，即 SW1 和 SW2。SW1 为 2 位开关，用于区分制冷量和能效等级，SW2 为 4 位开关，用于区分压缩机型号。

每位拨码开关共分为 2 个位置，位于上方为 ON（开），用 1 表示，位于下方为 OFF（关），用 0 表示，出厂时均默认位于下方（0）位置，表示为 00 0000。

SW1 的 1 号开关区分制冷量（也相当于空调器能力），位于上方（1）位置时制冷量为 2300W或 2600W，即 1P 空调器，位于下方（0）位置时制冷量为 3200W 或 3500W，即 1.5P 空调器。

SW1 的 2 号开关区分能效等级，位于上方（1）位置时为一级能效，位于下方（0）位置时为二级或三级能效。

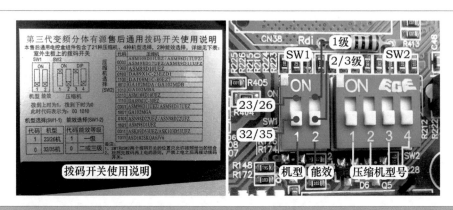

图 13-57 拨码开关说明和实物外形

SW2 的 1 号、2 号、3 号、4 号开关位置的组合，用来区分压缩机的型号。

➡ 说明：调整拨码开关位置时应按照"先拨码后上电"的原则，严禁空调器通上电源之后再调整拨码开关位置。

见图 13-58 左图，查看粘贴于室内机前面板的中国能效标识图标，示例空调器制冷量为 3500W，能效等级为二级。

根据拨码开关规则，SW1 的 1 号和 2 号应均位于下方（0）位置，见图 13-58 右图，但电控盒出厂时拨码开关均默认为 0 位置，因此 SW1 开关不用拨动即可。

图 13-58 能效标识和 SW1 位置

为使售后服务人员更换电控盒时方便查找室外机的信息，见图 13-59，在电控盒外侧、滤波电容顶部、室外风机电容顶部、空闲位置等粘贴有原机电控盒的标签。

示例空调器位于原机电控盒外侧的标签见图 13-60 左图，可显示压缩机的型号（ASK-103D53UFZ）、室外机型号（KFR-35W/BP3N1-B26）、配件编码（17222000024428）等信息，在更换通用电控盒时根据标签信息进行调整拨码开关的位置。

如果更换电控盒时找不到标签，制冷量和能效等级可参见室内机或室外机铭牌，压缩机型号只能取下室外机前盖、压缩机保温棉，见图 13-60 右图，直接查看压缩机的铭牌标识来确认，可见压缩机实际型号和电控盒标签标示的压缩机型号相同。

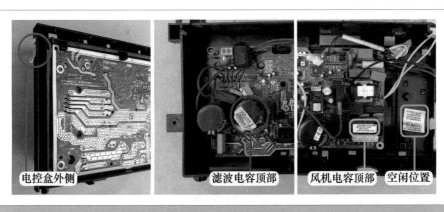

图 13-59 标签粘贴位置

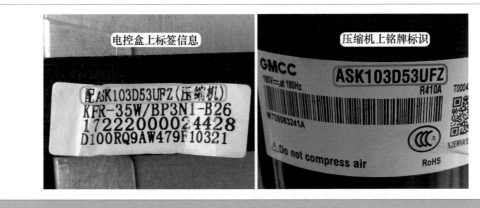

图 13-60 标签信息和压缩机铭牌

　　查看粘贴于电控盒外侧的拨动开关说明或随电控盒附带的说明书，查找到压缩机型号 ASK103D53UFZ 的 SW2 拨码开关代码位置为 0 0 1 1，由于 SW2 的 1 号和 2 号默认均为 0 位置，见图 13-61，使用螺钉旋具头或用手向上推动 SW2 的 3 号和 4 号拨码至 ON（1）位置，使 SW2 实际位置为 0 0 1 1，与说明书上压缩机型号代码相同。

图 13-61 拨动 SW2 开关

11. 安装完成

将电控盒上主板输入引线的另一个地线，固定在挡风隔板上方的地线安装孔（其中一个已经固定在接线端子的右侧），见图 13-62，再整理引线并安装在各自的卡槽内，完成更换通用电控盒的过程，试机完成后再安装室外机顶盖。

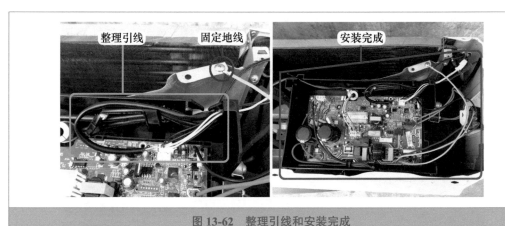

图 13-62　整理引线和安装完成

12. 未使用插座

由于电控盒为售后通用，设计较多的插座以适应更多型号的空调器，根据机型设计不同，有些插座在电控盒安装完成后处于空置状态，即不需要安装插头。

示例机型制冷系统使用毛细管作为节流元器件，未使用电子膨胀阀，见图 13-63 左图，位于弱电区域的红色 5 针、主板标识为电子膨胀阀的电子膨胀阀插座（CN31）为空置状态。

本机未使用换气设备，见图 13-63 中图，位于弱电区域白色 3 线、主板标识为换气的插座（CN4）所相通的连接线及对接插头为空置状态。

见图 13-63 右图，位于弱电区域的白色 4 针、主板标识为调试小板的插座（CN23），用于连接美的变频检测仪工装插头，因此为空置状态。

图 13-63　未使用插座

第十四章

直流变频空调器室内机单元电路

本章以格力 KFR-32GW/（32556）FNDe-3 直流变频空调器室内机为基础，介绍室内机单元电路作用。如本章中无特别注明，所有空调器型号均默认为格力 KFR-32GW/（32556）FNDe-3。

第一节　电源电路和 CPU 三要素电路

一、　电源电路

1. 工作原理

图 14-1 为电源电路原理图，图 14-2 为实物图，表 14-1 为关键点电压。电源电路作用是将交流 220V 电压降压、整流、滤波、稳压后转换为直流 12V 和 5V 为主板供电。

电容 CX1 为高频旁路电容，用以旁路电源引入的高频干扰信号。FU1(3.15A 熔丝管)、RV1(压敏电阻)组成过电压保护电路，当输入电压正常时，对电路没有影响；而当电压高于一定值时，RV1 迅速击穿，将前端 FU1 熔丝管（俗称保险管）熔断，从而保护主板后级电路免受损坏。

变压器 T1、整流二极管（D33、D34、D35、D36、D37）、主滤波电容（C29）、C31、C4 组成降压、整流、滤波电路。变压器 T1 将输入电压交流 220V 降低至约交流 16V，从二次绕组输出，至由 D33 ~ D36 组成的桥式整流电路，变为脉动直流电（其中含有交流成分），经 D37 再次整流、C29 滤波，滤除其中的交流成分，成为纯净的约直流 18V 电压。

V1、C32、C34 组成 12V 电压产生电路。V1（7812）为 12V 稳压块，①脚输入端为直流 18V，经 7812 内部电路稳压，③脚输出端输出稳定的直流 12V 电压，为 12V 负载供电。

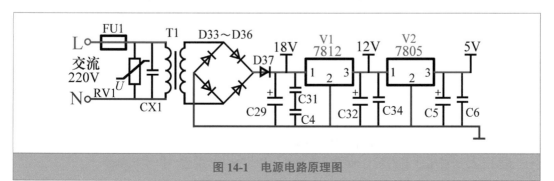

图 14-1　电源电路原理图

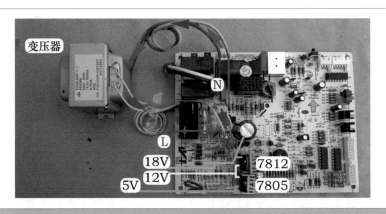

图 14-2　电源电路实物图

表 14-1　电源电路关键点电压

变压器插座		V1：7812			V2：7805		
一次绕组	二次绕组	①脚	②脚	③脚	①脚	②脚	③脚
约交流 220V	约交流 15.8V	约直流 18.1V	直流 0V	直流 12V	直流 12V	直流 0V	直流 5V

　　V2、C5、C6 组成 5V 电压产生电路。V2（7805）为 5V 稳压块，①脚输入端为直流 12V，经 7805 内部电路稳压，③脚输出端输出稳定的直流 5V 电压，为 5V 负载供电。

　　2. 直流 12V 和 5V 负载

　　图 14-3 为直流 12V 和 5V 负载，图中红线连接 12V 负载、蓝线连接 5V 负载。

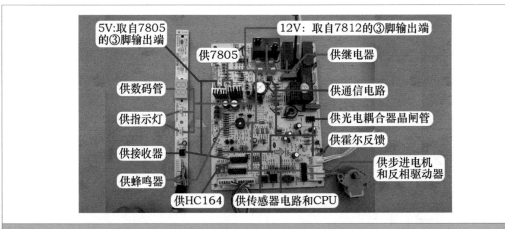

图 14-3　直流 12V 和 5V 电压负载

　　（1）直流 12V 负载

　　直流 12V 取自 7812 的③脚输出端，主要负载：7805 稳压块、继电器线圈、步进电机线圈、反相驱动器、蜂鸣器、显示板组件上指示灯和数码管等。

➡ 说明：显示板组件上指示灯和数码管通常使用直流 5V 供电，但本机例外。

（2）直流5V负载

直流5V取自7805的③脚输出端，主要负载：CPU、HC164、传感器电路、通信电路、光电耦合器晶闸管、室内风机内部的霍尔反馈电路板、显示板组件上的接收器等。

二、 CPU三要素电路

1. CPU作用和引脚功能

室内机CPU的作用是接收使用者的操作指令，结合室内环温、管温传感器等输入部分电路的信号，进行运算和比较，控制室内风机和步进电机等负载运行，并将各种数据通过通信电路传送至室外机CPU，共同控制使空调器按使用者的意愿工作。

CPU是主板上引脚最多的器件，现在主板CPU的引脚功能都是空调器厂家结合软件来确定的，也就是说，同一型号的CPU在不同空调器厂家主板上引脚功能是不一样的。

格力KFR-32GW/（32556）FNDe-3空调器室内机CPU为贴片封装，安装在主板反面，掩膜型号为D79F8513A，见图14-4，共有44个引脚在四面伸出，表14-2为主要引脚功能。

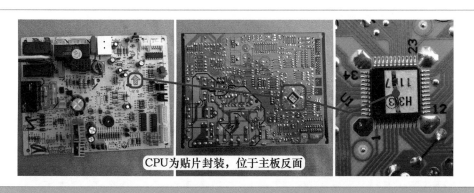

图 14-4 室内机CPU

表14-2 D79F8513A 主要引脚功能

输入部分电路			输出部分电路		
引脚	英文代号	功能	引脚	英文代号	功能
⑮	KEY	按键开关	⑩、㊴、①、㊷、㊸	LED、LCD	驱动指示灯和数码管
㊹	REC	遥控器信号	㉙、㉘、㉗、㉖	SWING-UD	步进电机
㉞	ROOM	环温	⑯	BUZ	蜂鸣器
㉟	TUBE	管温	㉒	PG	室内风机
㉓	ZERO	过零检测	㉕	HEAT	辅助电加热
㉑	PGF	霍尔反馈	㉔		主控继电器
㉚	RX	通信-接收	㉛	TX	通信-发送
⑪	VDD	供电	⑦	X2 晶振	③ RST 复位
⑩	VSS	地	⑧	X1 晶振	CPU三要素电路

2. 工作原理

图 14-5 为 CPU 三要素电路原理图，图 14-6 为实物图，表 14-3 为关键点电压。

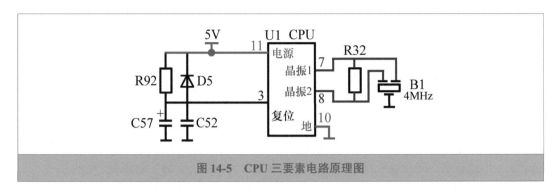

图 14-5　CPU 三要素电路原理图

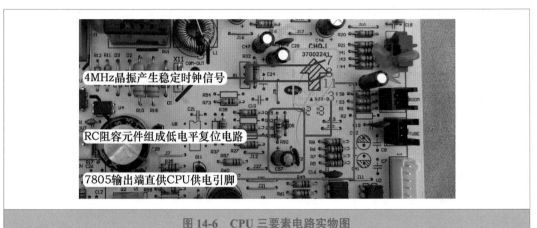

图 14-6　CPU 三要素电路实物图

表 14-3　CPU 三要素电路关键点电压

⑪脚 - 供电	⑩脚 - 地	③脚 - 复位	⑦脚 - 晶振	⑧脚 - 晶振
5V	0V	5V	2.6V	2.4V

电源、复位、时钟称为三要素电路，是 CPU 正常工作的前提，缺一不可，否则会死机引起空调器上电无反应故障。

① CPU ⑪脚是电源供电引脚，由 7805 的③脚输出端直接供给。

② 复位电路将内部程序处于初始状态。CPU ③脚为复位引脚，与外围元器件电解电容 C57、瓷片电容 C52、电阻 R92、二极管 D5 组成低电平复位电路。初始上电时，5V 电压首先经 R92 为 C57 充电，C57 正极电压由 0V 逐渐上升至 5V，因此 CPU ③脚电压相对于电源⑪脚要延时一段时间（一般为几十 ms），将 CPU 内部程序清零，对各个端口进行初始化。

③ 时钟电路提供时钟频率。CPU ⑦脚、⑧脚为时钟引脚，内部电路与外围元器件 B1（晶振）、电阻 R32 组成时钟电路，提供 4MHz 稳定的时钟频率，使 CPU 能够连续执行指令。

第二节 输入部分单元电路

一、跳线帽电路

➡ 说明：跳线帽电路常见于格力空调器主板，其他品牌空调器的室内机主板通常未设置此电路。

1. 跳线帽安装位置和工作原理

跳线帽插座 JUMP 位于主板弱电区域，见图 14-7，跳线帽安装在插座上面。跳线帽上面的数字表示对应机型，如 3 表示此跳线帽所安装的主板，安装在制冷量为 3200W 的挂式直流变频空调器，CPU 按制冷量 3200W 的室内风机转速、同步电机角度、蒸发器保护温度等参数进行控制。

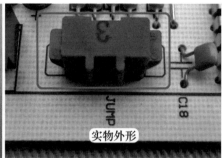

安装位置　　实物外形

图 14-7　跳线帽安装位置和实物外形

标注 3 的跳线帽，见图 14-8，其中 1-2 导通，CPU 上电时按导通的引脚以区分跳线帽所代表的机型，检测完成后，调取制冷量为 3200W 的相应参数对空调器进行控制。

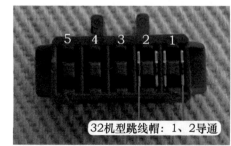
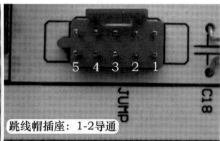

32机型跳线帽：1、2导通　　跳线帽插座：1-2导通

图 14-8　跳线帽插头和插座

2. 常见故障

掀开室内机前面板（进风格栅），见图 14-9 左图，就会看到通常贴在右下角的提示：更换控制器（本书称为室内机主板）时，请务必将本机控制器上的跳线帽插到新的控制器上，否则，指示灯会闪烁（或显示 C5），并不能正常开机。

见图 14-9 右图，如检查主板损坏，在更换主板时，新主板并未配带跳线帽，需要从旧主板上拆下跳线帽，并安装到新主板上跳线帽插座，新主板才能正常运行。

➡ 说明：CPU 仅在上电时对跳线帽进行检测，上电后即使取下跳线帽，空调器也能正常运行。如上电后 CPU 未检测到跳线帽，显示 C5 代码，此时再安装跳线帽，空调器也不会恢复正常，只有断电，再次上电 CPU 复位后才能恢复正常。

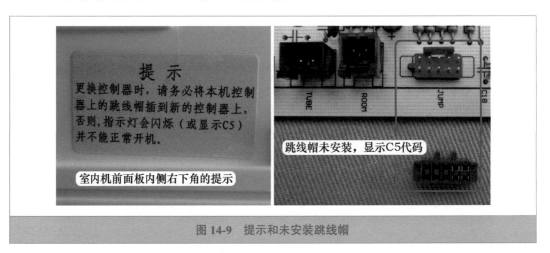

图 14-9　提示和未安装跳线帽

二、　应急开关电路

1. 按键设计位置

应急开关电路的作用是在遥控器丢失或损坏的情况下，使用应急开关按键，空调器可应急使用，工作在自动模式，不能改变设定温度和风速。

根据空调器设计不同，应急开关按键设计位置也不相同。见图 14-10 左图，部分品牌的空调器将按键设计在显示板组件位置，使用时可以直接按压；见图 14-10 右图，格力或其他部分品牌的空调器将按键设计在室内机主板，使用时需要掀开进风格栅，且使用尖状物体才能按压。

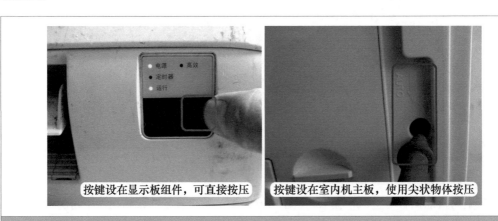

图 14-10　按键设计位置

2. 工作原理

图 14-11 为应急开关电路原理图，图 14-12 为实物图。

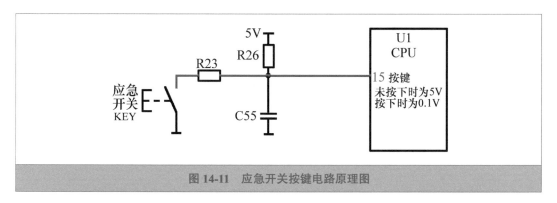

图 14-11　应急开关按键电路原理图

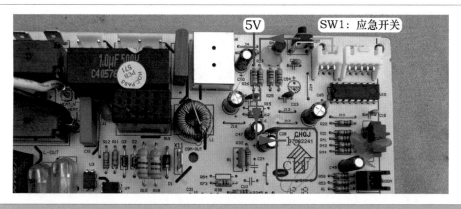

图 14-12　应急开关按键电路实物图

CPU ⑮脚为应急开关按键检测引脚，正常时为高电平直流 5V，应急开关按下时为低电平约 0V，CPU 根据目前状态时低电平的次数，进入相应的控制程序。

开机方法：在处于待机状态时，按压 1 次应急开关按键，空调器进入自动运行状态，CPU 根据室内温度自动选择制冷、制热、送风等模式，以达到舒适的效果。按压按键使空调器运行时，在任何状态下都可用遥控器控制，转入遥控器设定的运行状态。

关机方法：在运行状态下，按压 1 次应急开关按键，空调器停止工作。

三、　接收器电路

图 14-13 为接收器电路原理图，图 14-14 为实物图，该电路的作用是接收遥控器发送的红外线信号，处理后送至 CPU 引脚。

遥控器发射含有经过编码的调制信号以 38kHz 为载波频率，发送至位于显示板组件上的接收器 REC1，REC1 将光信号转换为电信号，并进行放大、滤波、整形，经 R48、R47 送至 CPU ㊹脚，CPU 内部电路解码后得出遥控器的按键信息，从而对电路进行控制；CPU 每接收到遥控器信号后会控制蜂鸣器响一声给予提示。

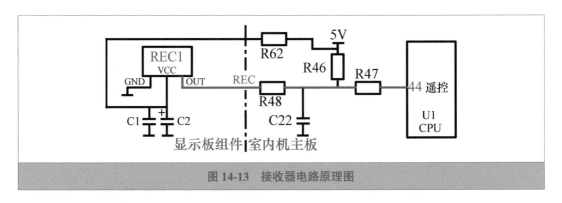

图 14-13　接收器电路原理图

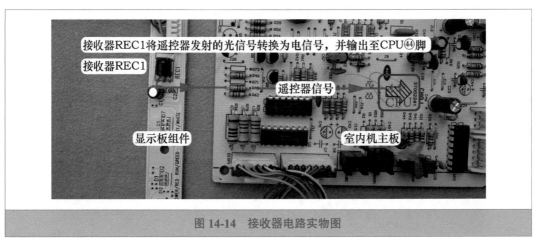

图 14-14　接收器电路实物图

四、　传感器电路

1. 工作原理

图 14-15 为传感器电路原理图，图 14-16 为管温传感器电路实物图，表 14-4 为管温传感器（25℃ /20kΩ）温度阻值与 CPU 引脚电压（分压电阻 20kΩ）对应关系。

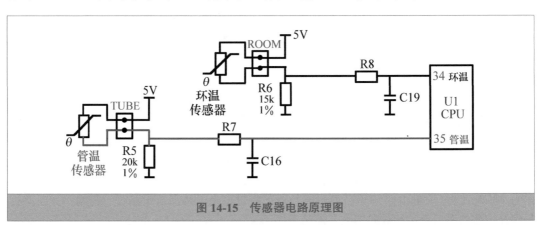

图 14-15　传感器电路原理图

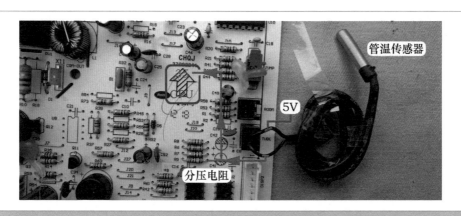

图 14-16 管温传感器电路实物图

表 14-4 管温传感器温度阻值与 CPU 引脚电压对应关系

温度 /℃	−10	−5	0	6	25	30	50	60	70
阻值 /kΩ	110.3	84.6	65.3	48.4	20	16.1	7.17	4.94	3.48
CPU 电压 /V	0.76	0.95	1.17	1.46	2.5	2.77	3.68	4	4.25

室内环温和管温传感器电路工作原理相同，以管温传感器为例。管温传感器 TUBE（负温度系数热敏电阻）和电阻 R5 组成分压电路，R5 两端即 CPU ㉟脚电压的计算公式为 5V × R5/（管温传感器阻值 +R5）；管温传感器阻值随蒸发器温度的变化而变化，CPU ㉟脚电压也相应变化。管温传感器在不同的温度有相应的阻值，CPU ㉟脚为相对应的电压值，因此蒸发器温度与 CPU ㉟脚电压为成比例的对应关系，CPU 根据不同的电压值计算出蒸发器实际温度，对整机进行控制。假如制热模式下 CPU 检测蒸发器温度超过 62℃，则控制压缩机停机，并报出相应的故障代码。

2. 常温下测量分压点电压

由于环温和管温传感器 25℃时阻值通常与各自的分压电阻阻值相同或接近，因此在同一温度下分压点电压即 CPU 引脚电压应相同或接近。

在房间温度约 25℃时，见图 14-17，使用万用表直流电压挡，测量传感器插座电压，实测公共端为 5V，环温传感器分压点电压约为 2.5V，管温传感器分压点电压约为 2.5V。

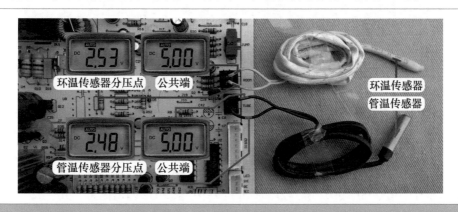

图 14-17 测量分压点电压

第三节 输出部分单元电路

一、显示电路

1. 显示方式和室内机主板显示电路

见图 14-18 左图，格力 KFR-32GW/（32556）FNDe-3 空调器室内机使用指示灯 + 数码管的方式进行显示，室内机主板和显示板组件由一束 2 个插头共 13 根的引线连接。

见图 14-18 右图，室内机主板显示电路主要由 U5 串行移位寄存器 HC164、U2 反相驱动器 2003、6 个晶体管（俗称三极管）和电阻等组成。

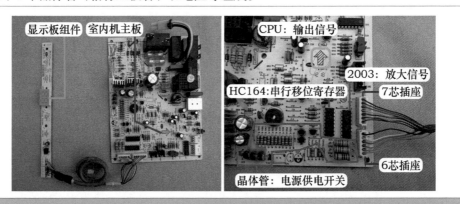

图 14-18　显示方式和室内机主板显示电路

2. 显示板组件

见图 14-19，显示板组件共设有 5 个指示灯：制热、制冷、电源 / 运行、除湿；使用 1 个 2 位数码管，可显示设定温度、房间温度、故障代码等。

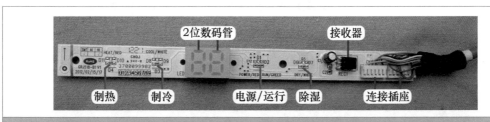

图 14-19　显示板组件主要元器件

3. 74HC164 引脚功能

U5 为 74HC164 集成电路，功能是 8 位串行移位寄存器，双列 14 个引脚，其中⑭脚为 5V 供电、⑦脚为地；①脚和②脚为数据输入（DATA），2 个引脚连在一起接 CPU ㊵脚；⑧脚为时钟输入（CLK），接 CPU ㊴脚；⑨脚为复位，实接直流 5V。

HC164 的③、④、⑤、⑥、⑩、⑪、⑫脚共 7 个引脚为输出，接反相驱动器（2003）U2 的输入侧⑦、⑥、⑤、④、③、②、①脚共 7 个引脚，U2 输出侧⑩、⑪、⑫、⑬、⑭、⑮、⑯脚共 7 个引脚经插座 DISP2 连接显示板组件上 2 位数码管和 5 个指示灯。

4. 工作原理

见图 14-20，CPU ㊴脚向 U5（HC164）的⑧脚发送时钟信号，CPU ㊵脚向 HC164 的①脚和②脚发送显示数据的信息，HC164 处理后经反相驱动器 U2（2003）反相放大后驱动显示板组件上指示灯和数码管；CPU ㊸脚、㊷脚、①脚输出信号驱动 6 个晶体管，分 3 路控制 2 位数码管和指示灯供电 12V 的接通与断开。

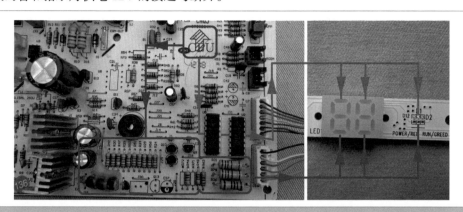

图 14-20　显示流程

二、　蜂鸣器电路

图 14-21 为蜂鸣器电路原理图，图 14-22 为实物图，该电路的作用是 CPU 接收到遥控器信号且已处理，驱动蜂鸣器发出"滴"声响一次予以提示。

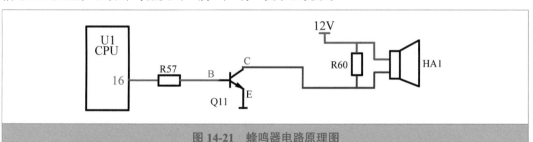

图 14-21　蜂鸣器电路原理图

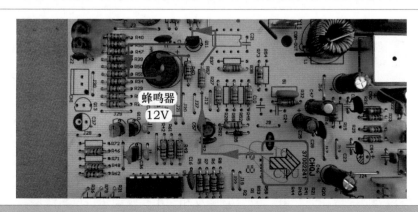

图 14-22　蜂鸣器电路实物图

CPU ⑯脚是蜂鸣器控制引脚，正常时为低电平；当接收到遥控器信号时引脚变为高电平，晶体管 Q11 基极（B）也为高电平，晶体管深度导通，其集电极（C）相当于接地，蜂鸣器得到供电，发出预先录制的"滴"声或音乐。由于 CPU 输出高电平时间很短，万用表不容易测出电压。

三、 步进电机电路

图 14-23 为步进电机电路原理图，图 14-24 为实物图，表 14-5 为 CPU 引脚电压与步进电机状态的对应关系。

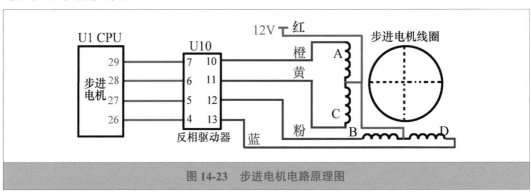

图 14-23　步进电机电路原理图

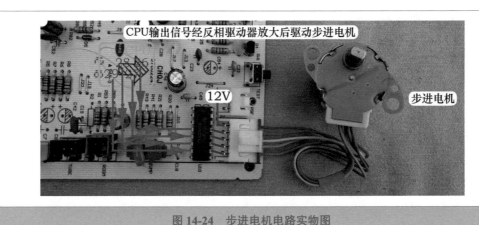

图 14-24　步进电机电路实物图

表 14-5　CPU 引脚电压与步进电机状态的对应关系

CPU：㉙ - ㉘ - ㉗ - ㉖	U10：⑦ - ⑥ - ⑤ - ④	U10：⑩ - ⑪ - ⑫ - ⑬	步进电机状态
1.8V	1.8V	8.6V	运行
0V	0V	12V	停止

步进电机线圈驱动方式为 4 相 8 拍，共有 4 组线圈，电机每转一圈需要移动 8 次。线圈以脉冲方式工作，每接收到一个脉冲或几个脉冲，电机转子就移动一个位置，移动距离可以很小。

CPU ㉙、㉘、㉗、㉖脚输出步进电机驱动信号，至反相驱动器 U10 的输入端⑦、⑥、⑤、④脚，U10 将信号放大后在⑩、⑪、⑫、⑬脚反相输出，驱动步进电机线圈，步进电机按 CPU 控制的角度开始转动，带动导风板上下摆动，使房间内送风均匀，到达用户需要的地方。

室内机主板 CPU 经反相驱动器放大后将驱动脉冲加至步进电机线圈，如供电顺序为 A-AB-B-BC-C-CD-D-DA-A…，电机转子按顺时针方向转动，经齿轮减速后传递到输出轴，从而带动导风板摆动；如供电顺序转换为 A-AD-D-DC-C-CB-B-BA-A…，电机转子按逆时针转动，带动导风板朝另外一个方向摆动。

四、 主控继电器电路

主控继电器电路的作用是接通或断开室外机的供电，图 14-25 为主控继电器电路原理图，图 14-26 为继电器触点闭合过程，图 14-27 为继电器触点断开过程，表 14-6 为 CPU 引脚电压与室外机状态的对应关系。

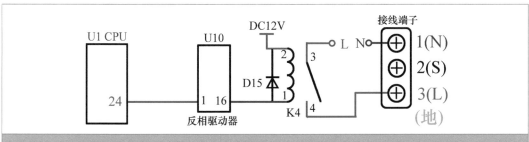

图 14-25 主控继电器电路原理图

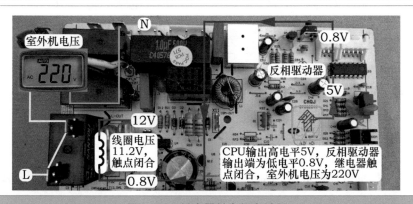

图 14-26 继电器触点闭合过程

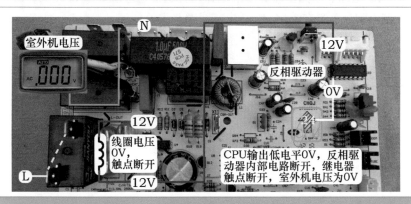

图 14-27 继电器触点断开过程

表 14-6 CPU 引脚电压与室外机状态的对应关系

CPU ㉔脚	U10 ①脚	U10 ⑯脚	K4 线圈 电压	K4 触点 状态	室外机 供电电压	室外机 状态
直流 5V	直流 5V	直流 0.8V	直流 11.2V	导通	交流 220V	运行
直流 0V	直流 0V	直流 12V	直流 0V	断开	交流 0V	停止

1. 继电器触点闭合过程

图 14-26 为继电器触点闭合过程。

当 CPU 接收到遥控器或应急开关的指令，需要为室外机供电时，㉔脚输出高电平 5V，直接送至 U10 反相驱动器的①脚输入端，电压为 5V，U10 内部电路翻转，对应⑯脚输出端为低电平约 0.8V，继电器 K4 线圈得到约直流 11.2V 供电，产生电磁力使触点 3-4 闭合，接线端子上 3 号为相线 L 端，与 1 号 N 端组合成为交流 220V 电压，为室外机供电。

2. 继电器触点断开过程

图 14-27 为继电器触点断开过程。

当 CPU 接收到遥控器或其他指令，需要断开室外机供电时，㉔脚由高电平输出改为低电平 0V，U10 的①脚也为低电平 0V，内部电路不能翻转，其对应⑯脚输出端不能接地，K4 线圈两端电压为直流 0V，触点 3-4 断开，接线端子上 3 号相线 L 端断开，与 1 号 N 端不能构成回路，交流 220V 电压断开变为交流 0V，室外机因无电源而停止工作。

五、 辅助电加热继电器电路

1. 作用

空调器使用热泵式制热系统，即吸收室外的热量转移到室内，以提高室内温度，如果室外温度低于 0℃以下时，空调器的制热效果将明显下降，辅助电加热就是为提高制热效果而设计的。

2. 工作原理

图 14-28 为辅助电加热电路原理图，图 14-29 为实物图，表 14-7 为 CPU 引脚电压与辅助电加热状态的对应关系。

本机主板辅助电加热电路使用 2 个继电器，分别接通电源 L 端和 N 端，CPU 只有 1 个辅助电加热控制引脚，控制方式为 2 个继电器线圈并联。

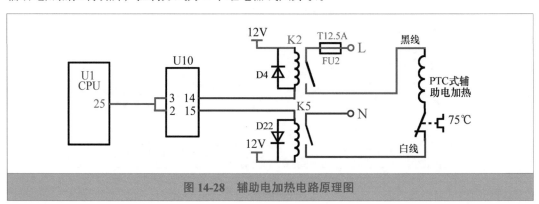

图 14-28 辅助电加热电路原理图

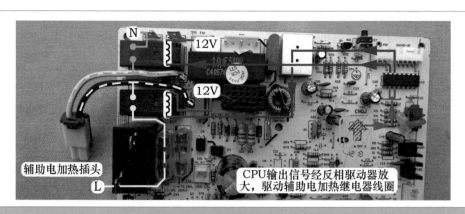

图 14-29　辅助电加热电路实物图

表 14-7　CPU 引脚电压和辅助电加热状态对应关系

CPU ㉕脚	U10 ③、② 脚	U10 ⑭、⑮ 脚	K2 和 K5 线圈电压	K2 和 K5 触点状态	辅助电加热电压	辅助电加热状态
直流 5V	直流 5V	直流 0.8V	直流 11.2V	闭合	交流 220V	产生热量
直流 0V	直流 0V	直流 12V	直流 0V	断开	交流 0V	停止发热

　　当空调器处于制热模式，接收到遥控器或其他指令，CPU 需要开启辅助电加热时，㉕脚输出高电平 5V，同时送至 U10 反相驱动器的③脚和②脚（2 个引脚相通），电压为 5V，U10内部电路翻转，对应⑭脚和⑮脚输出端均为低电平约 0.8V，继电器 K2 和 K5 线圈同时得到约直流 11.2V 供电，产生电磁力使触点闭合，同时接通 L 端和 N 端电源为交流 220V，辅助电加热得到供电开始工作产生热量，与蒸发器的热量叠加吹向房间内，迅速提高房间温度。

　　当处于除霜过程或接收到其他指令，CPU 需要关闭辅助电加热时，㉕脚输出低电平 0V，U10 的③脚和②脚电压也为 0V，内部电路不能翻转，其对应输出端⑭脚和⑮脚不能接地，继电器线圈不能构成回路，K2 和 K5 线圈电压为直流 0V，触点断开，L 端和 N 端电源同时断开，辅助电加热停止工作。

第四节　室内风机单元电路

　　见图 5-33，室内风机（PG 电机）安装在室内机右侧，作用是驱动室内贯流风扇。制冷模式下，室内风机驱动贯流风扇运行，强制吸入房间内的空气至室内机，经蒸发器降低温度后以一定的风速和流量吹出，来降低房间温度。

　　室内风机电路由 2 个输入部分的单元电路（过零检测电路和霍尔反馈电路）和 1 个输出部分的单元电路（室内风机驱动电路）组成。

　　室内机主板上电，首先通过过零检测电路检查输入交流电源的零点位置，再通过室内风机驱动电路驱动电机运行；室内风机运行后，内部输出代表转速的霍尔信号，送至室内机主板的霍尔反馈电路，供 CPU 检测实时转速，并与内部数据相比较，如有误差（即转速高于或低于正常值），通过改变光电耦合器晶闸管的触发延迟角，改变室内风机工作电压，室内风机转速也随之改变。

一、 过零检测电路

1. 作用

过零检测电路可以理解为向 CPU 提供一个标准，起点是零点（零电压），光电耦合器晶闸管触发延迟角的大小就是依据这个标准。也就是室内风机高速、中速、低速、超低速均对应一个光电耦合器晶闸管触发延迟角，而每个触发延迟角的导通时间是从零点开始计算，导通时间不一样，触发延迟角的大小就不一样，室内风机线圈供电电压不一样，因此电机的转速就不一样。

2. 工作原理

图 14-30 为过零检测电路原理图，图 14-31 为实物图，表 14-8 为关键点电压。

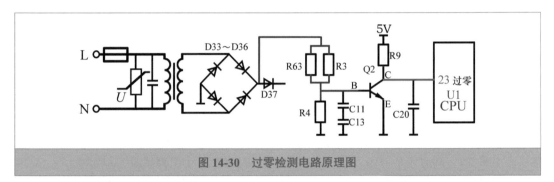

图 14-30　过零检测电路原理图

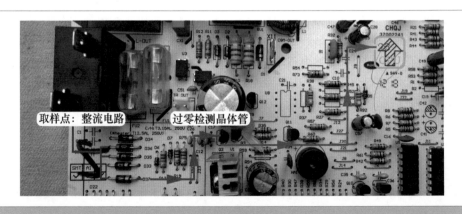

图 14-31　过零检测电路实物图

表 14-8　过零检测电路关键点电压

整流电路输出（D37 正极）	Q2：B	Q2：C	CPU ㉓脚
约直流 13.8V	直流 0.7V	直流 0.4V	直流 0.4V

变压器二次绕组输出约交流 16V 电压，经 D33 ～ D36 桥式整流输出脉动直流电，其中 1

路经 R63/R3、R4 分压，送至晶体管 Q2 基极（B）。

当正半周时基极电压高于 0.7V，Q2 集电极（C）和发射极（E）导通，CPU ㉓脚为低电平约 0.1V；当负半周时基极电压低于 0.7V，Q2 集电极和发射极截止，CPU ㉓脚为高电平约 5V。通过晶体管 Q2 的反复导通、截止，在 CPU ㉓脚形成 100Hz 脉冲波形，CPU 通过计算，检测出输入交流电源电压的零点位置。

二、 PG 电机电路

1. 晶闸管调速原理

晶闸管调速是用改变晶闸管触发延迟角的方法来改变电机端电压的波形，从而改变电机端电压的有效值，达到调速的目的。

当晶闸管触发延迟角 $\alpha_1=180°$ 时，电机端电压波形为正弦波，即全导通状态；当晶闸管触发延迟角 $\alpha_1<180°$ 时，即非全导通状态，电压有效值减小；α_1 越小，导通状态越少，则电压有效值越小，所产生的磁场越小，则电机的转速越低。由以上的分析可知，采用晶闸管调速，其电机转速可连续调节。

2. 工作原理

图 14-32 为 PG 电机（室内风机）电路原理图，图 14-33 为实物图。

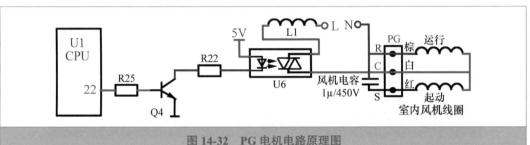

图 14-32　PG 电机电路原理图

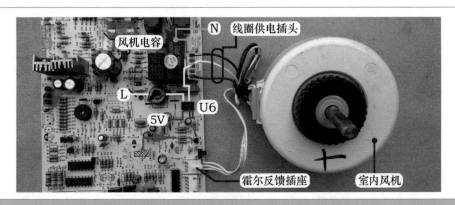

图 14-33　PG 电机电路实物图

CPU ㉒脚为 PG 电机控制引脚，输出的驱动信号经电阻 R25 送至晶体管 Q4 基极（B），Q4 放大后送至光电耦合器晶闸管 U6 的发光二极管的负极，U6 的晶闸管导通，交流电源 L 端经扼流圈 L1 → U6 的晶闸管送至室内风机线圈的公共端，与交流电源 N 端构成回路，在风机电容的作用下，室内风机转动，带动室内贯流风扇运行，室内机开始吹风。

三、 霍尔反馈电路

1. 工作原理

图 14-34 为霍尔反馈电路原理图，图 14-35 为实物图，表 14-9 为霍尔输出引脚电压与 CPU 引脚电压的对应关系。

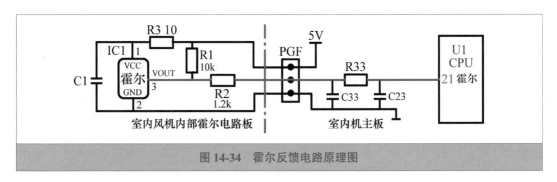

图 14-34 霍尔反馈电路原理图

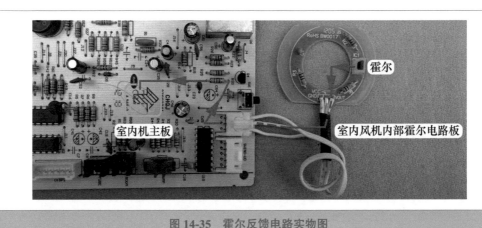

图 14-35 霍尔反馈电路实物图

表 14-9 霍尔输出引脚电压与 CPU 引脚电压的对应关系

	IC1：①脚供电	IC1：③脚输出	PGF 反馈引线	CPU ㉑脚霍尔
IC1 输出低电平	5V	0V	0V	0V
IC1 输出高电平	5V	4.98V	4.98V	4.98V
正常运行	5V	2.45V	2.45V	2.45V

霍尔反馈电路的作用是向 CPU 提供室内风机实际转速的参考信号。室内风机内部霍尔电路板通过标号 PGF 的插座与室内机主板连接，共有 3 根引线，即供电直流 5V、霍尔反馈输出、地。

室内风机开始转动时，内部电路板霍尔 IC1 的③脚输出代表转速的信号（霍尔信号），经电阻 R2、R33 送至 CPU 的㉑脚，CPU 通过霍尔的数量计算出室内风机的实际转速，并与内部数据相比较，如转速高于或低于正常值即有误差，CPU ㉒脚（室内风机驱动）输出信号通过改变光电耦合器晶闸管的触发延迟角，改变室内风机线圈供电插座的交流电压有效值，从而改变室内风机的转速，使实际转速与目标转速相同。

2. 测量转速反馈电压

遥控器关机但不拔下电源插头，室内风机停止运行，即空调器处于待机状态，见图 14-36，将手从出风口伸入，并慢慢拨动贯流风扇，相当于慢慢旋转室内风机轴。

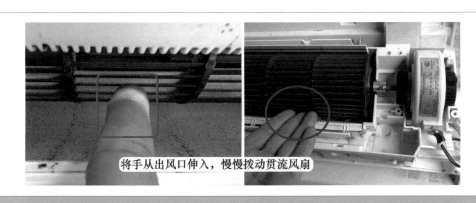

图 14-36　拨动贯流风扇

使用万用表直流电压挡，见图 14-37，黑表笔接霍尔反馈插座中地引针、红表笔接反馈引针测量电压，正常时为 0V（低电平）~ 5V（高电平）~ 0V ~ 5V 的跳变电压，说明室内风机已输出霍尔反馈信号，室内风机正常运行时反馈端电压为稳定的直流约 2.5V。

图 14-37　测量霍尔反馈插座反馈电压

第五节　通信电路

一、电路组成和通信电源电路

1. 电路组成

完整的通信电路由室内机主板 CPU、室内机通信电路、室内外机连接线、室外机主板 CPU、室外机通信电路组成。

（1）室内机主板和室外机主板

通信电路见图14-38，室内机主板CPU（位于主板反面）的作用是产生通信信号，该信号通过通信电路传送至室外机主板CPU，同时接收由室外机主板CPU反馈的通信信号并做处理；室外机主板CPU的作用与室内机主板CPU相同，也是发送和接收通信信号。

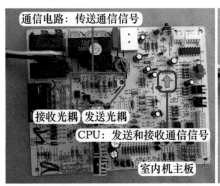

图14-38　室内机和室外机主板通信电路

（2）室内外机连接线

变频空调器室内机和室外机共有4根连接线，见图14-39，作用分别是，1号N（1）蓝线为零线N、2号黑线为通信线COM、3号棕线为相线L、地线直接固定在外壳铁皮。

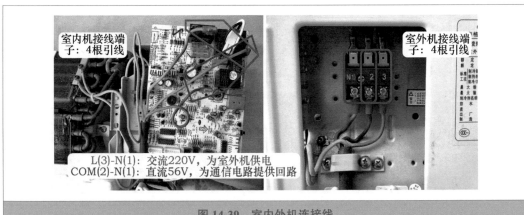

图14-39　室内外机连接线

L与N接交流220V电压，由室内机输出为室外机供电，此时N为零线；COM与N为室内机和室外机的通信电路提供回路，COM为通信线，此时N为通信电路专用电源（直流56V）的负极，因此N同时有双重作用。

在接线时室内机主板L和N与室外机接线端子应相同，不能接反，否则通信电路不能构成回路，造成通信故障。

2. 直流56V电压形成电路

图14-40为通信电路原理图。从图中可知，室内机CPU ㉛脚为发送引脚，U4为发送光电耦合器，㉚脚为接收引脚，U3为接收光电耦合器；室外机CPU ㉞脚为发送引脚，U132为发送光电耦合器，㊵脚为接收引脚，U131为接收光电耦合器。

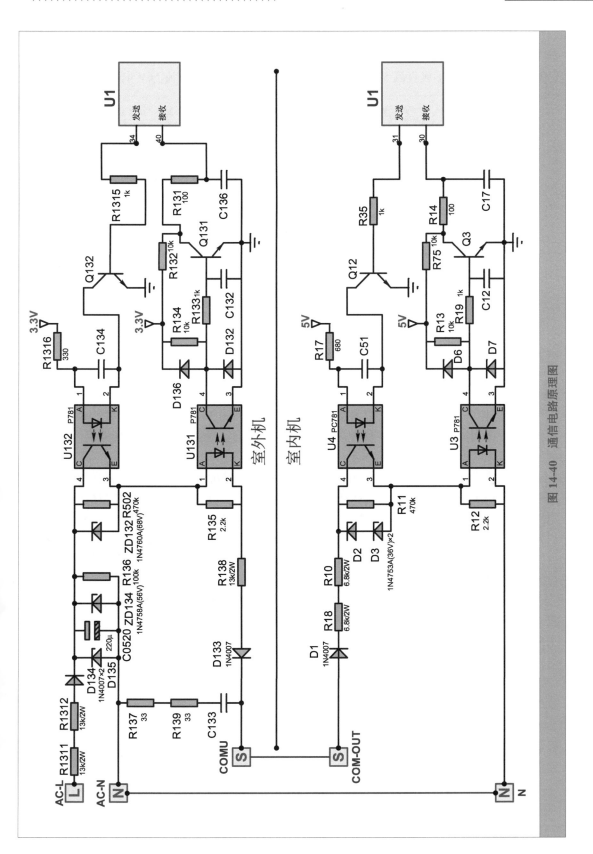

图 14-40　通信电路原理图

通信电路电源使用专用的直流 56V 电压，见图 14-41，设在室外机主板。电源电压相线 L 由电阻 R1311 和 R1312 降压、D134 整流、C0502 滤波、R136 分压，在稳压管 ZD134（稳压值 56V）两端形成直流 56V 电压，为通信电路供电，N 为直流 56V 电压的负极。

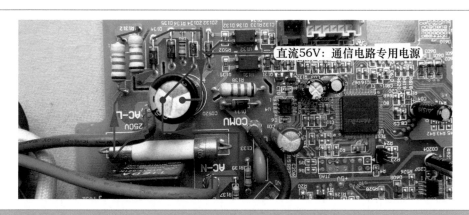

图 14-41　直流 56V 电压形成电路

二、 信号流程

室内机和室外机的通信数据由编码组成，室内机和室外机的 CPU 在处理时，均会将数据转换为高电平 1 或低电平 0 的数值发给对方（例如编码为 101011），再由对方的 CPU 根据编码翻译出室外机或室内机的参数信息（假如翻译结果为室内管温为 10℃、压缩机当前运行频率为 75Hz），共同对整机进行控制。

一旦室外机出现异常状况，在相应的字节中就会出现与故障内容相对应的编码内容，通过通信电路传送至室内机 CPU，室内机 CPU 针对故障内容立即发出相应的控制指令，整机电路就会出现相应的保护动作。同样，当室内机电路检测到异常时，室内机 CPU 也会及时发出相对应的控制指令至室外机 CPU，以采取相应的保护措施。

本机室内机 CPU 由 5V 供电，高电平为直流 5V，室外机 CPU 由 3.3V 供电，高电平为 3.3V，低电平均为 0V。

室内机和室外机 CPU 传送数据时为同相设计，即室外机 CPU 发送高电平信号时，室内机 CPU 接收也同样为高电平信号，室外机 CPU 发送低电平信号时，室内机 CPU 接收也同样为低电平信号。

1. 室外机 CPU 发送高电平信号、室内机 CPU 接收信号

通信电路处于室外机发送、室内机接收时，见图 14-42，室内机 CPU 发送信号㉛脚首先输出 5V 高电平电压经电阻 R35 送至晶体管 Q12 基极，电压为 0.7V，集电极和发射极导通，U4 ②脚发光二极管负极接地，5V 电压经电阻 R17、U4 的发光二极管和地构成回路，发光二极管两端电压为 1.1V，使得光电晶体管集电极④脚和发射极③脚导通，为室外机 CPU 发送通信信号提供先决条件。

室外机 CPU ㉞脚发送高电平信号时，输出电压 3.3V 经电阻 R1315 送至晶体管 Q132 基极，电压为 0.7V，集电极和发射极导通，3.3V 电压经电阻 R1316、U132 的发光二极管、Q132 集电极、Q132 发射极和地构成回路，U132 的发光二极管两端电压为 1.1V，使得光电

晶体管集电极和发射极导通，整个通信回路闭合，流程如下：通信电源 56V → U132 的④脚集电极→ U132 的③脚发射极→ U131 的①脚发光二极管正极→ U131 的②脚发光二极管负极→电阻 R138 →二极管 D133 →室内外机连接线→室内机主板 X11 端子（COM-OUT）→ D1 → R18 → R10 → U4 的④脚→ U4 的③脚→ U3 的①脚→ U3 的②脚→ N 端构成回路，使得 U3 ①脚和②脚两端的电压为 1.1V，④ - ③脚导通，晶体管 Q3 基极电压约为 0.1V，集电极和发射极截止，5V 电压经电阻 R75 和 R14，为 CPU 接收信号㉚脚供电，为高电平约 5V，与室外机 CPU 发送信号㉞脚的高电平相同，实现了室外机 CPU 发送高电平信号，室内机 CPU 接收高电平信号的过程。

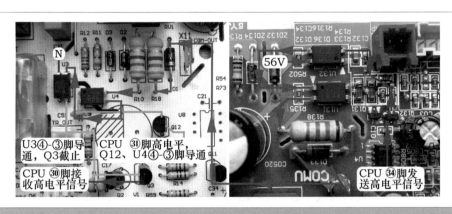

图 14-42　室外机 CPU 发送高电平、室内机接收信号流程

2. 室外机 CPU 发送低电平信号、室内机 CPU 接收信号

见图 14-43，当室外机 CPU ㉞脚发送低电平信号，输出电压为 0V，Q132 基极电压也为 0V，集电极和发射极截止，U132 的②脚负极不能接地，因此 3.3V 电压经 R1316 不能构成回路，U132 的① - ②脚电压为 0V，④ - ③脚截止，U132 的③脚电压为 0V，此时通信回路断开，使得室内机主板 U3 的发光二极管两端电压为 0V，④ - ③脚截止，5V 电压经 R13、R19 为 Q3 基极供电，电压为 0.7V，集电极和发射极导通，CPU 接收信号㉚脚经 R14、Q3 集电极、Q3 发射极接地，为低电平 0V，与室外机 CPU 发送信号㉞脚的低电平相同，实现了室外机 CPU 发送低电平信号，室内机 CPU 接收低电平信号的过程。

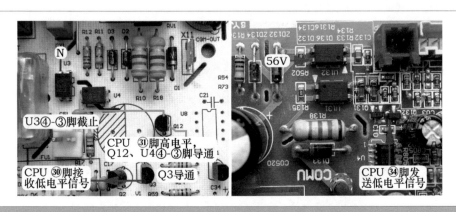

图 14-43　室外机 CPU 发送低电平、室内机接收信号流程

3. 室内机 CPU 发送高电平信号、室外机 CPU 接收信号

通信电路处于室内机发送、室外机接收时，见图 14-44，室外机 CPU 发送信号㉞脚首先输出 3.3V 高电平电压，经 R1315 送至 Q132 基极，电压为 0.7V，集电极和发射极导通，U132 ②脚发光二极管负极接地，3.3V 电压经 R1316、U132 的发光二极管和地构成回路，①脚和②脚两端电压为 1.1V，使得④脚和③脚导通，为室内机 CPU 发送通信信号提供先决条件。

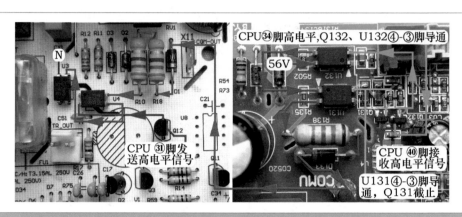

图 14-44　室内机 CPU 发送高电平、室外机接收信号流程

室内机 CPU ㉛脚发送高电平信号时，输出电压 5V 经 R35 送至 Q12 基极，电压为 0.7V，集电极和发射极导通，5V 电压经电阻 R17、U4 的发光二极管、Q12 集电极、Q12 发射极和地构成回路，U4 ①脚和②脚两端电压为 1.1V，④脚和③脚导通，整个通信回路闭合，使得室外机接收光电耦合器 U131 ①脚和②脚两端电压为 1.1V，④-③脚导通，Q131 基极电压为 0V，集电极和发射极截止，3.3V 电压经 R132 和 R131 为 CPU 接收信号㊵脚供电，为高电平约 3.3V，与室内机 CPU 发送信号㉛脚的高电平相同，实现了室内机 CPU 发送高电平信号，室外机 CPU 接收高电平信号的过程。

4. 室内机 CPU 发送低电平信号、室外机 CPU 接收信号

见图 14-45，当室内机 CPU ㉛脚发送低电平信号，输出电压为 0V，Q12 基极电压也为 0V，集电极和发射极截止，U4 的②脚负极不能接地，因此 5V 电压经 R17 不能构成回路，

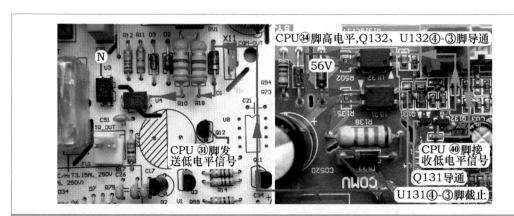

图 14-45　室内机 CPU 发送低电平、室外机接收信号流程

U4 的①-②脚电压为 0V，④-③脚截止，U4 的③脚电压为 0V，此时通信回路断开，使得室外机主板 U131 ①脚和②脚两端电压为 0V，④-③脚截止，3.3V 电压经 R134、R133 为 Q131 基极供电，电压为 0.7V，集电极和发射极导通，室外机 CPU 接收信号⑩脚经 R131、Q131 集电极、Q131 发射极接地，为低电平 0V，与室内机 CPU 发送信号㉛脚的低电平相同，实现了室内机 CPU 发送低电平信号，室外机 CPU 接收低电平信号的过程。

三、 通信电压跳变范围

室内机和室外机 CPU 输出的通信信号均为脉冲电压，通常在 0～5V 之间变化。光电耦合器的发光二极管的电压也是时有时无，有电压时光电耦合器的光电晶体管导通，无电压时光电耦合器的光电晶体管截止，通信回路由于光电耦合器的光电晶体管的导通与截止，工作时也是时而闭合时而断开，因而通信回路工作电压为跳动变化的电压。

测量通信电路电压时，使用万用表直流电压挡，黑表笔接 N（1）号端子、红表笔接 2 号 COM 端子。

① 室外机发送光电耦合器 U132 的光电晶体管截止、室内机发送光电耦合器 U4 的光电晶体管导通，直流 56V 通信电压断开，此时 N 与 COM 端子电压为 0V。

② U132 的光电晶体管导通、U4 的光电晶体管导通，此时相当于直流 56V 电压对串联的电阻 R_N 和 R_W 进行分压。在格力 KFR-32GW/（32556）FNDe-3 空调器的通信电路中，$R_N = R_{18}+R_{10} = 13.6\text{k}\Omega$，$R_W = R_{138} = 13\text{k}\Omega$，此时测量 N 与 COM 端子的电压相当于测量 R_N 两端的电压，根据分压公式 $R_N/（R_N + R_W）\times 56V$ 可计算得出，约等于 28V。

③ U132 的光电晶体管导通、U4 的光电晶体管截止，此时 N 与 COM 端子电压为直流 56V。

根据以上结果得出的结论是，测量通信回路电压即 N 与 COM 端子，理论的通信电压变化范围为 0V～28V～56V，但是实际测量时，由于光电耦合器的光电晶体管导通与截止的转换频率非常快，见图 14-46，万用表显示值通常在 6V～27V～51V 之间循环跳动变化。

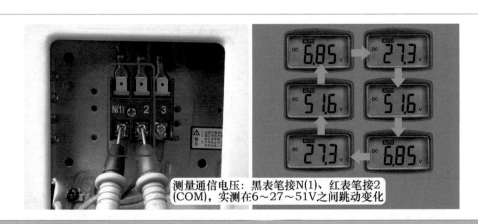

测量通信电压：黑表笔接 N(1)、红表笔接 2 (COM)，实测在 6～27～51V 之间跳动变化

图 14-46 测量通信电路 N（1）和 2（COM）端子电压

第十五章

直流变频空调器室外机单元电路

本章以格力 KFR-32GW/（32556）FNDe-3 直流变频空调器室外机为基础，介绍单元电路作用。如本章中无特别注明，所有空调器型号均默认为格力 KFR-32GW/（32556）FNDe-3。

第一节　直流 300V 电路和开关电源电路

一、直流 300V 电路

图 15-1 为直流 300V 电压形成电路原理图，图 15-2 为主板的正面实物流程，图 15-3 为主板的反面实物流程。

1. 交流输入电路

压敏电阻 RV3 为过电压保护元件，当输入的电网电压过高时击穿，使前端 15A 熔丝管 FU101 熔断进行保护；RV2、TVS2 组成防雷击保护电路，TVS2 为放电管；C100、L1、C106、C107、C104、C103、C105 组成交流滤波电路，具有双向作用，既能吸收电网中的谐波，防止对电控系统的干扰，又能防止电控系统的谐波进入电网。

2. 直流 300V 电压形成电路

直流 300V 电压为开关电源电路和模块供电，而模块的输出电压为压缩机供电，因而直流 300V 电压间接为压缩机供电，所以直流 300V 电压形成电路工作在大电流状态。主要元器件为硅桥和滤波电容，硅桥将交流 220V 电压整流后变为脉动直流 300V 电压，而滤波电容将脉动直流 300V 电压经滤波后变为平滑的直流 300V 电压为模块供电。

交流输入 220V 电压中棕线 L 相线经熔丝管 FU101、交流滤波电感 L1、由 PTC 电阻 RT1 和主控继电器 K1 触点组成防大电流充电电路，送至硅桥的交流输入端，蓝线 N 零线经滤波电感 L1 直接送至硅桥的另一个交流输入端，硅桥将交流 220V 整流成为脉动直流电，正极输出经外接的滤波电感、快恢复二极管 D203 送至滤波电容 C0202 和 C0203 正极，硅桥负极经电阻 RS226 连接电容负极，滤波电容形成直流 300V 电压，正极送至模块 P 端，负极经电阻 RS302、RS303、RS304 送至模块的 3 个 N 端下桥（N_U、N_V、N_W），为模块提供电源。

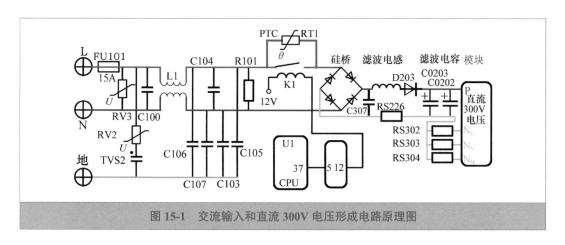

图 15-1 交流输入和直流 300V 电压形成电路原理图

图 15-2 直流 300V 电压形成电路实物图（主板正面流程）

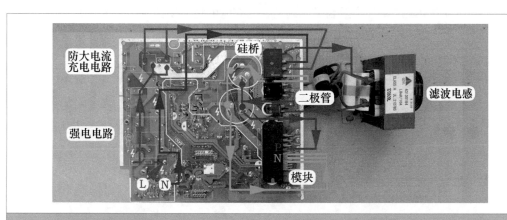

图 15-3 直流 300V 电压形成电路实物图（主板反面流程）

3. 防大电流充电电路

由于为模块提供直流 300V 电压的滤波电容容量通常很大，如本机使用 2 个 680μF 电容并联，总容量为 1360μF，上电时如果直接为其充电，初始充电电流会很大，容易造成空调器插头与插座间打火或者断路器（俗称空气开关）跳闸，甚至引起整流硅桥或 15A 供电熔丝管损坏，因此变频空调器室外机电控系统设有延时防瞬间大电流充电电路，本机由 PTC 电阻 RT1、主控继电器 K1 组成。

直流 300V 电压形成电路工作时分为 2 个步骤，第①步骤为初始充电，第②步骤为正常工作。

（1）初始充电

图 15-4 为初始充电时工作流程。

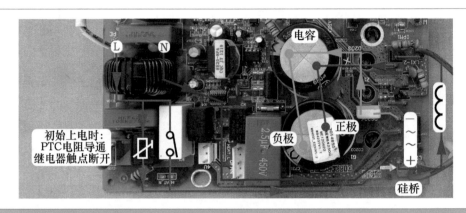

图 15-4　初始上电

室内机主板主控继电器触点闭合为室外机供电时，交流 220V 电压中 N 端直接送至硅桥交流输入端，L 端经熔丝管 FU101、交流滤波电感 L1、延时防瞬间大电流充电电路后，送至硅桥的交流输入端。

此时主控继电器 K1 触点为断开状态，L 端电压经 PTC 电阻 RT1 送至硅桥的交流输入端，PTC 电阻为正温度系数热敏电阻，阻值随温度上升而上升，刚上电时充电电流使 PTC 电阻温度迅速升高，阻值也随之增加，限制了滤波电容的充电电流，使其两端电压逐步上升至直流 300V，防止了由于充电电流过大而损坏整流硅桥等故障。

（2）正常运行

图 15-5 为正常运行时工作流程。

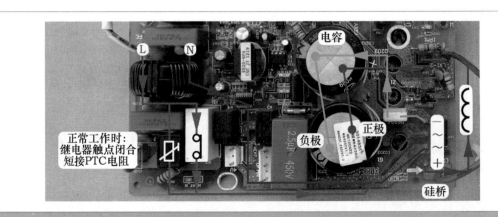

图 15-5　正常运行

滤波电容两端的直流 300V 电压一路送到模块的 P、N 端子，另一路送到开关电源电路，开关电源电路开始工作，输出支路中的其中一路输出直流 5V 电压，经 3.3V 稳压集成电路后变为稳定的直流 3.3V，为室外机 CPU 供电，CPU 开始工作，其㊲脚输出高电平 3.3V 电压，经反相驱动器放大后驱动主控继电器 K1 线圈，线圈得电使得触点闭合，L 端相线电压经触点直接送至硅桥的交流输入端，PTC 电阻退出充电电路，空调器开始正常工作。

二、 开关电源电路

1. 作用

本机使用集成电路形式的开关电源电路，其也可称为电压转换电路，就是将输入的直流 300V 电压转换为直流 12V、5V、3.3V，为主板 CPU 等负载供电，以及转换为直流 15V 电压为模块内部控制电路供电。图 15-6 为室外机开关电源电路框图。

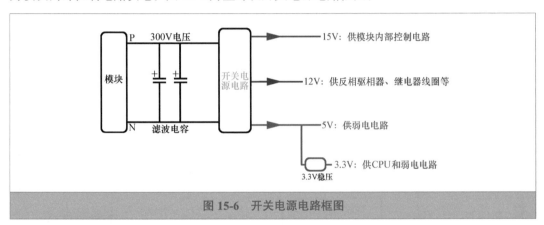

图 15-6 开关电源电路框图

2. 工作原理

图 15-7 为开关电源电路原理图。

（1）直流 300V 供电

交流滤波电感、PTC 电阻、主控继电器触点、硅桥、滤波电感和滤波电容组成直流 300V 电压形成电路，输出的直流 300V 电压主要为模块 P、N 端子供电，同时为开关电源电路提供电压。

模块输出供电，使压缩机工作，处于低频运行时，模块 P、N 端电压约为直流 300V；压缩机如升频运行，P、N 端子电压会逐步下降，但同时本机 PFC 电路开始工作，提高直流 300V 电压数值至约为 350V，因此室外机开关电源电路供电为直流 300V 左右。

（2）P1027P65 引脚功能

开关电源电路以开关振荡集成电路 P1027P65（主板代号 U121）为核心，双列 8 个引脚设计，引脚功能见表 15-1，其内置振荡电路和场效应开关管，振荡开关频率固定，通过改变脉冲宽度来调整占空比。其采用反激式开关方式，电网的干扰就不能经开关变压器直接耦合至二次绕组，具有较好的抗干扰能力。

（3）开关振荡电路

见图 15-8 左图，直流 300V 电压正极经 3.15A 熔丝管 FU102、开关变压器 T121 的一次供电绕组（1-2）送至集成电路 U121 的⑤脚，接内部开关管漏极 D；直流 300V 负极接 U121 的⑧脚，即内部开关管源极 S 和控制电路公共端的地。

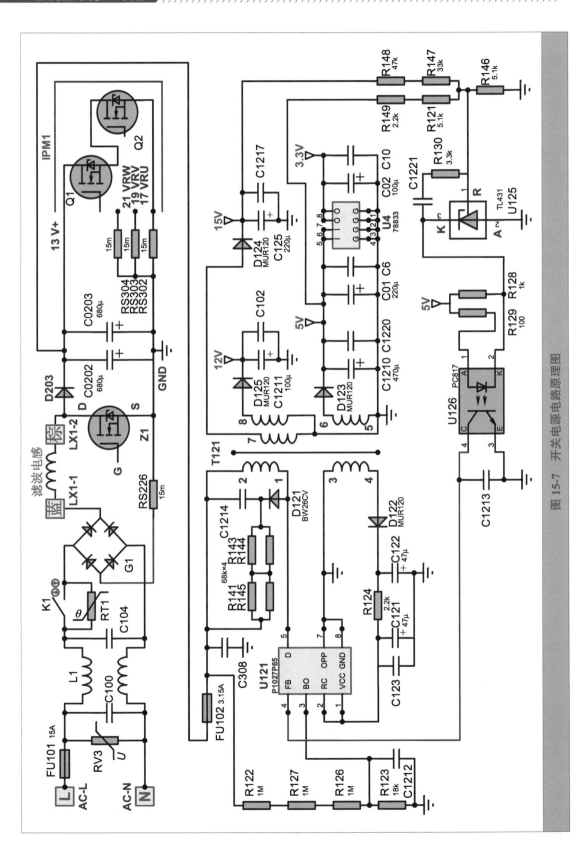

图 15-7 开关电源电路原理图

表 15-1　P1027P65 引脚功能

引脚	符号	功能	电压	引脚	符号	功能	电压
①	VCC	电源	8.63V	⑤	D	开关管 - 漏极	300V
②	RC	斜坡补偿，接①脚	8.63V	⑥		空脚	
③	BO	电压检测	2.18V	⑦	OPP	过载保护，接⑧脚	0V
④	FB	输出电压反馈	0.57V	⑧	GND	地	0V

　　U121 内部振荡器开始工作，驱动开关管的导通与截止，由于开关变压器 T121 一次供电绕组与二次绕组极性相反，U121 内部开关管导通时一次绕组存储能量，二次绕组因整流二极管 D125、D124、D123 承受反向电压而截止，相当于开路；U121 内部开关管截止时，T121 一次绕组极性变换，二次绕组极性同样变换，D125、D124、D123 正向偏置导通，一次绕组向二次绕组释放能量。

　　R141、R145、R143、R144、C1214、D121 组成钳位保护电路，吸收开关管截止时加在漏极 D 上的尖峰电压，并将其降至一定的范围之内，防止过电压损坏开关管。

　　（4）集成电路电源供电

　　见图 15-8 左图，开关变压器一次反馈绕组（3-4）的感应电压经二极管 D122 整流、电容 C122 和 C121 滤波、电阻 R124 限流，得到约直流 8.6V 电压，为 U121 的①脚内部电路供电。

　　（5）电压检测电路

　　U121 的③脚为电压检测引脚，见图 15-8 右图，当引脚电压高于 4V 时或等于 0V 时，均会控制开关电源电路停止工作。

　　电压检测电路的原理是对直流 300V 进行分压，上分压电阻是 R122、R127、R126，下分压电阻是 R123，R123 两端即为 U121 的③脚电压，U121 根据③脚电压判断直流 300V 电压是否过高或过低，从而对开关电源电路进行控制。

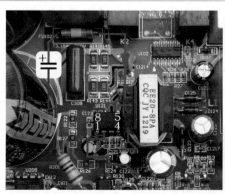

图 15-8　300V 供电 - 电源和电压检测电路

　　（6）输出负载

　　U121 内部开关管交替导通与截止，开关变压器二次绕组得到高频脉冲电压，在 8-5、7-5、6-5 端输出，其中 5 脚为公共端地，实物图见图 15-9 左图。

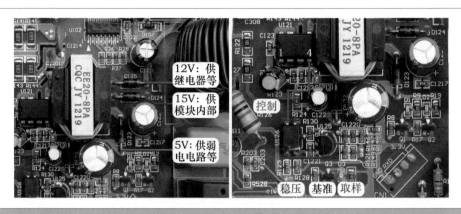

图 15-9　输出负载和稳压电路

7-5 绕组经 D124 整流、C125 和 C1217 滤波，成为纯净的直流 15V 电压，为模块的内部控制电路和驱动电路供电。

8-5 绕组经 D125 整流、C1211 和 C102 滤波，成为纯净的直流 12V 电压，为反相驱动器和继电器线圈等电路供电。

6-5 绕组经 D123 整流、C1210、C1220、C01、C6、C0204 滤波，成为纯净的直流 5V 电压，为指示灯等弱电电路和 3.3V 稳压集成电路供电。

（7）稳压控制

稳压电路采用脉宽调制方式，由分压电阻、三端误差放大器 U125（TL431）、光电耦合器 U126 和 U121 的④脚组成。取样点为直流 5V 和直流 15V 电压，R146 为下分压电阻，5V 电压的上分压电阻为 R149 和 R121，15V 的上分压电阻为 R148 和 R147，2 路取样原理相同，以 5V 电压为例说明，实物见图 15-9 右图。

如因输入电压升高或负载发生变化引起直流 5V 电压升高，上分压电阻（R149 和 R121）与下分压电阻（R146）的分压点电压升高，U125（TL431）的①脚参考极（R）电压也相应升高，内部晶体管（俗称三极管）导通能力加强，TL431 的③脚阴极（K）电压降低，光电耦合器 U126 的发光二极管两端电压上升，使得光电晶体管导通能力加强，U121 的④脚电压上升，U121 内部电路通过减少开关管的占空比，开关管导通时间缩短而截止时间延长，开关变压器存储的能量变小，输出电压也随之下降。

如直流 5V 输出电压降低，TL431 的①脚参考极电压降低，内部晶体管导通能力变弱，TL431 的③脚阴极电压升高，光电耦合器 U126 的发光二极管两端电压降低，光电晶体管导通能力下降，U121 的④脚电压下降，U121 通过增加开关管的占空比，开关变压器存储能量增加，输出电压也随之升高。

3. 3.3V 电压产生电路

本机室外机 CPU 使用 3.3V 供电，而不是常见的 5V 供电，因此需要将 5V 电压转换为 3.3V，才能为 CPU 供电，实际电路使用 76633 芯片用来转换，其共用 8 个引脚，其中①、②、③、④脚相通，接公共端 GND 地，⑤、⑥脚相通为输入端，接 5V 电压，⑦、⑧脚相通为输出端，输出 3.3V 电压。

电路原理图见图 15-10 左图，实物图见图 15-10 右图，板号 U4 为电压转换集成电路

76633。开关变压器 T121 二次输出 6-5 绕组经 D123 整流、C1210 滤波，产生直流 5V 电压，经 C01 和 C6 再次滤波，送至 U4 的输入端⑤、⑥脚，76633 内部电路稳压后，在⑦、⑧脚输出稳定的 3.3V 电压，为 CPU 和弱电信号电路供电。

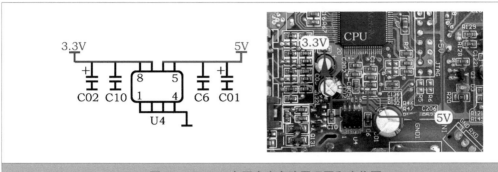

图 15-10　3.3V 电压产生电路原理图和实物图

第二节　输入部分单元电路

一、存储器电路

1. 作用

存储器电路作用是向 CPU 提供工作时所需要的参数和数据。存储器内部存储有压缩机 U/f 值、电流保护值和电压保护值等数据，CPU 工作时调取存储器的数据对室外机电路进行控制。

2. 工作原理

图 15-11 为存储器电路原理图，图 15-12 为实物图，表 15-2 为存储器电路关键点电压。

主板代号 U5 为存储器，使用的型号为 24C08。通信过程采用 I^{2}C 总线方式，即 IC 与 IC 之间的双向传输总线，存储器有 2 条线：⑥脚为串行时钟线（SCL），⑤脚为串行数据线（SDA）。

时钟线传递的时钟信号由 CPU 输出，存储器只能接收；数据线传送的数据是双向的，CPU 可以向存储器发送信号，存储器也可以向 CPU 发送信号。

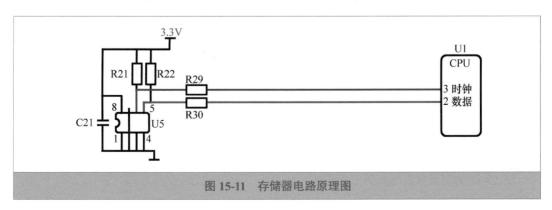

图 15-11　存储器电路原理图

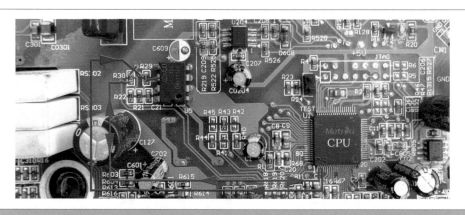

图 15-12　存储器电路实物图

表 15-2　存储器电路关键点电压

存储器 24C08 引脚				CPU 引脚	
（①-②-③-④-⑦）地脚	⑧脚供电	⑤脚数据	⑥脚时钟	②脚数据	③脚时钟
0V	3.3V	3.3V	3.3V	3.3V	3.3V

二、　传感器电路

1. 室外环温传感器

图 15-13 为室外环温传感器安装位置。

① 室外环温传感器的支架固定在冷凝器的进风面，作用是检测室外环境温度。

② 在制冷和制热模式，决定室外风机转速。

③ 在制热模式，与室外管温传感器温度组成进入除霜的条件。

室外环温传感器：检测室外环境温度　　　　支架固定在冷凝器进风面

图 15-13　室外环温传感器安装位置

2. 室外管温传感器

图 15-14 为室外管温传感器安装位置。

① 室外管温传感器检测孔焊在冷凝器管壁，作用是检测室外机冷凝器温度。

② 在制冷模式，判定冷凝器过载。当室外管温≥70℃时，压缩机停机；当室外管温≤50℃时，3min后自动开机。

室外管温传感器：检测冷凝器温度　　　　　检测孔焊在冷凝器管壁

图 15-14 室外管温传感器安装位置

③ 在制热模式，与室外环温传感器温度组成进入除霜的条件。空调器运行一段时间（约40min），室外环温>3℃时，室外管温≤-3℃，且持续5min；或室外环温<3℃时，室外环温-室外管温≥7℃，且持续5min。

④ 在制热模式，判断退出除霜的条件。当室外管温>12℃时或压缩机运行时间超过8min。

3. 压缩机排气传感器

图 15-15 为压缩机排气传感器安装位置。

① 压缩机排气传感器检测孔固定在排气管上面，作用是检测压缩机排气管温度。

② 在制冷和制热模式，压缩机排气温度≤93℃，压缩机正常运行；93℃<压缩机排气温度<115℃，压缩机运行频率被强制设定在规定的范围内或者降频运行；压缩机排气温度>115℃，压缩机停机；只有当压缩机排气温度下降到≤90℃时，才能再次开机运行。

压缩机排气：检测排气管温度　　　　　检测孔固定在排气管上面

图 15-15 压缩机排气传感器安装位置

4. 实物外形

3个传感器实物外形见图 15-16。

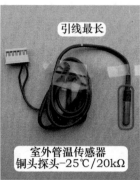
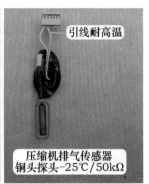

图 15-16　传感器实物外形

　　室外环温传感器使用塑封探头，型号为 25℃/15kΩ，安装在冷凝器的进风面，为防止冷凝器温度干扰，设有固定支架，并且传感器穿有塑料护套。

　　室外管温传感器使用铜头探头，型号为 25℃/20kΩ，其引线最长，安装在冷凝器的管壁上面。

　　压缩机排气传感器使用铜头探头，型号为 25℃/50kΩ，由于检测孔固定在压缩机排气管上面，因此使用耐高温的引线。

　　5. 工作原理

　　图 15-17 为室外机传感器电路原理图，图 15-18 为压缩机排气传感器信号流程。

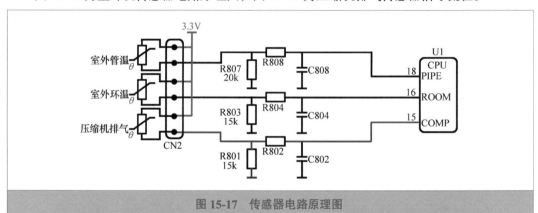

图 15-17　传感器电路原理图

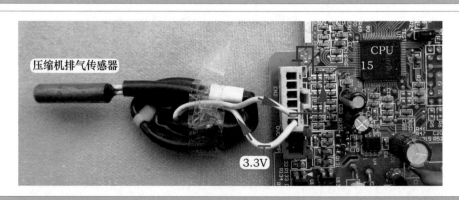

图 15-18　压缩机排气传感器电路实物图

CPU ⑯脚检测室外环温传感器温度、⑱脚检测室外管温传感器温度、⑮脚检测压缩机排气传感器温度。室外机 3 路传感器的工作原理相同，与室内机传感器电路工作原理也相同，均为传感器与偏置电阻组成分压电路，传感器为负温度系数（NTC）热敏电阻。

以压缩机排气传感器电路为例，如压缩机排气管温度由于某种原因升高，压缩机排气传感器温度也相应升高，其阻值变小，根据分压电路原理，分压电阻 R801 分得的电压也相应升高，输送到 CPU ⑮脚的电压升高，CPU 根据电压值计算得出压缩机排气管温度升高，与内置的程序相比较，对室外机电路进行控制，假如计算得出的温度 ≥ 98℃，则控制压缩机的频率禁止上升，≥ 103℃时对压缩机降频运行，≥ 115℃时控制压缩机停机，并将故障代码通过通信电路传送到室内机主板 CPU。

➡ 说明：室外温度约为 25℃时，CPU 的室外环温传感器和室外管温传感器引脚电压约为 1.65V，压缩机排气传感器引脚电压约为 0.76V，当拔下传感器插头时 CPU 引脚电压为 0V。

三、 温度开关电路

1. 安装位置和作用

压缩机运行时壳体温度如果过高，内部机械部件会加剧磨损，压缩机线圈绝缘层容易因过热击穿发生短路故障。室外机 CPU 检测压缩机排气传感器温度，如果高于 103℃则会控制压缩机降频运行，使温度降到正常范围以内。

为防止压缩机过热，室外机电控系统还设有压缩机顶盖温度开关作为第二道保护，安装位置见图 15-19，作用是即使压缩机排气传感器损坏，压缩机运行时如果温度过高，室外机 CPU 也能通过顶盖温度开关检测。

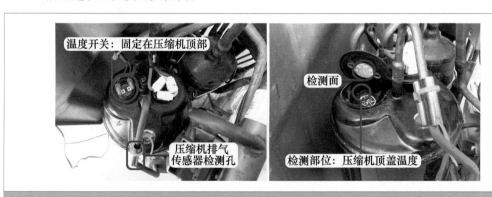

图 15-19 温度开关安装位置

顶盖温度开关实物外形见图 15-20，作用是检测压缩机顶部（顶盖）温度，正常情况温度开关触点闭合，对室外机运行没有影响；当压缩机顶部温度超过 115℃时，温度开关触点断开，室外机 CPU 检测后控制压缩机停止运行，并通过通信电路将信息传送至室内机主板 CPU，报出"压缩机过载保护或压缩机过热"的故障代码。

压缩机停机后，顶部温度逐渐下降，当下降到 95℃时，温度开关触点恢复闭合。

2. 工作原理

图 15-21 为压缩机顶盖温度开关电路原理图，图 15-22 为实物图，表 15-3 为温度开关状态与 CPU 引脚电压的对应关系，该电路的作用是检测压缩机顶盖温度开关状态。

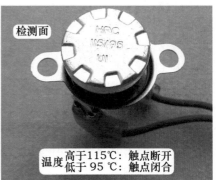

温度 高于115℃: 触点断开
低于95℃: 触点闭合

图 15-20　温度开关实物外形

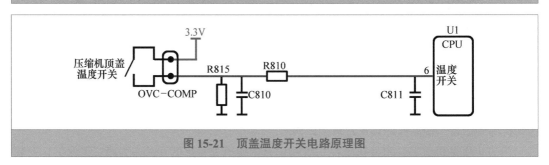

图 15-21　顶盖温度开关电路原理图

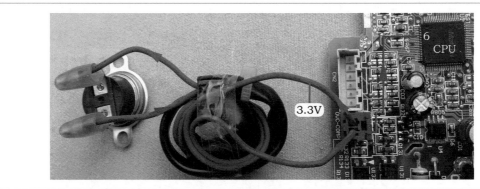

图 15-22　顶盖温度开关电路实物图

表 15-3　温度开关状态与 CPU 引脚电压对应关系

	OVC-COMP 插座下端电压	CPU ⑥脚电压
温度开关触点闭合	3.3V	3.3V
温度开关触点断开	0.6V	0.6V

　　电路在 2 种情况下运行，即温度开关为闭合状态或断开状态，插座设计在室外机主板上，CPU 根据引脚电压为高电平或低电平，检测温度开关的状态。

　　制冷系统正常运行时压缩机顶部温度约为 85℃，温度开关触点为闭合状态，CPU ⑥脚为高电平 3.3V，对电路没有影响。

如果运行时压缩机排气传感器失去作用或其他原因，使得压缩机顶部温度大于115℃，温度开关触点断开，CPU⑥脚经电阻R810、R815接地，电压由3.3V高电平变为0.6V的低电平，CPU检测后立即控制压缩机停机。

从上述原理可以看出，CPU根据⑥脚电压即能判断温度开关的状态。电压为高电平3.3V时，判断温度开关触点闭合，对控制电路没有影响；电压为低电平0.6V时，判断温度开关触点断开，压缩机壳体温度过高，控制压缩机立即停止运行，并通过通信电路将信息传送至室内机主板CPU，显示"压缩机过载保护或压缩机过热"的故障代码，供维修人员查看。

四、 电压检测电路

1. 作用

空调器在运行过程中，如输入电压过高，相应直流300V电压也会升高，容易引起模块和室外机主板过热、过电流或过电压损坏；如输入电压过低，制冷量下降达不到设计的要求，并且容易损坏电控系统和压缩机。因此室外机主板设置电压检测电路，CPU检测输入的交流电源电压，在过高（超过交流260V）或过低（低于交流160V）时停机进行保护。

目前的电控系统中通常使用通过电阻检测直流300V母线电压，室外机CPU通过软件计算得出输入的交流电压。

➡ 说明：早期的电控系统通常使用电压检测变压器来检测输入的交流220V电压。

2. 工作原理

图15-23为电压检测电路原理图，图15-24为实物图，表15-4为交流输入电压与CPU引脚电压对应关系。该电路的作用是计算输入的交流电源电压，当电压高于交流260V或低于160V时停机，以保护压缩机和模块等部件。

图15-23　电压检测电路原理图

图15-24　电压检测电路实物图

表 15-4　CPU 引脚电压与交流输入电压对应关系

CPU ㉙脚直流电压 /V	直流 300V 电压正极 /V	对应输入的交流电压 /V	CPU ㉙脚直流电压 /V	直流 300V 电压正极 /V	对应输入的交流电压 /V
1.26	204	150	1.34	218	160
1.43	231	170	1.51	245	180
1.59	258	190	1.68	272	200
1.77	286	210	1.85	299	220
1.92	312	230	2.01	326	240
2.11	340	250	2.18	353	260

　　本机电路未使用电压检测变压器等元器件检测输入的交流电压，而是通过电阻检测直流 300V 母线电压，再经过软件计算出实际的交流电压值，参照的原理是交流电压经整流和滤波后，乘以固定的比例（近似 1.36）即为输出直流电压，即交流电压乘以 1.36 即等于直流电压数值。CPU ㉙脚为电压检测引脚，根据引脚电压值计算出输入的交流电压值。

　　电压检测电路由电阻 R201、R203 和电容 C203、C202 组成，从图 15-23 可以看出，基本工作原理就是分压电路，取样点为直流 300V 母线电压正极，R201（820kΩ）为上偏置电阻，R203（5.1kΩ）为下偏置电阻，R203 的阻值在分压电路所占的比例约为 1/162 [R_{203}/（$R_{201}+R_{203}$），即 5.1/（820+5.1）]，R203 两端电压送至 CPU ㉙脚，相当于 CPU ㉙脚电压值乘以 162 等于直流电压值，再除以 1.36 就是输入的交流电压值。

　　比如 CPU ㉙脚当前电压值为 1.85V，则当前直流电压值为 300V（1.85V×162），当前输入的交流电压值为 220V（300V/1.36）。

五、　位置检测和相电流检测电路

1. 作用

　　该电路的作用是实时检测压缩机转子的位置，同时作为压缩机的相电流电路，输送至室外机 CPU 和模块的电流保护引脚。

　　CPU 在驱动模块控制压缩机时，需要实时检测转子位置以便更好地控制，本机压缩机电机使用永磁同步电机（PMSM），或称为正弦波永磁同步电机，具有绕组利用效率高、控制精度高等优点，同时使用无位置传感器算法来检测转子位置。检测原理是通过串联在三相下桥IGBT 发射极的取样电阻，取样电阻将电流的变化转化为电压的变化，经放大后输送至 CPU，由 CPU 通过计算和处理，计算出压缩机转子的位置。

2. OPA4374 引脚功能

　　电路使用 OPA4374 集成电路作为放大电路，内含 4 路相同的电压运算放大器，引脚功能见表 15-5，其为双列 14 个引脚，④脚为 5V 供电、⑪脚接地。

3. 工作原理

　　图 15-25 为相电流电路原理图，图 15-26 为 V 相电流实物图，表 15-6 为待机状态下U601 和 CPU 引脚电压。

表 15-5　OPA4374 引脚功能

①	②	③	④	⑤	⑥	⑦
输出 1	反相输入 1	同相输入 1	电源 VCC	同相输入 2	反相输入 2	输出 2
放大器 1（A）			5V	放大器 2（B）		

⑧	⑨	⑩	⑪	⑫	⑬	⑭
输出 3	反相输入 3	同相输入 3	地 VSS	同相输入 4	反相输入 4	输出 4
放大器 3（C）			0V	放大器 4（D）		

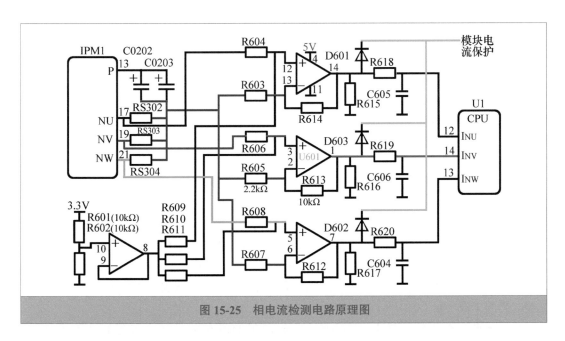

图 15-25　相电流检测电路原理图

图 15-26　V 相电流检测电路实物图

表 15-6 待机状态下 U601 和 CPU 引脚电压

U601					U601			CPU
④	⑪	⑩	⑨	⑧	⑫	⑬	⑭	⑫
5V	0V	1.6V	1.6V	1.6V	0.3V	0.3V	1.6V	1.6V

U601			CPU	U601			CPU
③	②	①	⑭	⑤	⑥	⑦	⑬
0.3V	0.3V	1.6V	1.6V	0.3V	0.3V	1.6V	1.6V

模块三相下桥的 IGBT 经无感电阻连接至滤波电容负极,在压缩机运行时,三相 IGBT 有电流通过,电阻两端产生压降,经运算放大器 U601 放大后分为 2 路,一路送到 CPU,由 CPU 经过运算和处理,分析出压缩机转子位置和三相的相电流;另一路将 3 路相电流汇总后,送至模块电流保护引脚,以防止压缩机相电流过大时损坏模块或压缩机。

模块 U 相下桥 IGBT(NU 或 Q4)发射极经 RS302、V 相下桥 IGBT(NV 或 Q5)发射极经 RS303、W 相下桥 IGBT(NW 或 Q6)发射极经 RS304,均连接至滤波电容负极,RS302、RS303、RS304 均为 0.015Ω 无感电阻,作用为相电流检测电路的取样电阻。

U601(OPA4374)为 4 通道运算放大器,其中放大器 4(⑫脚、⑬脚、⑭脚)放大 U 相电流、放大器 1(①脚、②脚、③脚)放大 V 相电流、放大器 2(⑤脚、⑥脚、⑦脚)放大 W 相电流。

三相相电流放大电路原理相同,以 V 相电流为例。由于取样电阻 RS303 阻值过小,当有电流通过时经 U601 放大后,电压依旧很低,CPU 不容易判断,因此使用 U601 的放大器 3(⑧脚、⑨脚、⑩脚)提供基准电压。3.3V 电压经 R601(10kΩ)、R602(10kΩ)进行分压,⑩脚同相输入端电压约为 1.6V,放大器 3 进行 1∶1 放大,在⑧脚输出 1.64V 电压,经 R610 送至③脚同相输入端(0.3V)作为基准电压。

RS303 电阻获得的取样电压经 R606 送至 U601 同相输入③脚,与基准电压相叠加,U601 放大器 1 将 RS303 的 V 相取样电流和基准电压放大约 5.54 倍,在 U601 的①脚输出,分为 2 路,一路经 R619 送至 CPU ⑭脚,供 CPU 检测 V 相电流,并依据⑫脚 U 相电流、⑬脚 W 相电流综合分析,得出压缩机转子位置;另一路经 D603 送至模块电流检测保护电路(同时还有 U 相电流经 D601、W 相电流经 D602),当 U 相或 V 相或 W 相任意一相电流过大时,模块保护电路动作,室外机停止运行。

放大倍数计算方法:$(R_{613}+R_{605}) \div R_{605} = (10+2.2) \div 2.2 \approx 5.54$。

第三节　输出部分单元电路

一、　指示灯电路

1. 作用

该电路的作用是显示故障代码、室外机的运行状态、压缩机限频因素，以及显示通信电路的工作状况。见图 15-28 左图，设有 3 个指示灯，D1 红灯、D2 绿灯、D3 黄灯，3 个指示灯在显示时不是以亮、灭、闪的组合显示室外机状态，而是相对独立，互不干扰，在查看时需要注意。

D2 绿灯为通信状态指示灯，通信电路正常工作时其持续闪烁，熄灭时则表明通信电路出现故障。

D1 红灯和 D3 黄灯则是以闪烁的次数表示当前的故障或状态。D1 红灯最多闪烁 8 次，可指示 8 个含义，例如闪烁 7 次时为压缩机排气传感器故障；D3 黄灯最多闪烁 16 次，可指示 16 个含义，例如闪烁 9 次时为功率模块保护。

在室外机运行时通常为 3 个指示灯均在闪烁，但含义不同。D2 绿灯闪烁表示通信电路正常，D1 红灯闪烁 8 次表示达到开机温度，D3 黄灯闪烁 1 次表示 CPU 已输出信号驱动压缩机运行。

2. 工作原理

图 15-27 为指示灯电路原理图，图 15-28 右图为实物图，表 15-7 为 CPU 引脚电压与指示灯状态的对应关系。3 路指示灯工作原理相同，以 D3 黄灯为例说明。

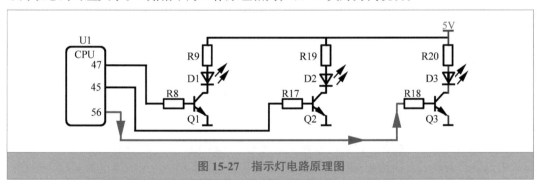

图 15-27　指示灯电路原理图

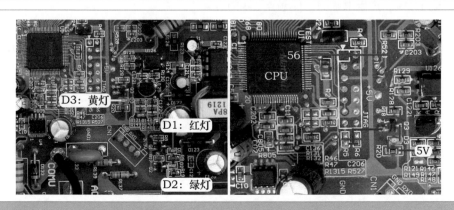

图 15-28　指示灯电路实物图和黄灯信号流程

表 15-7　CPU 引脚电压与指示灯状态对应关系

CPU ㊹脚	Q3 基极	Q3 集电极	D3 两端	D3 状态
3.3V	0.7V	0.01V	1.9V	点亮
0V	0V	4.5V	−3V	熄灭

当 CPU 需要控制 D3 点亮时，其㊹脚输出约 3.3V 的高电平电压，经 R18 限流后，送至 Q3 基极，电压约为 0.7V，Q3 集电极和发射极导通，5V 电压正极经 R20、D3、Q3 集电极和发射极到地形成回路，发光二极管 D3 两端电压约为 1.9V 而点亮。

当 CPU 需要控制 D3 熄灭时，其㊹脚输出 0V 的低电平电压，Q3 基极电压为 0V，集电极和发射极截止，D3 两端电压为 0V 而熄灭。

如果 CPU 持续的输出高电平（3.3V）-低电平（0V）-高电平-低电平，则指示灯显示为闪烁状态，CPU 可根据当前的状态，在 1 个循环周期内控制指示灯点亮的次数，从而显示相对应的故障代码或运行状态。

二、　主控继电器电路

1. 作用

主控继电器为室外机供电，并与 PTC 电阻组成延时防瞬间大电流充电电路，对直流 300V 滤波电容充电。上电初期，交流电源经 PTC 电阻、硅桥为滤波电容充电，两端的直流 300V 电压其中一路为开关电源电路供电，开关电源电路工作后输出电压，其中的一路直流 5V 经集成电路转换为 3.3V 电压为室外机 CPU 供电，CPU 工作后控制主控继电器触点闭合，由主控继电器触点为室外机供电。

2. 工作原理

图 15-29 为主控继电器电路原理图，图 15-30 为实物图，表 15-8 为 CPU 引脚电压与室外机状态的对应关系。

CPU 需要控制 K1 触点闭合时，㊲脚输出高电平 3.3V 电压，送到反相驱动器 U102 的⑤脚，内部电路翻转，对应输出端⑫脚电压变为低电平（约 0.8V），主控继电器 K1 线圈两端电压为直流 11.2V，产生电磁力，使触点 3-4 闭合。

CPU 需要控制 K1 触点断开时，㊲脚为低电平 0V，U102 的⑤脚电压也为 0V，内部电路不能翻转，⑫脚为高电平 12V，K1 线圈两端电压为直流 0V，由于不能产生电磁力，触点 3-4 断开。

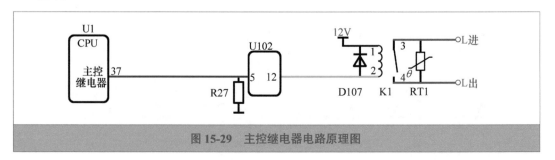

图 15-29　主控继电器电路原理图

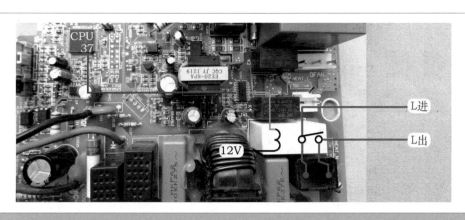

图 15-30　主控继电器电路实物图

表 15-8　CPU 引脚电压与室外机状态对应关系

CPU ㊲脚	U102 ⑤脚	U102 ⑫脚	K1 线圈 1-2 电压	K1 触点 3-4 状态	室外机状态
直流 0V	直流 0V	直流 12V	直流 0V	断开	初始上电
直流 3.3V	直流 3.3V	直流 0.8V	直流 11.2V	闭合	正常运行

三、　室外风机电路

1. 作用

室外机 CPU 根据室外环温传感器和室外管温传感器的温度信号，处理后控制室外风机运行，为冷凝器散热。

2. 工作原理

图 15-31 为室外风机继电器电路原理图，图 15-32 为实物图，表 15-9 为 CPU 引脚电压与室外风机状态的对应关系。

该电路的工作原理与主控继电器电路基本相同，需要控制室外风机运行时，CPU ㊶脚输出高电平 3.3V 电压，送至反相驱动器 U102 的③脚，内部电路翻转，对应输出端⑭脚电压变为低电平约 0.8V，继电器 K2 线圈两端电压为直流 11.2V，产生电磁力使触点 3-4 闭合，室外风机线圈得到供电，在电容的作用下旋转运行，为冷凝器散热。

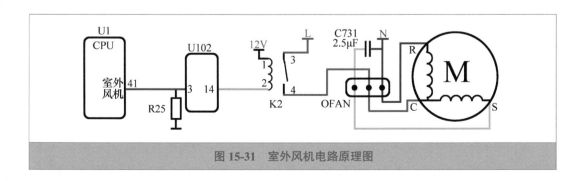

图 15-31　室外风机电路原理图

图 15-32　室外风机电路实物图

表 15-9　CPU 引脚电压与室外风机状态对应关系

CPU ㊶脚	U102 ③脚	U102 ⑭脚	K2 线圈 1-2 电压	K2 触点 3-4 状态	室外风机状态
直流 3.3V	直流 3.3V	直流 0.8V	直流 11.2V	闭合	运行
直流 0V	直流 0V	直流 12V	直流 0V	断开	停止

　　室外机 CPU 需要控制室外风机停止运行时，㊶脚变为低电平 0V，U102 的③脚也为低电平 0V，内部电路不能翻转，⑭脚为高电平 12V，K2 线圈两端电压为直流 0V，由于不能产生电磁力，触点 3-4 断开，室外风机因失去供电而停止运行。

四、　四通阀线圈电路

1. 作用
　　该电路的作用是控制四通阀线圈的供电和断电，从而控制空调器工作在制冷或制热模式。

2. 工作原理
　　图 15-33 为四通阀线圈电路原理图，图 15-34 为实物图，表 15-10 为 CPU 引脚电压与四通阀线圈状态的对应关系。

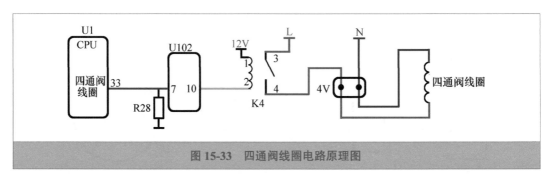

图 15-33　四通阀线圈电路原理图

　　室内机 CPU 对遥控器输入信号或应急开关模式下的室内环温传感器温度处理后，空调器需要工作在制热模式时，将控制信息通过通信电路传送至室外机 CPU，其㉝脚输出高电平

3.3V 电压，送至反相驱动器 U102 的⑦脚，内部电路翻转，对应输出端⑩脚电压变为低电平（约 0.8V），继电器 K4 线圈两端电压为直流 11.2V，产生电磁力使触点 3-4 闭合，四通阀线圈得到交流 220V 电源，吸引四通阀内部磁铁移动，在压力的作用下转换制冷剂流动的方向，使空调器工作在制热模式。

当空调器需要工作在制冷模式时，室外机 CPU ㉝脚为低电平 0V，U102 的⑦脚电压也为 0V，内部电路不能翻转，⑩脚为高电平 12V，K4 线圈两端电压为直流 0V，由于不能产生电磁力，触点 3-4 断开，四通阀线圈两端电压为交流 0V，对制冷系统中制冷剂流动方向的改变不起作用，空调器工作在制冷模式。

图 15-34　四通阀线圈电路实物图

表 15-10　CPU 引脚电压与四通阀线圈状态对应关系

CPU ㉝脚	U102 ⑦脚	U102 ⑩脚	K4 线圈 1-2 电压	K4 触点 3-4 状态	四通阀线圈 电压	空调器工作 模式
直流 3.3V	直流 3.3V	直流 0.8V	直流 11.2V	闭合	交流 220V	制热
直流 0V	直流 0V	直流 12V	直流 0V	断开	交流 0V	制冷

五、　PFC 电路

1. 作用

变频空调器中，由模块内部 6 个 IGBT 开关管组成的驱动电路，输出频率和电压均可调的模拟三相电驱动压缩机运行。由于 IGBT 开关管处于高速频繁开和关的状态，使得电路中的电流相对于电压的相位发生畸变，造成电路中的谐波电流成分变大，功率因数降低，PFC 电路的作用就是降低谐波成分，使电路的谐波指标满足国家 CCC 认证要求。

工作时 PFC 控制电路检测电压的零点和电流的大小，然后通过系列运算，对畸变严重零点附近的电流波形进行补偿，使电流的波形尽量跟上电压的波形，达到消除谐波的目的。

2. S4427 引脚功能

主板代号 U205 使用的型号为 S4427，是 IR 公司生产的双通道驱动器，用于驱动 MOS

管或 IGBT 开关管，引脚功能见表 15-11，其为双列 8 个引脚，⑥脚为直流 15V 供电，③脚接地，本机使用时 2 路驱动器并联。

表 15-11　S4427 引脚功能

引脚	①	②	③	④	⑤	⑥	⑦	⑧
功能	空	输入 1	GND	输入 2	输出 2	供电	输出 1	空

3. 工作原理

图 15-35 为 PFC 电路原理图，图 15-36 为实物图。

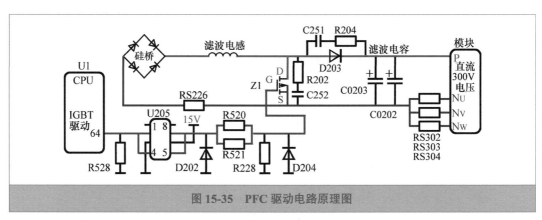

图 15-35　PFC 驱动电路原理图

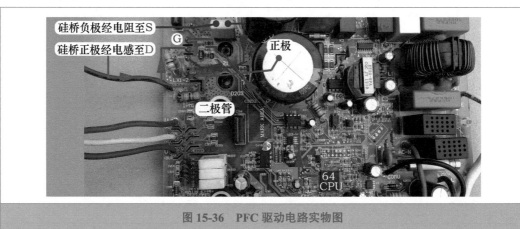

图 15-36　PFC 驱动电路实物图

变频空调器通常使用升压形式的 PFC 电路，不仅能提高功率因数，还可以提升直流 300V 电压数值，使压缩机在高频运行时滤波电容两端的电压不会下降很多，甚至会上升。PFC 升压电路主要由滤波电感、IGBT 开关管 Z1、升压二极管（快恢复二极管）D203、滤波电容等组成。

CPU ⑭脚输出 IGBT 驱动信号，同时送至 U205 的②脚和④脚输入端，经 U205 放大信号后，在⑤脚和⑦脚输出，驱动 IGBT 开关管 Z1 的导通和截止。

当 IGBT 开关管 Z1 导通时，滤波电感存储能量，在 Z1 截止时，滤波电感产生左负右正的电压，经 D203 为 C0202 和 C0203 充电。当压缩机高频运行时，消耗功率比较大，CPU 控制 Z1 导通时间长、截止时间短，使滤波电感存储能量增加，与硅桥整流的电压相叠加，从而提高滤波电容输出的直流 300V 电压，送至模块 P-N 端子。

第四节 模块电路

一、 6 路信号电路

本机使用国际整流器公司（IR）生产的模块（IPM），型号为 IRAM136-1061A2，单列封装，输出功率为 0.25 ~ 0.75kW、电流为 10 ~ 12A、电压为 85 ~ 253V。

模块内置有用于驱动 IGBT 开关管的高速驱动集成电路并且兼容 3.3V，集成自举升压二极管，减少主板外围元器件；内置高精度的温度传感器并反馈至室外机 CPU，使 CPU 可以实时监控模块温度，同时具有短路、过电流等多种保护电路。

1. 引脚功能

图 15-37 为 IRAM136-1061A2 实物外形，模块标称为 29 个引脚，其中③、④、⑦、⑧、⑪、⑫、⑭、⑮脚为空脚，实际共有 21 个引脚，引脚功能见表 15-12。

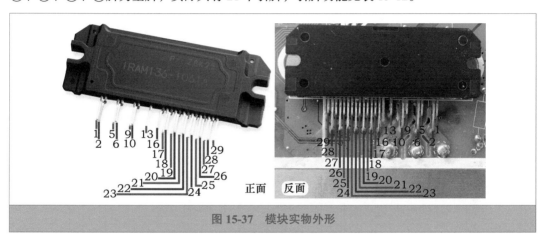

图 15-37 模块实物外形

表 15-12 IRAM136-1061A2 引脚功能

引脚	名称	作用	引脚	名称	作用	说明
13	V+	300V 正极 P 端输入	17	VRU	300V 负极 U 相输入	直流 300V 电压输入
19	VRV	300V 负极 V 相输入	21	VRW	300V 负极 W 相输入	
9	VB1	U 相自举升压电路	10	U	U 输出，接压缩机线圈	U-V-W 输出
5	VB2	V 相自举升压电路	6	V	V 输出，接压缩机线圈	
1	VB3	W 相自举升压电路	2	W	W 输出，接压缩机线圈	
28	VCC	内部电路 15V 供电正极	29	VSS	内部电路 15V 供电负极	内部电路供电
20	HIN1	U 相上桥输入（U+）	24	LIN1	U 相下桥输入（U−）	6 路信号
22	HIN2	V 相上桥输入（V+）	25	LIN2	V 相下桥输入（V−）	
23	HIN3	W 相上桥输入（W+）	26	LIN3	W 相下桥输入（W−）	

（续）

引脚	名称	作用	引脚	名称	作用	说明
16	I_{TRIP}	电流保护	18	FLT/EN	故障输出	故障保护
27	V_{TH}	温度反馈				

图 15-38 为模块内部结构，主要由驱动电路、6 个 IGBT 开关管、6 个与开关管并联的续流二极管等组成，IGBT 开关管代号为 Q1、Q2、Q3、Q4、Q5、Q6。图 15-39 为模块应用电路原理图。

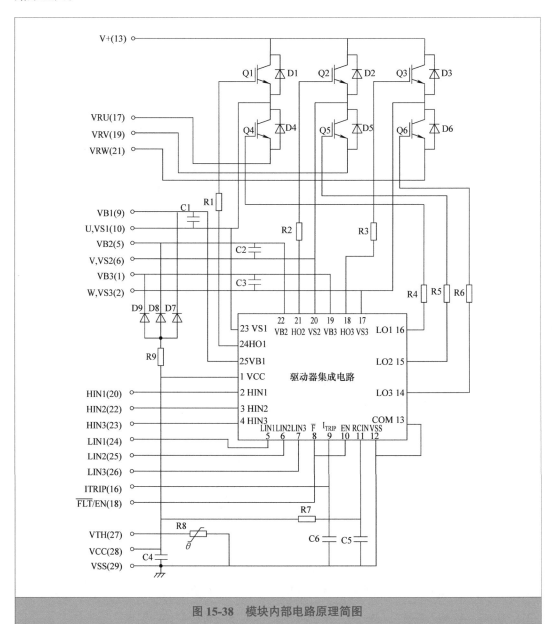

图 15-38　模块内部电路原理简图

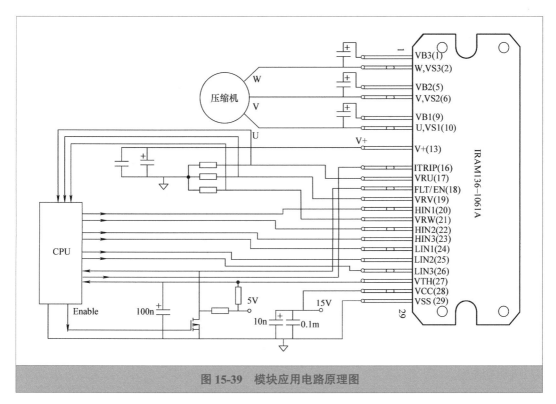

图 15-39 模块应用电路原理图

（1）直流 300V 供电（4 个引脚）

IGBT 开关管 Q1、Q2、Q3 的集电极连在一起接⑬脚（V+ 或 P），外接直流 300V 电压正极，因此 Q1、Q2、Q3 称为上桥 IGBT。

Q4 发射极接⑰脚（VRU 或 NU）、Q5 发射极接⑲脚（VRV 或 NV）、Q6 发射极接㉑脚（VRW 或 NW），这 3 个引脚通过电阻接直流 300V 电压负极，因此 Q4、Q5、Q6 称为下桥 IGBT。

（2）三相输出（3 个引脚和 3 个自举升压电路引脚）

上桥 Q1 的发射极和下桥 Q4 的集电极相通，即上桥和下桥 IGBT 的中点，接⑩脚（U 或 VS1），外接压缩机 U 相线圈，⑨脚为 U 相自举升压电路。

同理，Q2 和 Q5 中点接⑥脚（V 或 VS2），⑤脚为 V 相自举升压电路；Q3 和 Q6 中点接②脚（W 或 VS3），①脚为 W 相自举升压电路。

其中⑩脚 U、⑥脚 V、②脚 W 共 3 个引脚为输出，接压缩机线圈，驱动压缩机运行。

（3）15V 供电（2 个引脚）

模块内部设有高速驱动电路，其有供电模块才能工作，供电电压为直流 15V，㉘脚 VCC 为 15V 供电正极，㉙脚 VSS 为公共端接地。

（4）6 路信号（6 个引脚）

⑳脚（HIN1 或 U+）驱动 Q1、㉔脚（LIN1 或 U−）驱动 Q4、㉒脚（HIN2 或 V+）驱动 Q2、㉕脚（LIN2 或 V−）驱动 Q5、㉓脚（HIN3 或 W+）驱动 Q3、㉖脚（LIN3 或 W−）驱动 Q6。

（5）故障保护和反馈（3 个引脚）

⑯脚为电流保护输入（I_{TRIP}），由相电流电路输出至模块；⑱脚为故障输出（FLT/EN 或 FO），由模块输出至 CPU；㉗脚为温度反馈（V_{TH}），由模块输出至 CPU。

2. 驱动流程

图 15-40 为 6 路信号驱动压缩机流程实物图。驱动流程如下：①室外机 CPU 输出 6 路信号→②模块放大→③压缩机运行。

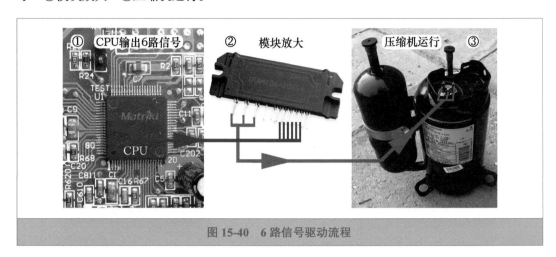

图 15-40　6 路信号驱动流程

3. 工作原理

图 15-41 为 6 路信号电路原理图，图 15-42 左图为 6 路信号电路实物图，图 15-42 右图为 U+ 驱动流程。

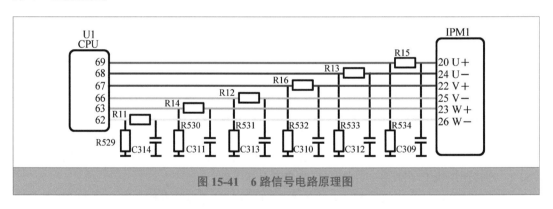

图 15-41　6 路信号电路原理图

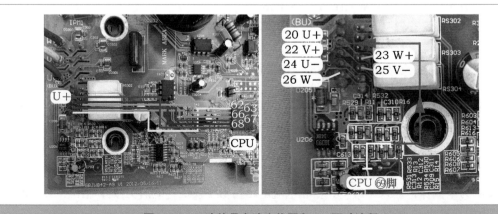

图 15-42　6 路信号电路实物图和 U+ 驱动流程

室外机 CPU 接收室内机主板的信息，并根据当前室外机的电压等数据，需要控制压缩机运行时，其输出有规律的 6 路信号，直接送至模块内部电路，驱动内部 6 个 IGBT 开关管有规律地导通与截止，将直流 300V 电转换为频率和电压均可调的三相电，输出至压缩机线圈，控制压缩机以低频或高频的任意转速运行。由于室外机 CPU 输出 6 路信号控制模块内部 IGBT 开关管的导通与截止，因此压缩机转速由室外机 CPU 决定，模块只起一个放大信号时转换电压的作用。

室外机 CPU 的⑥⑨、⑥⑧、⑥⑦、⑥⑥、⑥③、⑥②脚共 6 个引脚输出 6 路信号，经电阻 R15、R13、R16、R12、R14、R11（330Ω）送至模块的⑳脚（U+、驱动 Q1）、㉔脚（U−、驱动 Q4）、㉒脚（V+、驱动 Q2）、㉕脚（V−、驱动 Q5）、㉓脚（W+、驱动 Q3）、㉖脚（W−、驱动 Q6），驱动 IGBT 开关管有规律地导通和截止，从而控制压缩机的运行速度。

二、 温度反馈电路

1. 作用

该电路的作用是向室外机 CPU 反馈模块（IPM）的实际温度，使 CPU 综合其他的数据对压缩机进行更好的控制。

2. 工作原理

图 15-43 为模块温度反馈电路原理图，图 15-44 为实物图。

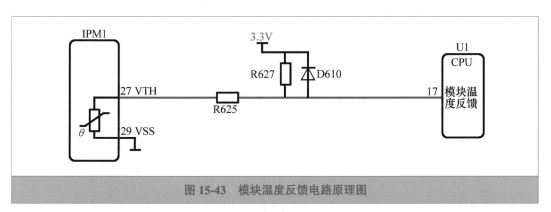

图 15-43 模块温度反馈电路原理图

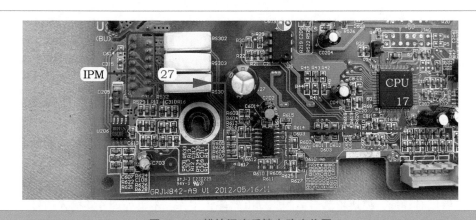

图 15-44 模块温度反馈电路实物图

模块内置高精度的温度传感器，实时检测表面模块温度，其中1个引脚接㉙脚公共端地（在电路中作为下偏置电阻），1个引脚由㉗脚（VTH）引出，经R625送至室外机CPU的⑰脚，CPU根据电压计算出模块的实际温度，作为输入部分电路的信号，综合其他数据信号，以便对模块、压缩机、室外风机进行更好的控制。

模块内置的传感器为负温度系数热敏电阻，温度较低时阻值较大，㉗脚的电压较高（接近3.1V）；当模块温度上升，其阻值下降，㉗脚的电压也逐渐下降（2.7V）。

三、 模块保护电路

1. 作用

模块内部使用智能控制电路，不仅处理室外机CPU输出的6路信号，而且设有保护电路，其示意图见图15-45，当模块内部控制电路检测到直流15V电压过低、基板温度过高、运行电流过大或内部IGBT开关管短路引起电流过大故障时，均会关断IGBT开关管，停止处理6路信号，同时模块保护FO引脚变为低电平，室外机CPU检测后判断为"模块故障"，停止输出6路信号，控制室外机停机，并将故障代码通过通信电路传送至室内机CPU。

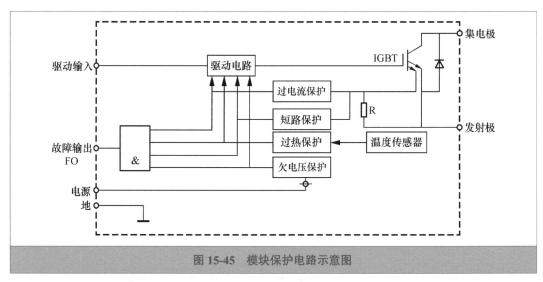

图15-45 模块保护电路示意图

① 控制电路供电电压欠电压保护：模块内部控制电路使用外接的直流15V电压供电，当电压低于直流12.5V时，模块驱动电路停止工作，不再处理6路信号，同时输出保护信号至室外机CPU。

② 过热保护：模块内部设有温度传感器，如果检测基板温度超过设定值（约110℃），模块驱动电路停止工作，不再处理6路信号，同时输出保护信号至室外机CPU。

③ 过电流保护：模块工作时如内部电路检测IGBT开关管电流过大，模块驱动电路停止工作，不再处理6路信号，同时输出保护信号至室外机CPU。

④ 短路保护：如负载发生短路、室外机CPU出现故障、模块被击穿时，IGBT开关管的上、下臂同时导通，模块检测后控制驱动电路停止工作，不再处理6路输入信号，同时输出保护信号至室外机CPU。

2. 工作原理

图 15-46 为模块（IPM）保护电路原理图，图 15-47 为实物图，表 15-13 为模块保护引脚和 CPU 引脚电压的对应关系。

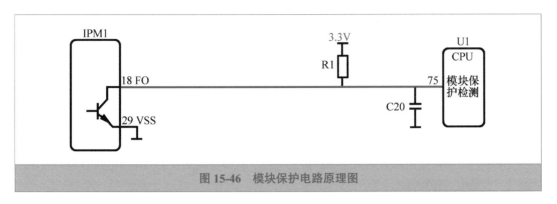

图 15-46　模块保护电路原理图

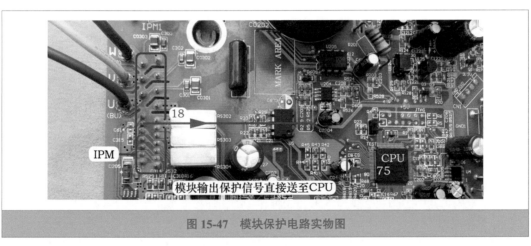

图 15-47　模块保护电路实物图

表 15-13　模块保护引脚和 CPU 引脚电压对应关系

	模块⑱脚	CPU ㊀脚
正常待机或运行	3.2V	3.2V
模块保护	0.01V	0.01V

本机模块⑱脚为 FO 模块保护输出，CPU ㊀脚为模块保护检测引脚。模块保护输出引脚为集电极开路型设计，正常情况下此脚与外围电路不相连，CPU ㊀脚和模块⑱脚通过电阻 R1（2.4kΩ）连接至电源 3.3V，因此模块正常工作即没有输出保护信号时，CPU ㊀脚和模块⑱脚的电压均约为 3.2V。

如果模块内部电路检测到 15V 电压低、温度过高、电流过大、短路共 4 种故障时，停止处理 6 路信号，同时内部晶体管导通，⑱脚和㉙脚相连接地，CPU ㊀脚也与地相连，电压由高电平 3.2V 变为低电平约 0.01V，CPU 内部电路检测后停止输出 6 路信号，停机进行保护，并将代码（模块故障）通过通信电路传送至室内机 CPU，室内机 CPU 分析后显示

H5 的代码。

➡ 说明：由于模块检测的 4 种保护使用同一个输出端子，因此室外机 CPU 检测后只能判断为 "模块保护"，而具体是哪一种保护则判断不出来。

四、 模块过电流保护电路

1. 作用

该电路的作用是检测压缩机 U、V、W 三相的相电流，当相电流过大时输出保护电压至模块，模块停止处理 6 路信号，并输出保护信号至室外机 CPU，使压缩机停止工作，以保护模块和压缩机。

2. 10393 引脚功能

主板代号 U206 使用型号为 10393 的集成电路，引脚功能见表 15-14，其为双列 8 个引脚，⑧脚为 5V 供电、④脚接地。

表 15-14 10393 引脚功能

引脚	①	②	③	④	⑤	⑥	⑦	⑧
符号	OUT1	−IN1	+IN1	VSS	+IN2	−IN2	OUT2	VCC
功能	输出 1	反相输入 1	同相输入 1	地	同相输入 2	反相输入 2	输出 2	电源
说明	比较器 1（A）			0V	比较器 2（B）			5V

10393 内含 2 路相同的电压比较器，本机实际只使用 1 路（比较器 2），即⑤、⑥、⑦脚，比较器 1 空闲（其中①脚和②脚为空脚、③脚和④脚相连接地）。

3. 工作原理

图 15-48 为模块过电流保护电路原理图，图 15-49 为实物图，表 15-15 为相电流和室外机状态的对应关系。

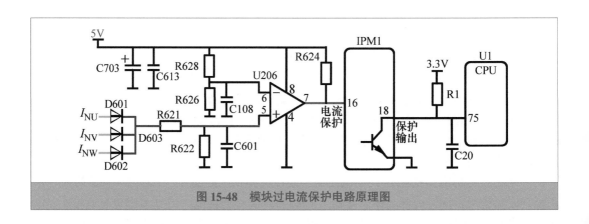

图 15-48 模块过电流保护电路原理图

图 15-49 模块过电流保护电路实物图

表 15-15 相电流和室外机状态对应关系

	U206			模块		CPU	室外机状态
	⑤脚	⑥脚	⑦脚	⑯脚	⑱脚	⑦5脚	
相电流正常	0.8V	1.5V	0.01V	0.01V	3.2V	3.2V	正常
相电流升高	2.9V	1.5V	4.9V	4.9V	0.01V	0.01V	停机 H5

U206（10393）的⑥脚为比较器 2 的反相输入，由 R628（5.1kΩ）和 R626（2.2kΩ）分压，⑥脚电压为 1.5V，作为基准电压。

当压缩机正常运行时，相电流放大电路 U601 输出的 U 相电流（I_{NU}）、V 相电流（I_{NV}）、W 相电流（I_{NW}）均正常，经 D601、D602、D603、R621 输送至 U206 的⑤脚电压低于 1.5V，比较器 2 不动作，其⑦脚输出低电平 0V，模块⑯脚电压也为低电平 0V，模块判断压缩机相电流正常，保护电路不动作，压缩机继续运行，室外机运行正常。

当压缩机、模块、相电流电路等有故障，引起 U 相电流（I_{NU}）、V 相电流（I_{NV}）、W 相电流（I_{NW}）中任意一相电压增加，加至 U206 的⑤脚电压超过 1.5V 时，比较器 2 动作，其⑦脚输出高电平 5V 电压，至模块⑯脚同样为 5V 电压，模块内部电路检测后判断压缩机相电流过大，内部保护电路迅速动作，不再处理 6 路信号，IGBT 开关管停止工作，压缩机也停止运行，同时模块⑱脚输出约 0.01V 低电平电压，送至 CPU ⑦5脚，CPU 检测后判断模块出现故障，立即停止输出 6 路信号，并将"模块保护"的代码通过通信电路传送至室内机 CPU，室内机 CPU 分析后显示 H5 的代码。

第十六章

变频空调器常见故障

第一节　单元电路故障

一、 通信电路分压电阻开路，海信空调器通信故障

➡ **故障说明**：海信 KFR-26GW/11BP 挂式交流变频空调器，遥控器开机后，室外风机和压缩机均不运行，同时不制冷。电路原理图见图 16-1。

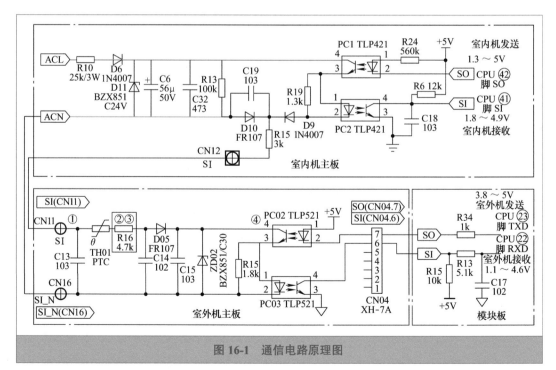

图 16-1　通信电路原理图

1. 测量室内机接线端子通信电压

使用万用表交流电压挡，测量室内机接线端子上 1 号 L 相线和 2 号 N 零线电压为交流 220V，说明室内机主板已向室外机供电。

将万用表挡位改为直流电压挡，见图 16-2，黑表笔接室内机接线端子上 2 号 N 端零线、红表笔接 4 号通信 S 端测量电压，实测待机状态为 24V，遥控器开机后室内机主板向室外机供电，通信电压仍为 24V 不变，说明通信电路出现故障。

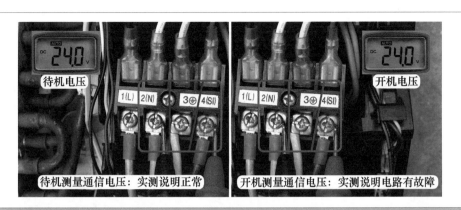

图 16-2　测量室内机接线端子通信电压

2. 故障代码

取下室外机外壳，观察到室外机主板上直流 12V 电压指示灯常亮，初步判断直流 300V 和 12V 电压均正常，使用万用表直流电压挡测量直流 300V、12V、5V 电压均正常。

查看模块板上指示灯闪 5 次，报故障代码含义为"通信故障"；按压遥控器上"传感器切换"键 2 次，室内机显示板组件上指示灯显示故障代码为"运行（蓝）、电源"灯亮，代码含义为"通信故障"。

室内机 CPU 和室外机 CPU 均报"通信故障"的代码，说明室内机 CPU 已发送通信信号，但室外机 CPU 未接收到通信信号，同时开机后通信电压为直流 24V 不变，判断通信电路中有开路故障，重点检查室外机通信电路。

3. 测量室外机通信电路电压

在空调器通上电源但不开机，即处于待机状态时，使用万用表直流电压挡，见图 16-3，黑表笔接电源 N 零线、红表笔接室外机主板上通信 S 线（①处）测量电压，实测为 24V，与室外机接线端子上电压相同。

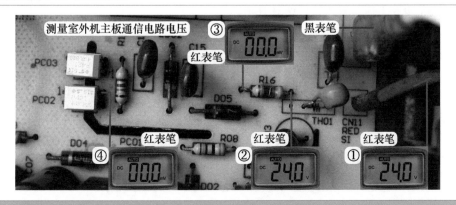

图 16-3　测量室外机主板通信电路电压

红表笔接分压电阻 R16 上端（②处）测量电压，实测为 24V，说明 PTC 电阻 TH01 阻值正常。

红表笔接分压电阻 R16 下端（③处）测量电压，正常应与②处电压相同，而实测为 0V，初步判断 R16 阻值开路。

红表笔接发送光电耦合器的光电晶体管集电极引脚（④处）测量电压，实测为 0V，与③处电压相同。

4. 测量 R16 阻值

R16 上端（②处）电压为直流 24V，而下端（③处）电压为 0V，可大致说明 R16 开路损坏。断开空调器电源，待直流 300V 电压下降至 0V 时，见图 16-4，使用万用表电阻挡测量 R16 阻值，正常为 4.7kΩ，实测为无穷大，判断开路损坏。

图 16-4　测量 R16 阻值

5. 更换 R16 电阻

见图 16-5，此机室外机主板通信电路分压电阻使用 4.7kΩ/0.25W，在设计时由于功率偏小，容易出现阻值变大甚至开路故障，因此在更换时应选用功率加大、阻值相同的电阻，本例在更换时选用 4.7kΩ/1W 的电阻进行代换。

➡ 维修措施：更换室外机主板通信电路分压电阻 R16，见图 16-5 右图，参数由原 4.7kΩ/0.25W，更换为 4.7kΩ/1W。更换后在空调器通上电源但不开机即处于待机状态时，测量室外机通信电路电压，实测结果见图 16-6。

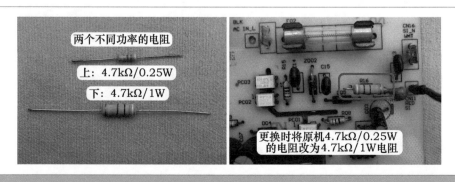

图 16-5　更换 R16 电阻

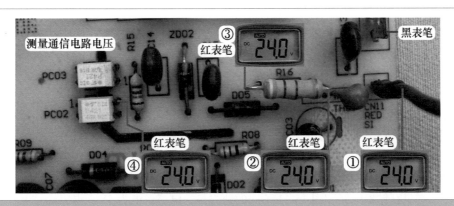

图 16-6 待机状态测量室外机主板通信电路电压

总 结:

本例由于分压电阻开路，通信信号不能送至室外机接收光电耦合器，使得室外机 CPU 接收不到室内机 CPU 发送的通信信号，因此通过模块板上指示灯报故障代码为"通信故障"，并不向室内机 CPU 反馈通信信号；而室内机 CPU 因接收不到室外机 CPU 反馈的通信信号，2min 后停止室外机的交流 220V 供电，并记忆故障代码为"通信故障"。

二、 存储器电路电阻开路，格力空调器存储器故障

➡ 故障说明：格力 KFR-26GW/（26556）FNDe-3 挂式直流变频空调器（凉之静），用户反映开机后室内机吹自然风，显示屏显示"EE"代码。

1. 显示屏代码和检测仪故障

上门检查，将空调器通上电源，使用遥控器开机，室内风机开始运行，见图 16-7 左图，约 15s 后显示屏显示"EE"代码，同时制热指示灯间隔 3s 闪烁 15 次，查看代码含义为室外机存储器故障。

到室外机检查，室外风机和压缩机均不运行，断开空调器电源在接线端子处接上格力变频空调器专用检测仪的检测线，再次开机后选择第 1 项：数据监控，显示内容见图 16-7 右图，故障：EE（外机记忆芯片故障）。

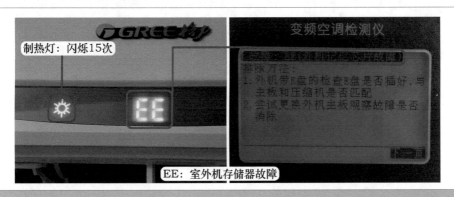

图 16-7 显示代码和检测仪故障

2. 查看室外机指示灯和存储器电路

取下室外机外壳，查看室外机主板指示灯状态，见图 16-8 左图，绿灯 D2 持续闪烁，说明通信电路工作正常；红灯 D1 闪烁 8 次，含义为达到开机温度，说明室外机 CPU 已处理室内机传送的通信信号；黄灯 D3 闪烁 11 次，含义为记忆芯片损坏，说明室外机 CPU 检测存储器电路损坏，控制室外风机和压缩机均不运行进行保护。

存储器电路作用是向 CPU 提供工作时所需要的参数和数据。存储器内部存储有压缩机 U/f 值、电流和电压保护值等数据。实物图见图 16-8 右图，电路原理图参见图 15-11，主要由 CPU 的时钟和数据引脚、U5 存储器（24C08）、电阻等组成。24C08 为双列 8 个引脚，其中①～④脚接地、⑧脚为电源 5V 供电、⑤脚数据和⑥脚时钟接 CPU 引脚。

➡ 说明：本机存储器电路和图 15-11 不同的地方是，电路供电为 5V，电阻标号 R21 和 R22 相同，本机 R4 和 R7 分别对应图 15-11 中 R29、R30。

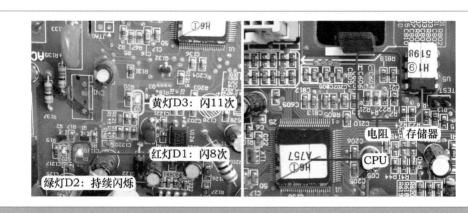

图 16-8　指示灯状态和存储器电路实物图

3. 测量存储器电压

U5 存储器 24C08 中①脚为地，测量时使用万用表直流电压挡，黑表笔接①脚相当于接地，见图 16-9 左图，红表笔首先接⑧脚测量供电电压，实测约为 4.9V，说明正常；见图 16-9 中图，红表笔接 U5 中⑤脚测量电压，实测约为 4.9V，说明正常；见图 16-9 右图，红表笔接 U5 中⑥脚测量电压，实测约为 4.9V，说明正常。

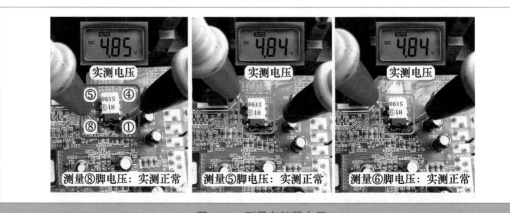

图 16-9　测量存储器电压

4. 测量 CPU 电压

存储器引脚电压正常，应测量 CPU 相关引脚电压，但由于 CPU 引脚较为密集、距离过近，且不容易判断引脚位置，测量时可接在与存储器和 CPU 引脚之间电阻相通的焊点。

依旧使用万用表直流电压挡，见图 16-10 左图，黑表笔不动依旧接①脚地、红表笔接与 R7 下端相通的焊点，相当于测量 CPU 数据电压，实测约为 4.9V，说明正常。

见图 16-10 右图，红表笔改接与 R4 下端相通的焊点，相当于测量 CPU 时钟电压，实测约为 1.8V，与正常的 4.9V 相差较大，说明故障在 CPU 时钟引脚。

➡ 说明：图中 R7 和 R4 上端焊点接存储器引脚，测量时红表笔接上端焊点相当于测量存储器电压。

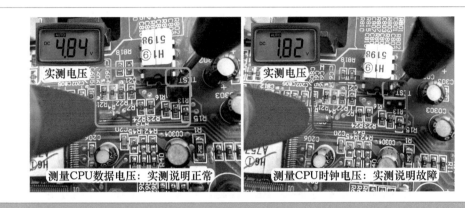

图 16-10 测量 CPU 电压

5. 在路测量阻值

断开空调器电源，待约 60s 后滤波电容直流 300V 电压基本释放完毕，使用万用表电阻挡，测量存储器电路中电阻阻值。见图 16-11 左图，表笔接 R21 两端实测阻值为 4.68kΩ，说明正常。

见图 16-11 右图，测量电阻 R4 阻值为无穷大，正常约为 330Ω，实测说明开路损坏。测量 R22 阻值为 4.69kΩ，测量 R7 阻值为 332Ω（0.332kΩ），均说明正常。

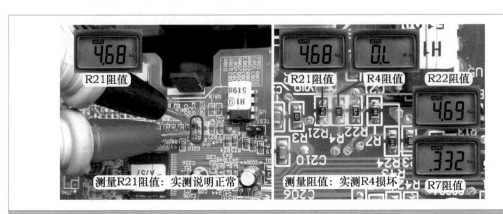

图 16-11 在路测量阻值

6. 单独测量阻值

R4 为贴片电阻，标号 331，见图 16-12 左图，第 1 位 3 和第 2 位 3 为数值，第 3 位 1 为

0 的个数，331 阻值为 330Ω。

见图 16-12 中图，使用万用表电阻挡，单独测量阻值，实测仍为无穷大，确定开路损坏。

见图 16-12 右图，测量型号相同（标号 331）的电阻阻值，实测为 0.330kΩ（330Ω）。

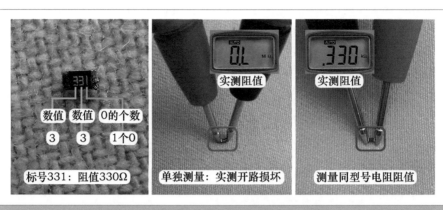

数值 数值 0的个数
3   3   1个0

标号331：阻值330Ω | 单独测量：实测开路损坏 | 测量同型号电阻阻值

图 16-12　电阻标号和单独测量阻值

➡ 维修措施：见图 16-13 左图和中图，使用标号相同（331）的贴片电阻进行更换。更换后空调器上电开机，室外机主板得到供电，查看绿灯 D2 持续闪烁表示通信正常，红灯 D2 闪烁 8 次表示达到开机温度，约 60s 后室外风机和压缩机开始运行，黄灯 D3 闪烁 1 次表示为压缩机起动，此时室内机显示屏也不再显示"EE"代码。见图 16-13 右图，使用万用表直流电压挡，再次测量 R4 下端 CPU 时钟电压，约为 4.9V，与数据电压相同，说明故障排除，空调器制冷也恢复正常。

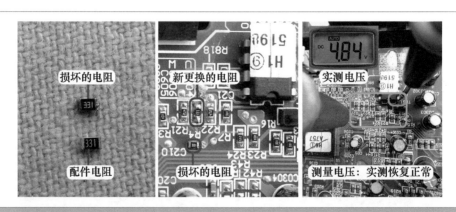

损坏的电阻 | 新更换的电阻 | 实测电压
配件电阻 | 损坏的电阻 | 测量电压：实测恢复正常

图 16-13　更换电阻和测量电压

总　结：

室外机主板上电后，CPU 复位结束首先检测压缩机顶盖温度开关、传感器、存储器等信号，如果检测到有故障，不再驱动室外风机和压缩机运行，故障现象表现为开机后室外机不运行。

三、 相电流电路电阻开路，格力空调器模块保护

➡ 故障说明：格力 KFR-32GW/（32556）FNDe-3 挂式直流变频空调器（凉之静），用户反映不制冷，室内机显示 H5 代码，查看代码含义为 IPM（模块）电流保护。

1. 测量压力和手摸管道温度

上门检查，用户正在使用空调器，查看显示屏显示 H5 代码，在室内机出风口感觉温度为自然风，说明不制冷，在室外机三通阀检修口接上压力表，使用万用表交流电流挡，钳头夹住接线端子 N（1）蓝线测量室外机电流，断开电源等待约 2min 重新上电开机，室内风机运行，室外机主板得到供电后约 15s 时室外风机运行，查看室外机电流，由待机刚上电时约 0.1A 上升至约 0.4A，见图 16-14，查看系统压力，室外机未上电时静态压力约为 1.8MPa，室外风机运行后压力一直保持不变，与静态压力相同，约为 1.8MPa，手摸二通阀和三通阀温度均为常温，根据电流、压力、温度判断压缩机未起动运行。

室外风机运行 30s 后停止，间隔 2min30s 后再次运行 30s 后停止，再间隔 2min30s 后开始运行，室外机主板上电后约 6min20s 时室内机显示屏显示 H5 代码，制热指示灯闪烁 5 次，室外风机不再运行，只要不关机，室内机主板一直向室外机供电。

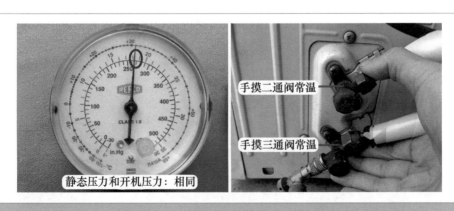

手摸二通阀常温
手摸三通阀常温
静态压力和开机压力：相同

图 16-14　测量压力和手摸二、三通阀温度

2. 查看指示灯和相电流检测电路

在室外机主板得到供电，约 15s 室外风机运行时，查看室外机主板指示灯，见图 16-15 左图，黄灯 D3 闪烁 4 次，含义为 IPM（模块）过电流保护，与 H5 代码含义相同。室外机主板上电即显示模块过电流保护，常见原因有相电流检测电路故障或模块保护电路起作用。

相电流检测电路和模块保护电路实物图见图 16-15 右图，相电流检测电路原理图参见图 15-25，模块保护电路原理图参见图 15-48。相电流检测电路主要由模块相关引脚、电流检测放大集成电路 U601（OPA4374）、二极管、CPU 电流检测引脚等组成，模块保护电路主要由模块相关引脚、保护集成电路 U206（10393）、CPU 的模块保护引脚等组成。

3. 测量模块引脚电压

本机模块（板号 IPM1）使用的型号为 IRAM136-1061A2，单列封装，标称 29 个引脚（实际共设有 21 个引脚）。其⑱脚为故障保护输出，接 CPU 引脚；⑯脚为电流保护输入，接 U206 集成电路。测量模块引脚电压时，使用万用表直流电压挡，黑表笔接 15V 过电压保护二极管 D205 正极地相通的焊孔。

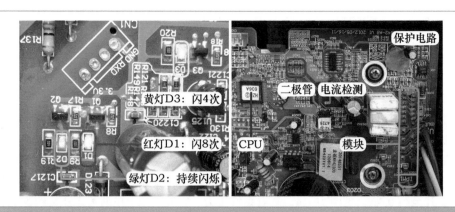

图 16-15　指示灯状态和相电流检测及模块保护电路

见图 16-16 左图，红表笔接模块⑱脚测量故障保护输出电压，正常时为高电平约 3.1V，实测为低电平约 0.1V（68.5mV），说明模块输出故障电压至 CPU，CPU 检测后控制压缩机不运行进行保护。

向前级检查，见图 16-16 右图，红表笔接模块⑯脚测量电流保护电压，正常时为低电平约 0V（73.5 mV），实测为高电平约为 4.9V，说明模块⑱脚输出低电平是由于⑯脚为高电平所致。

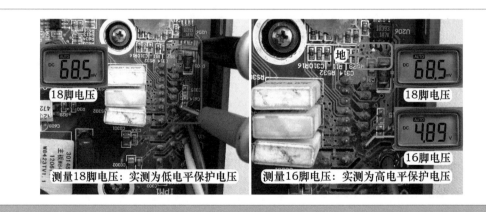

图 16-16　测量模块保护引脚电压

4. 测量模块保护集成电路电压

模块保护集成电路 U206 使用的型号为 10393，双列 8 个引脚，⑧脚为电源接 5V、④脚接地。内部设有 2 个相同的电压比较器。比较器 1A（①脚、②脚、③脚）本机未使用，只使用比较器 2B，⑤脚为同相输入 +，⑥脚为反相输入 –，⑦脚为输出端接模块⑯脚。测量时依旧使用万用表直流电压挡，见图 16-17，黑表笔不动接地。

红表笔接⑧脚测量电源电压，实测约为 4.9V，说明正常。

红表笔接⑦脚测量输出端电压，正常为低电平约 0V（73.7mV），实测为高电平约 4.9V，说明 U206 检测到电流过大。

红表笔接⑥脚测量反相输入即基准电压，正常为 1.5V，实测约为 1.5V，说明正常。

红表笔接⑤脚测量同相输入即电流检测取样电压，正常约为 0.8V，即低于⑥脚基准电压，实测约为 2V，高于⑥脚电压，说明⑦脚输出高电平是由于⑤脚电压过高引起，间接说明 U206 正常。

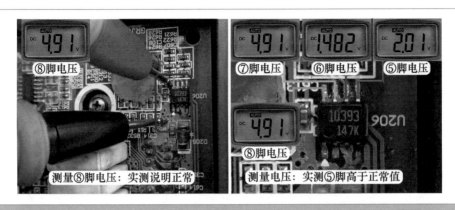

图 16-17　测量 U206 引脚电压

5. 测量二极管电压

U206 的⑤脚电压由电流检测放大集成电路 U601 输出端经二极管负极提供，见图 16-18，依旧使用万用表直流电压挡，测量二极管电压，黑表笔接地（实接 U5 存储器①脚地）。

红表笔接负极（D602、D603、D601 的负极相通）测量电压，正常约为 1.1V，实测约为 2.8V，说明 U206 的⑤脚电压值较高，是由于二极管负极电压较高输出所致。

红表笔接 D602 正极、D603 正极、D601 正极测量电压，压缩机不运行时正常电压应相等，约为 1.6V，实测均约为 3.3V，高于正常值很多，说明电流检测放大集成电路 U601 出现故障。

➤ 说明：测量二极管电压时，黑表笔可实接 D205 正极相通焊孔地不动，此处改接 U5 存储器的①脚地是为使图片清晰。

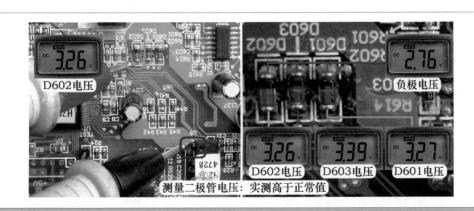

图 16-18　测量二极管电压

6. 测量 U601 引脚电压

依旧使用万用表直流电压挡，黑表笔接地公共端，测量 U601 引脚电压。见图 16-19 左图，红表笔接放大器 1 输出端①脚、放大器 2 输出端⑦脚、放大器 4 输出端⑭脚测量电压，正常约为 1.6V，实测均为 3.3V，与二极管 D602、D603、D601 正极相等。压缩机 U、V、W

相电流支路（放大器1、2、4）输出电压均较高，应检查提供基准电压的放大器3。

见图 16-19 右图，红表笔接放大器 3 输出端⑧脚（⑧脚和⑨脚相通）测量电压，正常约为 1.6V，实测约为 3.3V，说明放大器 3 输出的基准电压高，使得放大器 1、2、4 输出电压均较高。

红表笔接放大器 3 的⑩脚测量电压，正常为 1.65V，即 CPU 供电 3.3V 的一半，实测约为 3.3V，与供电相同，说明⑩脚电路有故障。

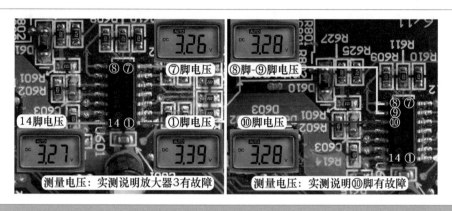

图 16-19　测量 U601 引脚电压

7. 在路测量阻值

断开空调器电源，使用 PTC 电阻或等待约 1min 使直流 300V 电压下降至约 0V 时，使用万用表电阻挡，见图 16-20，测量放大器 3（⑧脚、⑩脚）外围电阻阻值。

表笔接电阻 R601（标号 103、10kΩ）两端测量阻值，实测约为 10kΩ，判断正常。

R602（标号 103、10kΩ）实测阻值约为 17kΩ，大于标称值，判断有故障。

R609、R610、R611（标号 103、10kΩ）实测阻值均约为 4.5kΩ，判断正常。

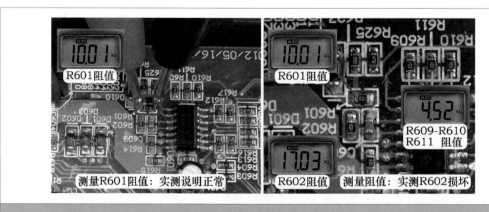

图 16-20　在路测量阻值

8. 单独测量阻值

R602 为贴片电阻，标号 103，见图 16-21 左图，第 1 位 1 和第 2 位 0 为数值，第 3 位 3 为 0 的个数，103 阻值为 10000Ω=10kΩ。

见图 16-21 中图，使用万用表电阻挡，单独测量阻值，实测仍为无穷大，确定开路损坏。
见图 16-21 右图，测量阻值相同的电阻，实测为 10kΩ。

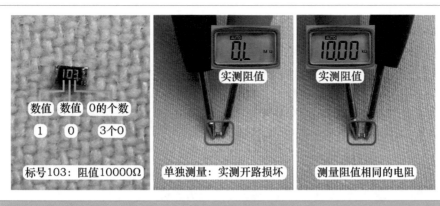

图 16-21　单独测量阻值

9. 更换电阻和测量电压

见图 16-22 左图，配件阻值 10kΩ 的贴片电阻标号为 01C，其未使用 3 位或 4 位的数字标识法，而是使用数字和字母组合的方式，01 表示为 100，C 表示为 10 的 2 次方（10^2）=100，01C=100×100Ω=10000Ω=10kΩ。

见图 16-22 中图，使用标号 01C（阻值 10kΩ）的配件贴片电阻，更换标号为 103 的贴片电阻。

更换后上电试机，使用万用表直流电压挡，见图 16-22 右图，测量 U601 的⑩脚电压，实测约为 1.6V，测量①脚、⑦脚、⑭脚电压均约为 1.6V，与二极管 D602、D603、D601 相同，二极管负极电压约为 1.1V，U206 的⑤脚电压约为 0.8V，U206 的⑦脚电压与模块⑯脚相同，约为 0.1V，模块⑱脚电压约为 3.1V，均为正常值。室外风机和压缩机均开始运行，制冷恢复正常。

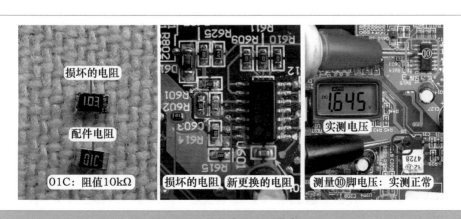

图 16-22　更换电阻和测量电压

➡ 维修措施：使用配件电阻（标号 01C）更换 R602（标号 103）。

总结：

① 本例 R602 开路，使得电流检测放大集成电路 U601 的基准电压由约 1.6V 上升至 3.3V，静态压缩机不运行时放大器输出端输出电压过高，使输送到二极管正极（相当于 CPU 电流检测引脚）的电压也过高，二极管负极电压送至 U206 比较器 2 的电压输入⑤脚，高于反相输入的基准电压⑥脚，输出端⑦脚输出高电平约 4.9V 送至模块电流检测输入⑯脚，模块内部电路检测后判断电流过大，其⑱脚输出低电平送至 CPU 引脚，CPU 检测后判断模块电流过大，控制压缩机不起动进行保护，室外风机运行间隔 3 次后室内机显示屏报出 H5 代码。

② 本例测量模块⑱和⑯脚电压（图 16-16）、U206 比较器电压（图 16-17）是为了叙述模块保护电路的检修流程，实际维修时可省略这些步骤，直接测量二极管 D601、D602、D603 正极电压，也可判断出故障部位。

第二节　室外机故障

一、　连接线漏电短路，美的空调器通信故障

➡ **故障说明：** 美的 KFR-35GW/BP3DN1Y-LC（2）全直流变频空调器（蓝丝月），用户反映不制冷，室内机显示 E1 代码，查看含义为室内外机通信故障。

1. 测量室外机接线端子电压

上门检查，将空调器重新上电，使用遥控器开机，室内风机运行，出风口为自然风，室外风机和压缩机均不运行。使用万用表交流电压挡，见图 16-23 左图，红表笔接室外机接线端子上 L 号棕线，黑表笔接 N 号蓝线测量电压，实测为交流 222V，说明室内机主板已向室外机供电。

将万用表挡位改为直流电压挡，见图 16-23 右图，黑表笔不动依旧接 N 号端子蓝线，红表改接 S 号端子黑线测量通信电压，实测约为 −10～−17V 之间跳动变化，跳动范围明显低于正常值（0～24V），说明通信电路出现故障。

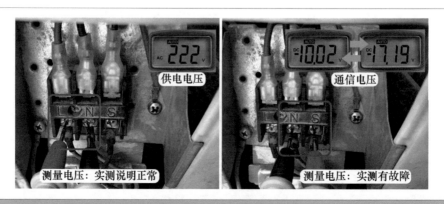

图 16-23　测量供电和通信电压

取下室外机上盖，查看室外机主板指示灯，刚上电时黄灯慢闪，约 30s 后变为黄灯快闪、

绿灯常亮、红灯熄灭，约 1min 后室内机主板停止供电，室内机显示屏显示设定温度，未显示 E1 代码，等约 3min 后室内机主板再次供电，供电 1min 后再次停止供电，约一段时间之后室内机显示屏才显示 E1 代码。

2. 取下通信线测量电压

为区分故障部位，断开空调器电源，见图 16-24，拔下室外机接线端子 S 号上方的通信黑线，即断开室外机通信电路，依旧使用万用表直流电压挡，红表笔接 N 号蓝线，黑表笔接通信 S 号黑线，将空调器通上电源但不开机，实测约为 0V，使用遥控器开机后，室内机主板向室外机供电，实测约为 10～43V 跳动变化，而正常应为 24V 轻微跳动变化（19～24V），说明室内机主板或室内外机连接线有故障。

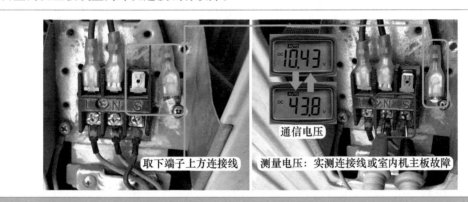

图 16-24　取下通信线测量电压

3. 测量室内机通信电压

取下室内机外壳，抽出室内机主板，依旧使用万用表直流电压挡，见图 16-25 左图，红表笔接零线 N 端蓝线，黑表笔接通信 S 端黑线，实测与室外机 N-S 端子相同，仍约为 10～43V 跳动变化。

为区分故障部位，见图 16-25 右图，在室内机主板上取下室内外机连接线中的通信黑线，红表笔不动接 N 端蓝线，黑表笔接主板通信 S 端，实测为 19～24V 跳动变化，说明室内机主板正常，故障可能在室内外机连接线。

图 16-25　测量室内机通信电压

4. 断开室内外机连接线

断开空调器电源，见图 16-26 左图，在室内机主板上取下室内外机连接线中的相线 L 棕线、零线 N 蓝线，通信 S 黑线，并使接头彼此分开且与蒸发器翅片互不相连，从而断开室内机主板上的连接线，固定在蒸发器的地线螺钉不用取下。

见图 16-26 右图，取下室外机接线端子上方的 L 号棕线、N 号蓝线、S 号黑线，并使接头彼此分开且与外壳铁皮互不相连，从而断开室外机主板上的连接线，固定在接线盖左侧的地线螺钉不用取下。

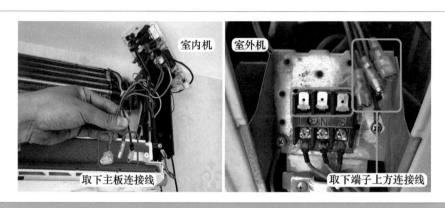

图 16-26　断开室内机主板和室外机主板连接线

5. 测量接线端子阻值

使用万用表电阻挡，在室外机接线端子测量连接线的 4 根引线阻值。见图 16-27，实测 L 号棕线和 N 号蓝线阻值约为 497kΩ、L 号棕线和 S 号黑线阻值约为 1.23MΩ、L 号棕线和地线阻值约为 1.14MΩ、N 号蓝线和 S 号黑线阻值约为 439kΩ、N 号蓝线和地线阻值约为 248kΩ、S 号黑线和地线阻值约为 228kΩ。而正常阻值应均为无穷大，实测结果说明连接线绝缘下降，有短路漏电故障。

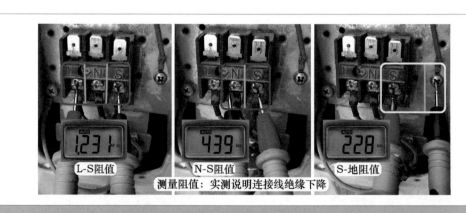

图 16-27　测量阻值

6. 剪断原机和配件连接线

见图 16-28 左图，维修时使用长度约 3m 的配件连接线，外部有防水的护套包裹。

室内外机连接线漏电故障通常在室外侧，而室内侧连接线直接固定在主板上面，没有专门的接线端子，见图 16-28 右图，在室内连接管道的合适位置剥开包扎带，使用尖嘴钳子剪断原机的连接线。

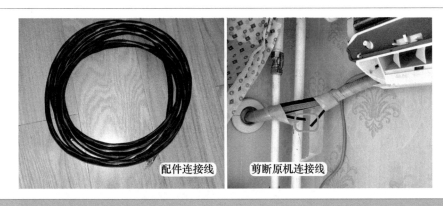

图 16-28　配件连接线和剪断连接线

7. 连接室内机主板和室外机主板

在室内侧将原机连接线中连接室外机的部分舍弃不用，见图 16-29 左图，连接室内机主板的部分保留，并剥开适当长度的接头，与配件连接线连接，查看棕线、蓝线、黑线均按颜色对应连接，配件连接线中的红线接原机连接线中的黄绿色地线。

从室外机接线端子取下下方的原机连接线和地线，并舍弃不用，见图 16-29 右图，将配件连接线中棕线接入 L 号端子下方、蓝线接入 N 号端子下方、黑线接入 S 号端子下方、红线固定在地线螺钉位置，再将室外机主板的 3 根引线对应安装在接线端子上方。

再次将空调器上电开机，室内风机运行后室外机风机和压缩机均开始运行，室内机出风口温度较凉，长时间运行不再显示 E1 代码，说明故障排除。

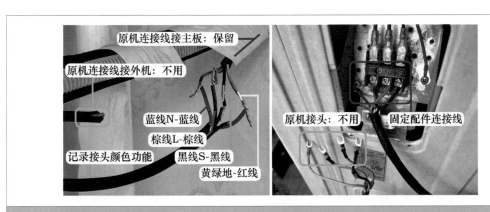

图 16-29　更换连接线

8. 调整冷凝水管走向

本机维修时最近没有下过大雨，室内外机连接线为原装线，质量较好，并且没有加长连接管道，因而中间没有接头，且空调器安装在高层，又不存在积水淹没连接管道，那问题是原装连接线绝缘阻值如何下降而引起漏电的呢？仔细查看连接管道，原来是冷凝水管包扎方式不对，见图 16-30 左图，水管几乎包扎到根部，只露出很短的一段，管口不能随风移动且在内侧，制冷时蒸发器产生的冷凝水向下滴落时，直接滴至连接管道上面，顺着包扎带边缘进入内部，由于包扎带包裹管道较为严实，室外机后部管道为水平走向且位置较低，因此冷凝水出不来，一直在包扎带内积聚，长时间浸泡连接线和铜管的保温棉，连接线外部黑色绝缘皮逐渐起泡膨胀，冷凝水进入连接线内部，使得绝缘下降，引起通信信号传送不畅，室外机不运行，室内机显示 E1 代码。

见图 16-30 右图，维修时将水管从连接管道的包扎带抽出一部分，并且将管口移到外侧，使得冷凝水向下滴落时直接滴向下方，不能滴至连接管道，故障彻底排除。

水管接头在内侧：冷凝水滴落至管道

水管接头在外侧：冷凝水直接滴下

图 16-30　水管接头和调整管口

由于原机的连接线由包扎带包裹，不容易抽出，因此废弃不用。断开空调器电源，将配件连接线从出墙孔穿出，并顺着连接管道送至室外机接线端子，处理好接头后再使用包扎带包裹连接线。

➡ 维修措施：更换室内外机连接线，并调整冷凝水管管口位置。

总　结：

> 本例连接线绝缘下降接近短路，通信信号传送不正常，最明显的现象是通信电压跳变范围不正常，这也说明在检修通信故障时，如测量通信电压变低，在排除室外机故障的前提下，应把连接线绝缘下降漏电短路当作重点部位检查。

二、　模块 P-U 端子击穿，海信空调器模块故障

➡ 故障说明：海信 KFR-28GW/39MBP 挂式交流变频空调器，遥控器开机后室外风机运行，但压缩机不运行，空调器不制冷。

1. 查看故障代码

遥控器开机后室外风机运行，但压缩机不运行，见图 16-31，室外机主板直流 12V 电压指示灯点亮，说明开关电源电路已正常工作，模块板上以 LED1 和 LED3 灭、LED2 闪的方式报故障代码，查看代码含义为"模块故障"。

2. 测量直流 300V 电压

使用万用表直流电压挡，见图 16-32，红表笔接室外机主板上滤波电容输出红线，黑表笔接蓝线测量直流 300V 电压，实测为 297V，说明正常，由于代码为"模块故障"，应断开空调器电源，拔下模块板上的 P、N、U、V、W 的 5 根引线测量模块。

3. 测量模块

使用万用表二极管挡，见图 16-33，测量模块的 P、N、U、V、W 的 5 个端子，测量结果见表 16-1，在路测量模块的 P 和 U 端子，正向和反向均为 0mV，判断模块 P 和 U 端子击穿；取下模块，单独测量 P 与 U 端子正向和反向均为 0mV，确定模块击穿损坏。

模块板LED2指示灯闪：模块故障

室外风机运行　压缩机不运行

图 16-31　压缩机不运行和模块板报故障代码

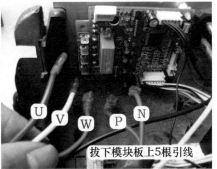

实测电压

测量300V电压：实测说明正常

U V W P N

拔下模块板上5根引线

图 16-32　测量 300V 电压和拔下 5 根引线

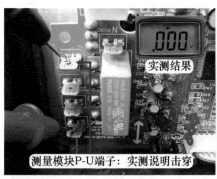
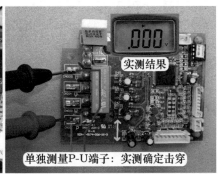

实测结果

测量模块P-U端子：实测说明击穿

实测结果

单独测量P-U端子：实测确定击穿

图 16-33　测量模块 P 和 U 端子击穿

表 16-1　测量模块

	模 块 端 子													
万用表（红）	P			N			U	V	W	U	V	W	P	N
万用表（黑）	U	V	W	U	V	W	P			N			N	P
结果 /mV	0	无	无	436			0	436	436	无穷大			无	436

➡ 维修措施：见图 16-34，更换模块板，更换后上电试机，室外风机和压缩机均开始运行，制冷恢复正常，故障排除。

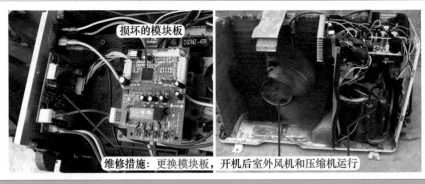

损坏的模块板

DGTMZ-47R

维修措施：更换模块板，开机后室外风机和压缩机运行

图 16-34　更换模块板和运行正常

总　结：

① 本例模块 P 和 U 端子击穿，在待机状态下由于 P-N 未构成短路，因而直流 300V 电压正常，而遥控器开机后室外机 CPU 驱动模块时，立即检测到模块故障，瞬间就会停止驱动模块，并报出"模块故障"的代码。

② 如果为早期模块，同样为 P 和 U 端子击穿，则直流 300V 电压可能会下降至 260V 左右，出现室外风机运行、压缩机不运行的故障。

③ 如果模块为 P 和 N 端子击穿，相当于直流 300V 短路，则室内机主板向室外机供电后，室外机直流 300V 电压为 0V，PTC 电阻发烫，室外风机和压缩机均不运行。

三、　直流电机损坏，海尔空调器直流风机异常

➡ 故障说明：卡萨帝（海尔高端品牌）KFR-72LW/01B（R2DBPQXFC）-S1 柜式全直流变频空调器，用户反映不制冷。

1. 查看室外机主板指示灯和直流电机插头

上门检查，使用遥控器开机，室内风机运行但不制冷，出风口为自然风。到室外机检查，室外风机和压缩机均不运行，取下室外机外壳和顶盖，见图 16-35 左图，查看室外机主板指示灯闪 9 次，查看代码含义为室外或室内直流电机异常。由于室内风机运行正常，判断故障在室外风机。

指示灯闪9次：室外或室内直流电机异常

15V
地
300V
驱动
反馈

直流电机：5根引线

图 16-35　室外机主板指示灯闪 9 次和室外直流电机引线

本机室外风机使用直流电机，用手转动室外风扇，感觉转动轻松，排除轴承卡死引起的机械损坏，说明故障在电控部分。

见图 16-35 右图，室外直流电机与室内直流电机的插头相同，均设有 5 根引线，其中红线为直流 300V 供电、黑线为地线、白线为直流 15V 供电、黄线为驱动控制、蓝线为转速反馈。

2. 测量 300V 和 15V 电压

使用万用表直流电压挡，见图 16-36 左图，黑表笔接黑线地线、红表笔接红线测量 300V 电压，实测为 312V，说明主板已输出 300V 电压。

见图 16-36 右图，黑表笔不动依旧接黑线地线、红表笔接白线测量 15V 电压，实测约为 15V，说明主板已输出 15V 电压。

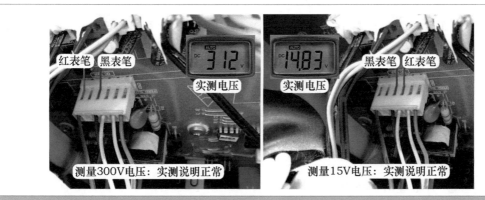

图 16-36　测量 300V 和 15V 电压

3. 测量反馈电压

见图 16-37，黑表笔不动依旧接黑线地线、红表笔接蓝线测量反馈电压，实测约为 1V，慢慢用手拨动室外风扇，同时测量反馈电压，蓝线电压约为 1V ~ 15V ~ 1V ~ 15V 跳动变化，说明室外风机输出的转速反馈信号正常。

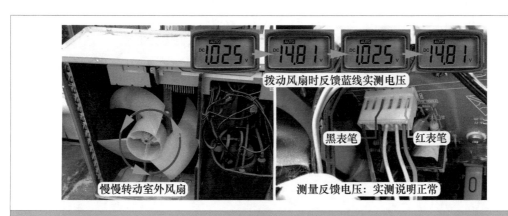

图 16-37　测量转速反馈电压

4. 测量驱动电压

将空调器重新上电开机，见图 16-38，黑表笔不动依旧接黑线地线、红表笔接黄线测量驱动电压，电子膨胀阀复位后，压缩机开机始运行，约 1s 后黄线驱动电压由 0V 上升至 2V，再上升至 4V，最高约为 6V，再下降至 2V，最后变为 0V，但同时室外风机始终不运行，约 5s 后压缩机停机，室外机主板指示灯闪 9 次报出故障代码。

根据上电开机后驱动电压由 0V 上升至最高约 6V，同时在直流 300V 和 15V 供电电压正常的前提下，室外风机仍不运行，判断室外风机内部控制电路或线圈开路损坏。

➡ 说明：由于空调器重新上电开机，室外机运行约 5s 后即停机保护，因此应先接好万用表表笔，再上电开机。

图 16-38　测量驱动电压

➡ 维修措施：本机室外风机由松下公司生产，型号为 EHDS31A70AS，见图 16-39，使用同型号电机将插头安装至室外机主板，再次上电开机，压缩机运行，室外机主板不再停机保护，也确定室外风机损坏，经更换室外风机后上电试机，室外风机和压缩机一直运行不再停机，制冷恢复正常。

在室外风机运行正常时，使用万用表直流电压挡，黑表笔接黑线地线、红表笔接黄线测量驱动电压为 4.2V，红表笔接蓝线测量反馈电压为 10.3V。

➡ 说明：本机如果不安装室外风扇，只将室外风机插头安装在室外机主板试机（见图 16-39 左图），室外风机运行时抖动严重，转速很慢，且时转时停，但不再停机显示代码；将室外风机安装至室外机固定支架，再安装室外风扇后，室外风机运行正常，转速较快。

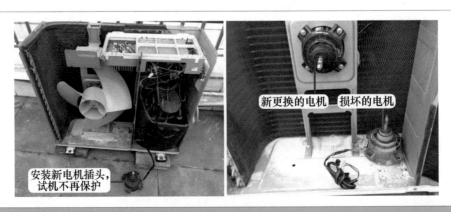

图 16-39　更换室外风机